东北林业大学

帽儿山实验林场（教学区）习见生物资源图鉴
——昆虫卷

主编　韩辉林

东北林业大学出版社
Northeast Forestry University Press
·哈尔滨·

图书在版编目（CIP）数据

东北林业大学帽儿山实验林场（教学区）习见生物资源图鉴.
昆虫卷 / 韩辉林主编. — 哈尔滨：东北林业大学出版社，2018.6
（东北林业大学帽儿山实验林场（教学区）习见生物资源图鉴）
ISBN 978-7-5674-1445-7

Ⅰ.①东… Ⅱ.① 韩… Ⅲ.①昆虫—动物资源—尚志—图集
Ⅳ.① Q-64

中国版本图书馆CIP数据核字(2018)第161182号

东北林业大学帽儿山实验林场（教学区）习见生物资源图鉴 —— 昆虫卷
DONGBEI LINYE DAXUE MAOERSHAN SHIYAN LINCHANG （JIAOXUEQU）
XIJIAN SHENGWU ZIYUAN TUJIAN——KUNCHONGJUAN

责任编辑：倪乃华
封面设计：博鑫设计
出版发行：东北林业大学出版社
　　　　　　（哈尔滨市香坊区哈平六道街6号　邮编：150040）
印　　装：哈尔滨市石桥印务有限公司
开　　本：210 mm×285mm　16 开
印　　张：13.25
字　　数：269千字
版　　次：2018年6月第1版
印　　次：2018年6月第1次印刷
定　　价：200.00元

如发现印装质量问题，请与出版社联系调换。（电话：0451-82113296　82191620）

《东北林业大学帽儿山实验林场（教学区）习见生物资源图鉴》

编委会

主　任　李长松

副主任　关大鹏　李俊涛

成　员　韩辉林　王洪峰　许　青　穆立蔷　李国江　刘　强

　　　　赵德林　丁　驿　张兴东　赵长全　曹　薇　高元科

　　　　盖晨艳　刘敬秋　聂江华　彭宏梅　腾文华　王会仁

　　　　张红光　赵春梅　赵忠民　吴　伟　黄璞祎　董雪云

《东北林业大学帽儿山实验林场（教学区）习见生物资源图鉴——昆虫卷》

主　编　韩辉林

副主编　关大鹏　李俊涛

参　编　李国江　赵德林　丁　驿　张兴东　赵长全

　　　　曹　薇　高元科

序

　　东北林业大学帽儿山实验林场于 1958 年 3 月正式建场，是东北林业大学教学、科研、生产实践的重要基地，是国家林学实验教学示范中心的野外实践教学基地，是国内外各相关院校及科研院所的生态文明教育基地。林场承担着森林资源管护、教学科研实践、生产示范经营和生态文明教育的四大任务。

　　六十年来，一代代东林人筚路蓝缕、披荆斩棘，用"人拉犁"的精神，将帽儿山实验林场建成以林学类专业为主，辐射带动其他相关专业的综合教学科研基地。在学校各林业专家的引领下，林场始终坚持"林中育人"，以"学生走进森林、教学融入自然"为特色，突出野外实践教学的核心地位，形成了"融课堂课外一体，扬实践实验优势，承树木树人传统，育创新创业人才"和"在大自然中创建实验室"的野外实践教育教学理念；林场全面落实"科研反哺教学，前沿引领实践"的方针，支持并参与了大量的国家级、省部级、院校级科研课题，获得了丰硕的科研成果。

　　经过六十年的教学科研实践与沉淀，帽儿山实验林场编写了这套"东北林业大学帽儿山实验林场（教学区）习见生物资源图鉴"，本丛书共分为三卷。

　　第一卷为《东北林业大学帽儿山实验林场（教学区）习见生物资源图鉴——植物卷》，该卷收录了分布于帽儿山的植物 80 科 274 种，约占帽儿山植物的 34%。这 274 种中绝大多数种为帽儿山实验林场的野生植物，也有少量种为外来入侵植物和广泛栽培并逸生的植物，其中蕨类植物 3 科 3 种，裸子植物 2 科 6 种，被子植物 75 科 265 种。

　　第二卷为《东北林业大学帽儿山实验林场（教学区）习见生物资源图鉴——脊椎动物卷》，该卷总结了近 20 年来当地野生脊椎动物的记录，确认目前当地有脊椎动物 321 种，其中鱼类 17 种，两栖类 8 种，爬行类 6 种，鸟类 251 种，哺乳类 39 种。321 种脊椎动物中国家级保护动物共 40 种，其中国家一级保护动物 3 种，二级保护动物 37 种，该卷详细介绍了部分物种。

　　第三卷为《东北林业大学帽儿山实验林场（教学区）习见生物资源图鉴——昆虫卷》，该卷共整理出林场习见昆虫 8 目 77 科 432 种。

本丛书从植物、脊椎动物、昆虫三个方面较为系统全面地介绍了帽儿山实验林场习见生物，描述简明扼要、图片清晰生动，可作为广大师生和科研工作者野外工作的参考书和工具书，不仅可以为学校的教学科研服务，而且可以为学校的"双一流"建设服务。

2018 年 5 月

前　言

东北林业大学帽儿山实验林场始建于1958年3月，隶属于东北林业大学，是东北林业大学教学、科研、实习实训基地，是教育部理科基础科学研究和教育人才培养基地，是国家生命科学与技术人才培养基地和高等职业教育实训基地。帽儿山国家森林公园于1992年经林业部批准正式建立，于2007年被东北林业大学正式确定为帽儿山教学区。帽儿山实验林场位于尚志市最西部，地处哈绥高速公路西段，总面积约265 km²，年平均气温2.8 ℃左右，年降水量723 mm左右，平均海拔300 m，境内最高峰帽儿山主峰海拔805 m；地形地貌属长白山系张广才岭西坡小岭余脉，以低山丘陵为主要特征；植被以针阔混交林为主，代表性植物为红松、落叶松、樟子松、云杉、蒙古栎、水曲柳、胡桃楸、黄檗、白桦等。

东北林业大学帽儿山实验林场是我国东北地区保存较好的生物多样性典型区域之一，适合各类昆虫的繁衍与栖息，但是迄今为止对该区域昆虫资源的系统性本底调查还有很多不足之处。本书共整理出该实验林场习见昆虫8目77科432种。

本书能够为帽儿山实验林场的昆虫区系、多样性研究等提供基础资料，也可以作为野外实验教学的参考资料。

由于作者学识水平有限，加之调查不够充分和全面，因此，遗漏或不足之处在所难免，万望读者对本书的错漏提出批评和指正。

作　者

2018年1月

目　录

1 直翅目 Orthoptera

直翅目昆虫通称蝗虫，通常包括螽斯、蟋蟀、蝼蛄等。体小至大型，长 2.5~12.0 mm。头部复眼发达，单眼 2~3 个或无。触角常为丝状，但也有其他形式，由多节组成。口器咀嚼式，下口式。前胸大，呈马鞍状。有翅 2 对。前翅革质加厚，称为覆翅；后翅膜质，臀区大，休息时呈扇状折叠于前翅下，有些种类短翅或无翅。通常有听器和摩擦发音器。跗节长为 3 节或 4 节，稀有 5 节或少于 3 节的；大部分种类后足为跳跃足，少数种类前足为开掘足。尾须短，常不分节。雌性常有发达的产卵器。雄性外生殖器常为扩大的第九腹板所盖。有的还有 1 对刺突。渐变态。除少数为杂食性、肉食性外，一般为植食性。有不少种类是农林业害虫，如蝗科的黄脊竹蝗 *Ceracris kiangsu* Tsai、蟋蟀科的油葫芦 *Gryllus tastaceus* Walker、蝼蛄科的非洲蝼蛄 *Gryllotalpa africana* Palisot et Beauvois、螽斯科的纺织娘 *Mecopoda elongate* L. 等。

1.1 螽斯科 Tettigoniidae

（1）中华寰螽 *Altanticus sinensis* (Uvarov, 1923)（图版 I：1）

形态特征：头顶较狭，不及触角第一节宽的 1.5 倍。雄性前翅到达第三、四腹节；雌性前翅不露出前胸背板后缘，从背面不可见。前足股节腹面内缘具 2 个刺，中足股节腹面外缘具 2 个刺，后足股节腹面内缘具 3~5 个刺，外缘通常缺刺。雄性尾须较粗短，端部稍微内弯，内刺位于尾须中部。雌性产卵瓣较狭，最大宽度为 1.5 mm。背缘端部非斜截形。体褐色至暗褐色。头顶两侧黑色，复眼后方各具 1 条黑色纵纹。前胸背板侧片上部和胸侧部具黑褐色，后足股节外侧具较宽的黑褐色纵带。

分布：黑龙江、吉林、辽宁、内蒙古、山东、河南、河北、陕西。

（2）乌苏里蝈螽 *Gampsocleis ussuriensis* Adelung, 1910（图版 I：2）

形态特征：体形很像小蝈蝈，但比蝈蝈身材瘦，而前翅比后翅长得多，又有些像蝗虫、蚂蚱。能飞翔又能用前翅相摩擦鸣叫，故又叫蚂蚱。体躯呈纵扁柱状，头较小，颜面垂直，有复眼 1 对，触角丝状，细长，为体长的 1~1.5 倍。前足胫节有听器，前翅前部具发音器、音锉和刮器，前翅狭长，前缘向下方倾斜，前翅侧区绿色，有褐色斑与条带。在绿色或褐色的个体中又都有前翅略长与略短者两种类型。体长雄虫 32~35 mm，雌虫 33~38 mm；前翅长雄虫 27~33 mm，雌虫 32~36 mm。体通常黄绿色或黄褐色，前翅多具褐色斑点。触角着生于复眼间，近后头而远离唇基缝。头顶宽圆，其宽约为复眼间宽的一半。前胸背板平坦，具不明显的前横沟，前胸腹板具 2 小刺。前翅发达，其顶端明显超过后足胫节的端部，后翅几乎与前翅等长。前足基节具明显的刺，胫节鼓膜器在内、外缘呈狭缝状，背面具一外端刺。各足第一、二跗节侧面具纵沟，后足第一跗节下侧具垫片。雄性肛上板端部圆弧状，雄性肛上板端部钝圆。雄性尾须基部较宽，近中部具一较大内齿，端半部很窄，雌性尾须呈长圆锥状。雄性下生殖板后缘中央具三角状凹口，尾针圆柱状；雌性下生殖板后缘中央具宽圆形凹口，产卵瓣较长，略向下弯曲。

分布：东北、华北，河北、山东、陕西；俄罗斯远东地区。

1.2　癞蝗科 Pamphagidae

笨蝗 *Haplotropis brunneriana* Saussure, 1888（图版 I：3）

形态特征：雄性体型粗壮，体表具粗颗粒和短隆线。头较短，短于前胸背板；头顶宽短，三角形，中部低凹，中隆线和侧缘隆线均明显，后头部具有不规则的网状纹。颜面侧面观稍向后倾斜，颜面隆起明显，自中眼之上具纵沟，不到达头顶。触角丝状，不到达或到达前胸背板后缘。复眼卵圆形，其长径为短径的 1.25 ~ 1.5 倍，为眼下沟长度的 1.5 倍。前胸背板中隆线呈片状隆起，侧面观其上缘呈弧形，前、中横沟不明显，仅在侧面可见，后横沟较明显，不切断或切断中隆线，前、后缘均呈角状突出。前胸腹板突的前缘隆起，近乎弧形。前翅短小，呈鳞片状，侧置，在背面较宽地分开，其顶端不到达、到达或刚超过腹部第一节背板后缘。后翅甚小，刚可看见。后足股节粗短，上侧中隆线平滑，外侧具不规则短隆线，基部外侧的上基片短于下基片，膝部下膝侧片顶端宽圆。后足胫节端部具内、外端刺。鼓膜器发达。腹部背面具脊齿，第二腹节背板侧面具摩擦板。肛上板为长盾形，中央具纵沟。下生殖板锥形，顶端较尖锐。体型雌性大于雄性。前翅较宽圆。肛上板近椭圆形，端部略尖，中央具纵沟。

分布：黑龙江、吉林、辽宁、内蒙古、甘肃、宁夏、陕西、山西、河北、河南、山东、安徽、江苏；俄罗斯西伯利亚东南部。

寄主：杂食性，除取食禾谷类作物外，也危害甘薯、大豆、棉花、蔬菜等，林木幼苗有时也遭受损害，为山区粮食作物和其他经济作物的害虫之一。

1.3　斑腿蝗科 Catantopidae

短星翅蝗 *Calliptamus abbreviatus* Ikonnikov, 1913（图版 I：4）

形态特征：雄性，体型小至中等。头短于前胸背板的长度，头顶向前突出，低凹，两侧缘面明显；头侧窝不明显；颜面侧面观微后倾，颜面隆起宽平，缺纵沟；复眼长卵形，其垂直直径为水平直径的 1.3 倍，为眼下沟长度的 2 倍；触角丝状，细长，超过前胸背板的后缘。前胸背板中隆线低，侧隆线明显，几乎平行；后横沟近位于中部，沟前区和沟后区几乎等长。前胸腹板突圆柱状，顶端钝圆。中胸腹板侧叶间之中隔的最狭处约为其长度的 1.3 倍。后足股节粗短，股节长度为股节宽度的 2.9～3.3 倍，上侧中隆线具细齿。后足胫节缺外端刺，内缘具刺 9 个，外缘具刺 8～9 个。前翅较短，通常不到达后足股节的端部。尾须狭长，上、下两齿几乎等长，下齿顶端的下小齿较尖或略圆。雌性体型似雄性，体较大；触角略不到达或刚到达前胸背板的后缘；中胸腹板侧叶间之中隔的最狭处约为其长度的 1.4 倍。体褐色或黑褐色。前翅具有许多黑色小斑点，后翅同体色（个别个体红色），后足股节内侧红色，具 2 个不完整的黑纹带，基部有不明显的黑斑点，后足胫节红色。

分布：黑龙江、吉林、辽宁、内蒙古、河北、甘肃、陕西、山西、山东、安徽、江苏、浙江、江西、四川、贵州、广东；俄罗斯、蒙古、朝鲜、韩国。

1.4　斑翅蝗科 Oedipodidae

（1）轮纹异痂蝗 *Bryodemella tuberculatum dilutum* (Stoll, 1813)（图版 I：5）

形态特征：体中大型，粗壮，暗褐色。雌成虫体长 36～38 mm，前翅长 27～32 mm；雄成虫体长 24～30 mm，前翅长 25～31 mm。头大而短，短于前胸背板。头顶宽平，顶端钝圆，前缘和侧缘隆线明显。颜面垂直，颜面隆起较宽，在中单眼之下明显向内狭缩。头侧窝近于圆形。复眼卵圆形。触角丝状，到达或略超过前胸背板的后缘。前胸背板前缘平直，后缘呈直角形，上有颗粒状突起和短的隆线；中隆线明显，侧隆线仅在沟后区略可见；沟后区长约为沟前区长的 2 倍。3 条横沟明显，后横沟切断中隆线。在中隆线两侧，靠近后横沟处有 2 个对应的小凹陷。中胸腹板侧叶间的中隔较宽，其宽度约为长度的 1.5 倍；后胸背板侧叶分开，距离较大。腹部鼓膜器发达，鼓膜片较小，覆盖鼓膜孔很小一部分。前翅发达，长度远超过后足股节的顶端，中脉域具弱而短的中闰脉。后翅基部玫瑰色，主要纵脉加粗，翅中部具有一轮状暗色带纹，外缘色较淡，前缘具暗色。后足股节粗壮，上侧中隆线光滑无细齿，外侧上隆线端半部具齿，下膝侧片底缘几乎呈直线状；后足胫节无外端刺；跗节爪间中垫不到达爪的中部。雄性下生殖板短锥形，顶端较钝；肛上板三角形，尾须长柱状。雌性产卵瓣粗短，顶端呈钩状，边缘光滑无齿。

分布：东北，内蒙古、河北、北京、山西、山东、陕西、新疆、青海；俄罗斯、蒙古。

寄主：小麦、玉米、粟、莜麦、马铃薯、豆类、大麻、牧草及杂草。

（2）黄胫小车蝗 *Oedaleus infernalis* Saussure, 1884（图版 I：6）

形态特征：雄性，体中型偏大。头大而短，较短于前胸背板。头顶宽短，略倾斜，较低凹，侧缘隆线明显，中隆线不明显；头侧窝不明显，三角形；颜面略倾斜，近垂直；颜面隆起宽平，几达唇基，仅在中央单眼下略收缩；复眼卵形，大而突出，其纵径分别为横径和眼下沟长的 1.2～1.3 倍；触角丝状，超过前胸背板后缘，其中段一节的长度为宽度的 1.8～2.0 倍。前胸背板略呈屋脊形，中部略狭缩；前缘略呈圆弧形突出，后缘钝角形；中隆线较高，侧面观平直，全长完整，仅被后横沟微微切断；沟后区的长度略大于沟前区的长度，沟后区的两侧较平，无肩状圆形突出；侧片后区具粗刻点，高明显大于长。中胸腹板侧叶间中隔较宽，宽大于长。前翅发达，超过后足股节顶端，其超出部分的长度约为后足股节长度的 1/3 或 1/2；前翅长为前胸背板长的 3.8～4.4 倍，中脉域的中闰脉位于中脉和肘脉之间，在基部较接近肘脉，中闰脉上具发音齿；前、后翅的端部翅脉具弱的发音齿；后翅略短于前翅。后足股节略粗壮，长为宽的 3.8～4.2 倍，上侧中隆线平滑，上基片长于下基片，膝侧片顶圆形。后足胫节上侧内缘具刺 12 个，外缘具刺 11～12 个，缺外端刺。跗节爪间中垫到达爪之中部。肛上板三角形，顶端钝圆，二侧缘在中部略凹陷，基半中央具明显的纵凹，在中部向外扩展，与中部的横脊相毗连；顶端具纵凹。尾须圆柱状，明显超过肛上板顶端。雌性，体大而粗壮。头顶中隆线较明显。颜面垂直，颜面隆起宽平，不到达唇基，仅在中眼处凹陷；复眼卵圆形，其纵径分别约为横径和眼下沟长度的 1.5 倍；触角略不到达或刚到达前胸背板后缘，中段一节的长度为宽度的 1.5～1.6 倍。前胸背板中部略收缩；中隆线较高，侧面观平直，被后横沟微微割断，沟后区略长于沟前区；沟后区两侧较平；侧片后区及近下缘具粗刻点及明显的短隆线。前、后翅发达，前翅超过后足股节顶端，其超出部分较短于后足股节长的 1/4，前翅长度为前胸背板长的 3.9～4.0 倍。后足股节长为最宽处的 4.0～4.2 倍。体暗褐色或绿褐色，少数草绿色。前胸背板背面"×"纹在沟后区略宽于在沟前区。前翅端部之半较透明，散布暗色斑纹，在基部斑纹大而密。后翅基部淡黄色，中部暗色横带较狭，到达或略不到达后缘，顶端色暗，与中部暗色横带明显分开。

分布：黑龙江、吉林、辽宁、内蒙古、北京、河北、山东、青海、宁夏、甘肃、陕西、山西、江苏；俄罗斯、蒙古、朝鲜、韩国、日本。

（3）疣蝗 *Trilophidia annulata* (Thunberg, 1815)（图版 I：7）

形态特征：雄性，体形较小。头短。头顶较宽，顶端钝圆，前端低凹，同颜面隆起的纵沟相连；头侧窝明显，三角形；头后在复眼之间具 2 个粒状突起；颜面侧观略向后倾斜，颜面隆起较狭，具纵沟；复眼卵形，大而突出，其纵径为眼下沟长的 1.5 倍；触角丝状，细长，超过前胸背板的后缘。前胸背板前狭后宽，前缘略突，后缘近于直角；中降线明显隆起，前部高，后部低，被中、后横沟深切断，侧观呈 2 齿；侧隆线在前缘和沟后区明显可见。中胸腹板侧叶间中隔宽约为长的 2 倍，后胸腹板侧叶全长彼此分开。前、后翅发达，超过后足股节的中部，前翅狭长，中脉域的中闰脉发达，其顶端部分较接近小脉。后足股节较粗短，外侧上基片长于下基片，上侧中隆线无细齿。后足胫节缺外端刺；上侧外缘具刺 8 个，内缘具刺 9 个。跗节爪间中垫较短，不到达爪的中部。雌性，体较雄性大；颜面垂直；触角较雄性短，刚超过前胸背板的后缘；复眼较小，其纵径为眼下沟长的 1.25 倍。体灰褐色、暗褐色，腹面、足上具细密的绒毛。头部和胸部具较密的暗色小斑点。触角基部黄褐色，端部褐色。前翅褐色散有黑色斑点。后翅基部黄色，略具淡绿色，其余部分烟色，无暗色横纹。

分布：黑龙江、吉林、辽宁、内蒙古、河北、山东、宁夏、甘肃、陕西、安徽、江苏、浙江、福建、江西、广东、广西、四川、贵州、云南、西藏；朝鲜、韩国、日本、印度。

1.5 网翅蝗科 Arcypteridae

（1）隆额网翅蝗 *Arcyptera coreana* Shiraki, 1930（图版 I：8）

形态特征：体褐色或暗褐色。前胸背板具黑色斑。雌性前翅中脉域和肘脉域具黑色斑点。后翅黑褐色或暗黑色。后足股节内侧下隆线和底侧中隆线间常为淡红色，内侧具三个黑色横斑，膝部黑色，膝前环黄色；后足胫节基部黑色，近基部具黄色环纹，其余部分为淡红色或红色。雄性体中等，头顶较宽而钝，头顶和后头中央具不明显中隆线；头侧窝明显近四边形，在头顶部相距较近。颜面侧观倾斜，颜面隆起近上唇基部消失。眼间距宽度为触角间颜面隆起宽度的 2.12～2.57 倍。复眼卵圆形，其垂直直径为水平直径的 1.33～1.60 倍。触角丝状，超过前胸背板后缘，中段一节的长度为宽度的 2.33～2.80 倍。前胸背板前缘平直，后缘钝角形突出。中隆线明显，两侧隆线近于平行，侧隆线间最宽处略大于最狭处。前、中、后横沟明显，前、中横沟切断或不切断侧隆线，后横沟切断中、侧隆线。沟后区略大于沟前区。两前足之间、前胸腹板中央具很小的突起。中胸腹板侧叶间中隔长为其最狭处的 1.26～1.30 倍。后胸腹板侧中间中隔全长彼此分开。前翅长，超过后足股节末端；肘脉域很宽，约为中脉域宽的 4 倍。后翅发达，与前翅等长，褐色或暗黑色。后足股节较强壮，但匀称，外侧上基片略长于下基片；内侧下隆线之上具一列明显的音齿；外侧下膝片顶端圆形。后足胫节缺外端刺；内缘具刺 12 个；外缘具刺 12～15 个。爪间中垫超过爪的中部。腹部第一节鼓膜器较大，鼓膜孔近圆形。肛上板三角形，侧缘中部呈褶状隆起。尾须圆锥形。下生殖板短锥形，顶钝圆。雌性较雄性粗壮。头顶宽短；前缘中央具明显纵行细隆线。颜面侧观向后倾斜，颜面隆起较宽，近上唇基部消失。触角丝状不到达前胸背板后缘，前胸背板后横沟较弯曲，中部向前突出。中、后胸腹板侧叶间中隔均明显分开。前后翅发达，到或不到达后足股节的末端。肘脉域宽约为中脉域的 2 倍。上、下产卵瓣粗短，边缘光滑无齿。

分布：黑龙江、吉林、辽宁、内蒙古、甘肃、河北、陕西、山东、江苏、江西、四川；朝鲜。

（2）宽翅曲背蝗 *Pararcyptera microptera meridionalis* (Ikonnikov, 1911)（图版 I：9）

形态特征：体黄褐色、褐色或黑褐色，头部背面有黑色"八"字形纹，前胸背板侧隆线呈黄白色"×"形纹，侧片中部具淡色斑。前翅具有细碎黑色斑点；前缘脉域具较宽的黄白色纵纹。雄性后足股节黄褐色，具三个暗色横斑，后足股节底色为橙红色，内、外膝侧片黑色；雌性内、外膝侧片黄白色，后足股节橙红色，近基部具淡色环。雄性体中型。头部较大，头顶宽短，三角形，中央略凹，侧缘和前缘的隆线明显。头侧窝长方形，较凹，在顶端相隔较近。颜面侧面观明显向后倾斜。颜面隆起宽平，无纵沟，略低凹，侧缘较钝。复眼卵圆形，其垂直直径为其水平直径的 1.33 倍。触角丝状，超过前胸背板的后缘。前胸背板宽平，前缘较平直，后缘圆弧形；中隆线明显隆起；侧隆线明显，其中部在沟前区颇向内弯曲呈"×"形，侧隆线间的最宽处等于最狭处的 1.5～2 倍；后横沟切断侧隆线和中隆线；

沟前区与沟后区的长度几乎相等。前胸腹板前缘在两前足基部之间呈较低的三角形隆起。中胸腹板侧叶间中隔较狭，其最狭处几乎相等于其长度。后胸腹板侧叶间中隔全长彼此分开。前翅发达，不到达或刚到达后足股节末端。前翅肘脉域较宽，其最宽处约为中脉域近顶端最狭处的 2 倍；前缘脉域较宽，最宽处等于亚前缘脉域最宽处的 2.5～3 倍。中脉域通常无中闰脉。后翅略短于前翅。后足股节粗短，股节的长度为其宽度的 3.9～4.1 倍；上侧中隆线无细齿；外侧下膝侧片顶端圆形。后足胫节缺外端刺，沿外缘具刺 12～13 个。跗节爪间中垫较短，刚到达爪的中部。尾须圆锥形，到达或略超过肛上板的顶端。下生殖板短锥形，顶端略尖。雌性较雄性大，且粗壮。触角较短，刚到达前胸背板后缘。中胸腹板侧叶间中隔最狭处较宽于其长度。前翅较短，通常超过后足股节的中部。前翅肘脉域较狭，肘脉域的最宽处几乎等于中脉域的最宽处。产卵瓣粗短，上产卵瓣的外缘无细齿。

分布：黑龙江、吉林、辽宁、内蒙古、甘肃、青海、河北、山西、陕西、山东；蒙古、俄罗斯。

寄主：禾本科植物。

（3）华北雏蝗 *Chorthippus brunneus huabeiensis* **Xia et Jin, 1982**（图版 I：10）

形态特征：雄性，体中小型。头顶前缘明显呈钝角形。头侧窝明显低凹，狭长四角形；颜面倾斜，颜面隆起较狭，两侧缘明显，中央低凹，形成纵沟；触角丝状。前胸背板侧隆线在沟前区明显呈角形弯曲，其沟后区的最宽处约为沟前区最狭处的 2.3 倍；后横沟位于前胸背板中部之前，沟前区明显短于沟后区；前、中横沟不明显。中胸腹板侧叶间中隔几呈方形。前翅狭长，超过后足股节顶端，缘前脉域有时具有较弱的闰脉，前缘脉域宽约为亚前缘脉域宽的 2 倍，而大于中脉域的宽度，中脉域宽大于肘脉域的宽度。后翅与前翅等长。后足股节内侧下隆线具齿。跗节爪间中垫宽大，其长超过爪之一半。鼓膜孔长约为宽的 4 倍。雌性头顶前缘为直角形；头侧窝较浅，长约为宽的 3 倍；额面隆起较平坦，仅中央单眼之下略低凹，形成短浅沟。前翅缘前脉域长，到达前翅的 2/3 处。体褐色。前胸背板侧隆线处具黑色纵纹，前翅褐色，在翅顶 1/3 处具一淡色纹。雄性腹端有时橙黄色或橙红色。

分布：黑龙江、吉林、辽宁、内蒙古、北京、河北、山东、新疆、青海、宁夏、甘肃、陕西、山西、西藏。

1.6　剑角蝗科 Acrididae

中华剑角蝗 *Acrida cinerea* (Thunberg, 1815)（图版 II：1）

形态特征：雄性体中大型。头圆锥形；颜面极倾斜，颜面隆起，极狭，全长具纵沟；头顶突出，顶圆，自复眼前缘到头顶顶端的长度等于或略短于复眼的纵径；触角剑状；复眼长卵形。前胸背板宽平，具细小颗粒，侧隆线近直，在沟后区较向外开张，后横沟位于前胸背板中部的稍后处，在侧隆线之间直，不向前呈弧形突出，侧片后缘较凹入，下部具有几个尖锐的结节，侧片后下角锐角形，向后突出。中胸腹板侧叶间中隔的长度大于最狭处的 2.5～3.0 倍。前翅发达，超过后足股节的顶端，顶尖锐。后足股节上膝侧片顶端内侧刺长于外侧刺；跗节爪间中垫长于爪。鼓膜片内缘直，角圆形。雌性体大型，粗壮。头顶突出，顶圆，自复眼前缘到头顶顶端的长度等于或大于复眼的纵径。其余特征同雄性。体绿色或褐色，绿色个体在复眼后、前胸背板侧面上部、前翅肘脉域具淡红色纵条；褐色个体前翅中脉域具黑色纵条，中闰脉处具一列淡色短条纹。后翅淡绿色。后足股节和胫节绿色或褐色。

分布：黑龙江、吉林、辽宁、北京、河北、宁夏、甘肃、陕西、山西、山东、安徽、江苏、浙江、福建、湖南、湖北、江西、广东、广西、四川、贵州、云南。

1.7　蝼蛄科 Gryllotalpidae

东方蝼蛄 *Gryllotalpa orientalis* **Burmeister, 1839**（图版 II：2）

形态特征：体长 30～35 mm，近纺锤形，黑褐色，密被细毛。头圆锥形；触角丝状。前胸背板卵圆形，长 4～5 mm，中央有 1 个暗红色长心形凹斑。前翅短小，后翅纵褶成条，超过腹部末端，展开时为扇形。腹部末端具有 1 对尾须。前足为开掘足，后足胫节背面内侧有 3～4 个能动的棘刺。

分布：全国各地；朝鲜、韩国、日本、澳大利亚，东南亚和非洲。

1.8　蚤蝼科 Tridactylidae

日本蚤蝼 *Tridactylus japonicus* **(Haan, 1988)**（图版 II：3）

形态特征：小型种类，体长约 5 mm，灰黑色，头圆形；复眼发达；触角 9～12 节，近念珠状。前胸背板盔状；中、后胸腹板较宽。通常前翅较后翅短，雄性前翅端具有一列齿，与后翅亚前缘脉相摩擦发音。前足胫节端部扩大，具齿，适于掘土；后足胫节膨大，形成跳跃足，跗节 1 节。腹部末端具有 1 对尾须。

分布：我国东部地区广布；朝鲜、韩国、日本。

2 半翅目 Hemiptera

半翅目包含 4 个亚目：胸喙亚目、头喙亚目、鞘喙亚目、异翅亚目。成虫体小至大型，体形和体色多样；刺吸式口器；触角多为丝状，部分刚毛状；复眼发达；单眼 2~3 个，少数种类缺失；前胸背板发达，多六角形、长颈形，两侧突出呈角状；中胸小盾片发达，通常三角形，少数半圆形或舌形，有些种类发达能覆盖整个腹部；前翅质地均匀，膜质或革质，休息时呈屋脊状，有些蚜虫和雌性蚧壳虫无翅，雄性蚧壳虫后翅退化成平衡棒。异翅亚目前翅基半部骨化成革质，端半部膜质，为半鞘翅，革质部分分为革片、爪片、缘片、楔片等，膜质部分称为膜片，膜片的翅脉数目和排列方式因种类不同而异；足的类型因栖息环境和食性而异，分为步行足、捕捉足、游泳足、开掘足等，跗节 1~3 节；部分种类具蜡腺、臭腺，少数种类能发声或发光。

渐变态，一生经历卵、若虫、成虫 3 个阶段。多为植食性，有些可传播植物病害；有些危害人体、家禽和家畜，并传染疾病；水生类群捕食蝌蚪、昆虫、鱼苗等；猎蝽、姬蝽、花蝽等捕食昆虫和螨类，为天敌昆虫；有些种类可以分泌蜡、胶或形成虫瘿，产生五倍子，是重要的工业资源昆虫。紫胶、白蜡、五倍子可药用。

2.1 蜡蝉科 Fulgoridae

东北丽蜡蝉 *Limois kikuchi* (Kato, 1932)（图版 II：4）

形态特征：体长 10 mm，翅展 33 mm。头、胸青灰褐色，散布大小不等的黑色斑点。头细小，前缘与额部相连处向后上方呈尖的头角；额部黑褐色，有光泽，端部呈角状，两侧有脊线，近基部扩大，中域有脊 3 条，直达头顶，中间一条细小，后半段消失；唇基隆起并有一明显的中脊，侧缘及中脊黑褐色，其余部分灰白色，并散布褐色点粒及黄色短毛；喙细长，伸达腹部末端。前胸背板肩部有一近圆形黑斑，中脊淡黄色，其两侧有黑褐色纵条；中胸背板中脊线附近色深，有不规则黑点，侧脊线外有一大型黑斑。腹部背面浅黄色，各节前缘有一黑褐色的横带。前翅近基部 1/3 处米黄色，散布许多大小不等的褐色斑，该区域外侧有一大型不规则的褐色斜纹斑；其余部分透明，散布一些近圆形的褐斑，沿翅脉还有一些小型褐斑。后翅透明，基部 1/2 橘黄色，臀域有褐斑两个，从顶角到后缘边缘为褐色，愈往后褐色边缘愈宽。足黑褐色，腿节和胫节处常有土黄色的斑点和环带；后足胫节外侧有五刺。

分布：黑龙江、吉林、辽宁、内蒙古、北京、河北、山西；朝鲜。

2.2　角蝉科 Membracidae

黑圆角蝉 *Gargara genistae* Fabricius, 1775（图版 II：5）

形态特征：雌性体中小型，黑色、赤褐色或黄褐色。头部黑色，有稠密刻点和浅黄褐色斜立细毛，基缘弓形弯曲，下缘倾斜，波状，明显上翘。复眼黄褐色至深褐色，卵圆形。单眼白色至浅黄褐色，位于复眼中心连线稍上方，彼此间距离等于到复眼的距离。额唇基 1/2 伸出头顶下缘，略向后倾斜；中瓣宽阔，梯形，端缘平截或略呈弧形；侧瓣三角形，伸达中瓣端部 1/3 处。前胸背板赤褐色至黑色，有稠密刻点和灰白色至黄褐色斜立细毛。前胸斜面倾斜，宽为高的 3 倍；肩角钝三角形；背盘部低平。中脊极不明显，仅在后突起上较发达。后突起粗直，伸达前翅臀角处，有时伸达前翅第五端室中部，由中部起渐尖；侧脊发达，顶端较钝。小盾片两侧露出较宽，赤褐色至黑色，有稠密刻点和浅黄褐色斜立细毛。前翅透明，无色或有不规则浅黄色晕斑，长度不超过腹部末端；基部 1/6 革质，黄褐色至黑色，有刻点和细毛；翅脉浅黄褐色，盘室处的横脉常为褐色；2 盘室大小近等；端膜宽。后翅无色透明，有辐射状皱纹，翅脉浅黄褐色。胸部侧面褐色至黑色，有稠密的灰白色至浅黄褐色斜立细毛，中后胸两侧及腹基部常有绵毛组成的白斑。足腿节以上为黑色，胫节和跗节黄褐色至赤褐色。腹部黄褐色至黑色。第二产卵瓣狭长，端半部背面有 2 个大钝齿，其外的小锯齿较钝，每个钝齿上又分出 2 ~ 6 个不明显的小钝齿。雄性外形与雌性基本相同，但体较小，前翅长超过腹部末端。生殖侧板近半圆形。下生殖板狭长，基部较宽，向端部逐渐变狭，顶端钝，中裂稍大于 1/2。阳基侧突较直，端部弯成直角，弯曲处稍宽，顶端有三角齿状小钩。阳茎"U"形，外臂侧面观向端部逐渐变细，背面具倒逆的细齿；后面观向端部渐狭，阳茎口较小，椭圆形，位于阳茎端腹面，占阳茎外臂长度的 1/5。

分布：除青海省外全国分布；东半球各国。

寄主：刺槐、槐树、酸枣、枸杞、宁夏枸杞、桑树、柿树、柑橘、苜蓿、三叶锦鸡儿、直立黄芪、大麻、黄蒿、胡颓子、烟草、棉花。

2.3　猎蝽科 Reduviidae

环斑猛猎蝽 *Sphedanolestes impressicollis* (Stal, 1861)（图版 II：6）

形态特征：体长 17 ~ 18 mm，宽 5 ~ 5.4 mm，黑色，被短毛，光亮，具黄色斑环。触角第一节 2 个环斑、腿节 2 ~ 3 个环斑、胫节 1 个环斑、腹部腹面中部及侧接缘各节端半部均为黄色或浅黄褐色。头的横缢前端显著长于后部，前胸背板前叶呈两半球形，其近中央后部具小短脊；后叶显著大于前叶，中央具浅纵沟，后缘平直。腹部腹面密被白色短毛。头长 3.1 mm，宽 1.7 mm，横缢前部长于后叶（二者长度之比为 17：14)，触角第一节最长，各节长约为 5.1 mm、2.1 mm、2.4 mm、3.5 mm。喙第一节最长，达眼的中部，第二、三、四节长度分别为 1.45 mm、1.85 mm、0.40 mm。雄虫腹部末端后缘中央突出，具 2 个小钩突，抱器棒状，稍弯曲。

分布： 黑龙江、山东、湖南、陕西、江苏、浙江、湖北、江西、福建、广东、广西、四川、贵州、云南；印度、日本。

寄主： 棉蚜、棉铃虫、棉小造桥虫等。

2.4　盲蝽科 Miridae

中黑苜蓿盲蝽 *Adelphocoris suturalis* (Jakovlev, 1882)（图版 II：7）

形态特征： 体长 5.5～7.0 mm。体狭椭圆形，污黄褐色至淡锈褐色。头锈褐色，额区具有若干成对的平行横纹，散布淡色微毛；唇基或整个头的前半部黑色。触角黄褐色；喙伸达后足基节。胝前区及胝区具有稀疏的刚毛状毛；盘域具有细浅和不规则的刻点或刻皱，毛稀疏。小盾片黑褐色，具有横皱纹。爪片内半部沿接合缘为两侧平行的黑褐色宽带，与黑色的小盾片一起致使体中线成为宽黑色条带。革片内角与中部纵脉后部 1/3 间为一黑褐斑，斑的前缘部分渐淡，革片内缘狭窄，且色淡。楔片最末端黑褐色，膜片黑褐色，刻点很细密且浅淡。后足股节黑褐色，并有一些成行排列的红褐色点斑。

分布： 黑龙江、吉林、辽宁、河北、天津、河南、山东、陕西、甘肃、安徽、浙江、江苏、上海、湖北、广西、四川、贵州；俄罗斯、朝鲜、韩国、日本。

寄主： 棉花、苜蓿、苕子等。

2.5　花蝽科 Ahthocoridae

东亚小花蝽 *Orius sauteri* (Poppius, 1909)（图版 II：8）

形态特征： 体长 1.9～2.3 mm。头黑褐色，长约 0.26 mm，宽约 0.37 mm，头顶中部有纵列毛，呈"Y"字形分布，两单眼间有一横列毛；触角第一、二节污黄褐色，第三、四节黑褐色，第三、四节毛长者可等于或稍长于该节直径；各节长度分别为 0.12 mm、0.27 mm、0.19 mm、0.21 mm。前胸背板黑褐色，长约 0.27 mm，领宽约 0.30 mm，后缘宽约 0.70 mm；四角无直立长毛；雄虫的侧缘微凹，雌虫的侧缘直，全部或大部分呈薄边状；胝区隆出较弱，中线处具刻点及毛，胝后下陷清楚，胝区之前及之后刻点较深，呈横皱状；雄虫前胸背板较小。前翅爪片和革片淡色，楔片大部黑褐色或仅末端色深，膜片灰褐色或灰白色；外革片长约 0.66 mm，楔片长约 0.35 mm。足淡黄褐色，股节外侧色较深；胫节毛长不超过该节直径。雄阳基侧突叶部较狭细，弯曲成一直角，有一细小的齿，紧贴侧突叶中部前缘，易被忽略；鞭部短，几不伸过或稍伸过叶的末端，基部狭叶状扩展，扩展部分长占整个鞭长的 2/3，其末端有一向上翘起的小突起。雌虫交配管基段弯曲呈直角状，端段细长，直径为基段的 1/2，比基段长。

分布：黑龙江、吉林、辽宁、内蒙古、北京、天津、河北、山东、山西、甘肃、河南、湖北、湖南、四川；俄罗斯、朝鲜、韩国、日本。

2.6 长蝽科 Lygaeidae

（1）红脊长蝽 *Tropidothorax elegans* (Distant, 1883)（图版 III：1）

形态特征：体长 10～20 mm，长椭圆形，红色，并具黑色大斑，被金黄色短毛，头黑，光滑，无刻点，小颊长，橘红色，喙黑，伸达后足基节。触角黑色，第二与第四节等长。前胸背板梯形，侧缘直，仅后角处弯，侧缘及中脊隆起明显，红色，前后缘亦为红色，其余部分黑色，有时胝沟后方黑色，胝沟前侧具 1 黑色斑。小盾片黑色，基部平，端部隆起，纵脊明显。爪片黑色，端部红色。革片红色，中部具不规则的大黑斑，此斑不达翅的前缘；膜片黑色，超过腹端，内角及外缘乳白色。体腹面红色，胸部各侧板黑色部分约占 2/3；臭腺沟缘红色，耳状。腹部各节均具黑色大型中斑和侧斑，有时两斑相互连接成 1 个大型横带，腹末端黑色。足黑色。

分布：黑龙江、北京、天津、江苏、河南、浙江、江西、广东、广西、四川、云南和台湾；韩国，日本。

寄主：萝藦、牛皮消、刺槐、花椒、洋槐、小麦、油菜。

（2）角红长蝽 *Lygaeus hanseni* Jakovlev, 1883（图版 III：2）

形态特征：体长 80～90 mm。体黑褐色，前胸背板后部具有角状黑斑，被金黄色微毛。头黑色，头顶基部至中叶中部具红色纵纹，眼与前胸背板相接。触角、喙、头部和胸部腹面及足黑色，喙超过中足基节。前胸背板黑色，后叶的前侧缘及其中央的宽纵纹红色。胝沟后方各具一深黑色的光裸圆斑。小盾片黑色，横脊宽，纵脊明显。前翅暗红色或红色，爪片除外缘外为红色，仅端部的光裸圆斑和革片中部的光裸圆斑黑色。革片在径脉的前方红色，但后半的前缘黑褐色；圆斑的外方红色；爪片缝与革片端缘等长；膜片黑，外缘灰白色，其内角、中央圆斑及革片顶角处与中斑相连的横带乳白色。胸部侧板每节的后缘背侧角和基节臼各具一较底色更黑的圆斑。腹部红色，末端黑色；侧节缘红，前部黑色；腹中线两侧各腹节的基部具黑斑。

分布：黑龙江、吉林、辽宁、内蒙古、北京、山东、宁夏、甘肃、河北、山西；朝鲜、韩国、蒙古、俄罗斯、哈萨克斯坦。

2.7 同蝽科 Acanthosomatidae

细铗同蝽 *Acanthosoma forficula* Jakovlev, 1880（图版 III：3）

形态特征：体长 17～18.5 mm，宽 8～12 mm。体鲜绿色或暗褐色略带绿色，刻点黑色。头中叶长于侧叶。触角棕黑色，第一、二节及第三节基部黄褐色。前胸背板前部黄褐色，前角有 1 个小突，侧缘稍内凹，侧角向侧方突出，末端钝，光滑，红色。小盾片末端色淡，光滑。前翅革质部刻点较细密，膜片浅褐色，半透明，长过腹末。侧接缘同体色，末节红，其余各节节缝间具黑色横带。足色同体色，胫节端及跗节浅棕色。腹部腹面黄褐色。雄虫生殖狭长，橘黄色，远超过膜片末端。

分布：黑龙江、河北、河南、福建、湖北、浙江、江西、云南、贵州；蒙古、俄罗斯西伯利亚、日本。

寄主：栎类。

2.8 蝽科 Pentatomidae

（1）斑须蝽 *Dolycoris baccarum* (Linnaeus, 1758)（图版 III：4）

形态特征：体长 8～13.5 mm，宽约 6 mm，椭圆形，黄褐色或紫色，密被白绒毛和黑色小刻点。触角黑白相间；喙细长，紧贴于头部腹面。小盾片近三角形，末端钝而光滑，黄白色。前翅革片红褐色，膜片黄褐色，透明，超过腹部末端。胸腹部的腹面淡褐色，散布零星小黑点。足黄褐色，腿节和胫节密布黑色刻点。卵粒圆筒形，初产时浅黄色，后灰黄色，卵壳有网纹，生白色短绒毛。卵排列整齐，成块。若虫形态和色泽与成虫相同，略圆，腹部每节背面中央和两侧都有黑色斑。

分布：全国各地；朝鲜、俄罗斯、日本、阿拉伯、叙利亚、土耳其、印度，中亚、北美洲。

寄主：麦类、稻类、大豆、玉米、谷子、麻类、甜菜、苜蓿、杨、柳、高粱、菜豆、绿豆、蚕豆、豌豆、茼蒿、甘蓝、黄花菜、葱、洋葱、白菜、赤豆、芝麻、棉花、烟草、山楂、苹果、桃、梨、野芝麻、天仙子、梅、杨梅、草莓、飞帘及其他森林和观赏植物等。

（2）麻皮蝽 *Erthesina fullo* (Thunberg, 1783)（图版 III：5）

形态特征：体长 20.0~25.0 mm，宽 10.0～11.5 mm。体黑褐色，密布黑色刻点及细碎不规则黄斑。头部狭长，侧叶与中叶末端约等长，侧叶末端狭尖。触角 5 节，黑色，第一节短而粗大，第五节基部 1/3 为浅黄色。喙浅黄色，4 节，末节黑色，达第三腹节后缘。头部前端至小盾片有 1 条黄色细中纵线。前胸背板前缘及前侧缘具黄色窄边。胸部腹板黄白色，密布黑色刻点。各腿节基部 2/3 浅黄色，两侧及端部黑褐色，各胫节黑色，中段具淡绿色环斑，腹部侧接缘各节中间具小黄斑，腹面黄白，节间黑色，两侧散生黑色刻点，气门黑色，腹面中央具一纵沟，长达第五腹节。

分布：黑龙江、辽宁、内蒙古、北京、河北、河南、山东、山西、陕西、安徽、江苏、浙江、湖南、湖北、江西、四川、云南、广东、海南、台湾；日本、缅甸、斯里兰卡、印度。

寄主：柳、悬铃木、槐、梓、合欢、臭椿、榆、杨、刺槐、泡桐、梧桐、桑、梨、苹果、桃、沙果、海棠、梅、葡萄、李、杏、枣、柿、山楂、石榴、樱桃、油菜、蓖麻、烟草、甘蔗、甜菜等。

（3）菜蝽 *Eurydema dominulus* (Scopoli, 1763)（图版Ⅲ：6）

形态特征：体长6～10 mm，宽4～5 mm，椭圆形，黄色、橙色或橙红色，具黑色斑。头部边缘红黄色，其余黑色。触角黑色。头部侧叶长于中叶，并在其前方会合。前胸背板前缘呈"领圈"状，具6块黑斑，前2后4，前侧缘光滑，边缘上翘。小盾片中央有一大三角形黑斑，端处两侧各具一小黑斑。前翅革片黄色或红色，爪片及革片内侧黑色，中部黑色带加宽，外侧区有两个小黑斑，一个近中央，一个近端角处。侧接缘黑黄相间。体腹面黄色，中胸中区黑色，腹部腹面中央各节具1～2块大黑斑。胸、腹各节的侧区上亦有黑斑，这些黑斑组成纵列。足黄黑相间。此种与云南菜蝽相似，但云南菜蝽头部侧叶每侧有1块淡色斑，有时中叶基部尚有一小型红黄色斑。

分布：黑龙江、吉林、北京、山西、陕西、江苏、山东、浙江、湖南、江西、四川、福建、广东、广西、云南、西藏；欧洲。

寄主：十字花科蔬菜。

（4）横纹菜蝽 *Eurydema gebleri* (Kolenati, 1856)（图版Ⅲ：7）

形态特征：体长6.0～8.5 mm，体长椭圆形，黄白色、橙黄色或暗红色，具有带蓝绿色金属光泽的不规则黑斑。头背面侧叶基部具三角形小黄白斑，其余黑色，有时头顶中央具有1黄白色小纵斑；触角黑色，腹面黄白色。前胸背板黄白色，边缘橙黄色，中央具6个黑斑；小盾片基部中央具有1个近似正三角形的大黑斑，侧缘具有黄白色纵纹，端部橙黄色至橙红色，具有"Y"字形纹。前翅革片黑色，具蓝绿色金属光泽，外革片基半部及侧缘黄白色至橙黄色，端部具有一黄白色至橙红色横斑；膜片黑褐色，外缘灰白色，稍长于腹部末端。足腿节黄白色至橙黄色，端部具有不规则黑斑，胫节两端黑色，中央具有黄白色环纹。各腹节基部中央具有1对小黑斑，其两侧各具一纵列黑斑。

分布：黑龙江、吉林、辽宁、内蒙古、河北、天津、河南、新疆、甘肃、陕西、山东、山西、湖北、江苏、四川、云南、西藏；哈萨克斯坦、俄罗斯、蒙古、朝鲜、韩国。

寄主：甘蓝、紫甘蓝、青花菜、花椰菜、白菜、萝卜、樱桃萝卜、白萝卜、油菜、芥菜、板蓝根、白屈菜等。

（5）茶翅蝽 *Halyomorpha halys* (Stal, 1855)（图版Ⅲ：8）

形态特征：体长12～16 mm。体椭圆形略扁平，茶褐色、淡黄褐色或黄褐色，具黑刻点；有的个体在身体各部具金绿色闪光的刻点或紫绿色光泽，体色变异极大。触角黄褐色，第三节端部、第四节中部、第五节大部为黑褐色。前胸背板前缘有四个黄褐色横列的斑点。小盾片基缘常具5个隐约可辨的淡黄色小斑点。翅褐色，基部色较深，端部翅脉的颜色亦较深。侧接缘黄黑相间，腹部腹面淡黄白色，足淡黄色。区别于其他蝽类昆虫的特征是触角 5 节，并且最末两节有两条白带将黑色的触角分割为黑白相间；足亦是黑白相间。

分布： 黑龙江、吉林、辽宁、内蒙古、北京、天津、河北、河南、陕西、甘肃、山东、山西、上海、江苏、浙江、安徽、江西、湖北、湖南、广东、广西、四川、贵州、云南、台湾；日本、越南、缅甸、印度、斯里兰卡、印度尼西亚。

寄主： 苹果、梨、桃、樱桃、杏、海棠、山楂、李子、胡桃、榛子、草莓、葡萄等果树，也可为害大豆、菜豆、甜菜、芦笋、番茄、辣椒、黄瓜、茄子、甜玉米、菊花、玫瑰、百日草、向日葵等。此外，对榆树、梧桐、枸杞、唐棣、火棘、荚蒾、金银花、泡桐、柿子、枫树、椴木、枫香、紫荆和美国冬青等树木亦可造成危害。

（6）珠蝽 *Rubiconia intermedia* (Wolff, 1811)（图版 IV：1）

形态特征： 体长 5.5 ~ 8.5 mm。体椭圆形，黄褐色，密布刻点。头部黑色至黑褐色，具有绿色光泽；侧叶长于中叶，中叶前具有明显缺口，后大半部具褐纵中带；触角暗棕褐色，第三、四节端大半部及第五节端黑色。前胸背板前侧缘黄白色，近平直，略上翘，侧角钝圆，不伸出；胝区色深。小盾片两基角处各有 1 小黄斑，端部新月斑黄白色。前翅革质部基处外缘黄白色，膜翅无色或淡灰色，脉纹淡褐色，略长过腹末。侧接缘黄黑相间。足及腹部腹面淡黄褐色；腿节端大半部色暗，散生小斑点，胫节端及跗节色暗。

分布： 黑龙江、吉林、辽宁、内蒙古、河北、河南、宁夏、甘肃、青海、山东、山西、陕西、安徽、湖南、湖北、江苏、浙江、江西、广东、广西、四川、贵州；蒙古、日本，欧洲。

寄主： 麦类、豆类、水稻、苹果、枣、柳叶菜、水芹等。

（7）弯角蝽 *Lelia decempunctata* (Motschulsky, 1859)（图版 IV：2）

形态特征： 体长 16 ~ 22 mm。体宽大，椭圆形，黄褐色，密被黑色小刻点。头部刻点较密，侧叶长于中叶，雌虫侧叶在中叶前会合，雄虫侧叶相靠很近但不接触，侧叶远宽于中叶，微向上翘起，边缘光滑；触角 1 ~ 3 节淡黄褐色，第四节除基部外与第五节均为黑色；复眼褐色，后缘与前胸背板前缘接触，单眼红色；喙黄褐色，末端伸达后足基节。前胸背板胝区明显可见，胝后横列 4 个黑色小斑，前缘向后凹入，侧缘中部明显向内凹入，边缘具淡黄色短小齿状突，后缘近小盾片基部处直；前角小，斜指，紧靠复眼外缘，侧角粗壮，微上翘，前伸，边缘光滑。小盾片三角形，基角处各有一较小下凹的黑斑，基半中央有 4 个黑色小圆斑，顶角边缘光滑。前翅革质部前缘略突出，色较深；膜片淡色，透明，末端略超出腹端。侧接缘外露，一色，黑色刻点密集，边缘光滑。体腹面淡黄褐色，各胸节侧板各具一小黑色斑。腹部腹面刻点稀少，略光滑，腹中突较长，尖锐，向前伸达中足基节。足淡黄褐色，胫节末端与跗节色略深。

分布： 黑龙江、吉林、内蒙古、北京、陕西、甘肃、宁夏、山东、浙江、湖南、安徽、四川、贵州、云南；朝鲜、俄罗斯、日本。

寄主：葡萄、糖槭、核桃楸、榆、杨、醋栗、刺槐、胡麻等。

（8）褐真蝽 *Pentatoma semiannulata* (Motschulsky, 1859)（图版Ⅳ：3）

形态特征：体长 17～20 mm，前胸背板宽 10～11 mm，椭圆形，红褐色至黄褐色，无金属光泽，具棕黑色粗刻点，局部刻点联合成短条纹。头近三角形，侧缘具边，色多深暗，微向上翘折，侧叶与中叶几等长，在中叶前方不会合。触角细长，黄褐色至棕褐色，第三至五节除基部外棕黑色，第二、三节有稀疏细毛，第四、五节具密短毛。喙黄褐色，末端棕黑色，伸达第三腹节腹板中央。前胸背板中央无明显横沟，胝区较光滑，其中央仅有少量黑刻点。前胸背板前侧缘有较宽的黄白色边，其前半部粗锯齿状。侧角末端亚平截，其后侧缘近末端似有 1 小突起。小盾片三角形，端角延伸且显著变窄。前翅较伸长，膜片淡褐色，几透明，稍超过腹端。足细长，腿节和胫节有棕黑色斑。腹部侧接缘各节基部和端部有不规则黑色横斑纹，节缝黄色。腹部腹面浅黄褐色，光滑无刻点，腹板中央无明显纵棱脊。腹基部中央刺突甚短钝，仅接近后足基节。腹气门暗棕色。

分布：黑龙江、吉林、辽宁、内蒙古、北京、河北、陕西、山西、四川；朝鲜、俄罗斯。

寄主：梨、桦树等。

（9）金绿真蝽 *Pentatoma metallifera* (Motschulsky, 1859)（图版Ⅳ：4）

形态特征：体长 17～22 mm，宽 11～13 mm。体大，椭圆形，体背金绿色，密布同色刻点。头三角形，表面刻点清晰，金绿色，中叶与侧叶平齐，中叶前端稍低倾，侧叶端稍尖；复眼黑褐色，单眼橘红色，其侧后域黄色，光滑；触角 5 节，细长，被半倒伏短毛，第一节粗短，黄褐色，第二至五节黑褐色，以第四节最长；喙细长，黄褐色，端节黑褐色，伸达腹部第二腹板中央。前胸背板略前倾，前缘向后凹入，侧缘中部略凹，具有明显的锯齿，金绿色，背面中纵线微隆起，可隐约看见；前角尖锐，侧角向上微翘，向两侧伸出，端部尖锐。小盾片三角形，侧区黑褐色，中部金绿色。前翅革质部密被刻点，金绿色，仅翅前缘处具一细黄色条纹，膜片烟色，半透明。侧接缘外露，黄褐相间。腹基突较短，仅伸达后足基节间。胸部腹面黄褐色，略带一些红色，被黑色刻点。臭腺沟周缘黑色，腹部腹面黄褐色至红褐色，被较小的黑色刻点，气门黑色。足黄褐色至黑绿色，腿节常散生许多不规则大小黑斑，胫节具短绒毛，跗节黑褐色具绒毛。

分布：黑龙江、吉林、辽宁、河北、北京、山西、内蒙古、宁夏、甘肃、青海；俄罗斯、蒙古、朝鲜、韩国、日本。

寄主：杨、柳、榆、核桃楸等多种树木。

（10）日本真蝽 *Pentatoma japonica* (Distant, 1882)（图版Ⅳ：5）

形态特征：体长 17～18.5 mm，宽 11.5～12.8 mm，宽椭圆形，密布刻点。背面（包括头部、前胸背板、小盾片及革质部）为美丽的鲜绿色，并有金属光泽。头部椭圆形，前端圆。触角棕褐色，最后 2 节红色。

复眼黑褐色，单眼黄褐色略带红色。喙长，伸达第四个可见腹节的前部，上黄下黑，末节黑色。前胸背板前角有小锐刺，前侧缘稍内凹，具小锯齿，除前缘外，其余边缘均狭，黄色，无刻点。小盾片末端狭圆，稍现黄褐色。前翅膜片淡烟褐色，透明。足红褐色，腿节稍有小黑点，各胫节的外侧有浅沟，爪黑色。腹部背面红色，侧接缘黄黑相间。体下红褐色，刻点较少，稍带闪光，气门黑色，中胸及后胸的中间显有隆脊，腹基突伸达后足基节中央。

分布：黑龙江、吉林、陕西、甘肃；俄罗斯西伯利亚东部、日本、朝鲜。

寄主：榆、白桦、蒙古栎等林木及梨等果树。

（11）碧蝽 *Palomena angulosa* (Motschulsky, 1861)（图版 IV：6）

形态特征：体长 12～13.5 mm，宽约 8 mm，体宽椭圆形，鲜绿至暗绿色。触角基外侧有一片状突起将触角基覆盖；触角第一节不伸出头末端，第二节显著长于第三节，第一至三节绿色；第四节除基部为绿色外，与第五节均为红褐色。复眼周缘淡黄褐色，中间暗褐红色，单眼暗红色。喙伸达后足基节间。前胸背板侧角伸出较少，末端圆钝，体侧缘包括前胸背板侧缘和侧角外缘，侧角外缘、前翅革质部前缘基部及侧接缘外缘均为淡黄褐色。前翅膜片淡烟褐色，透明。各足腿节外侧近端处有一小黑点，后足上的更明显。爪端半黑色。后胸臭腺沟末端有黑色瘤点。侧接缘外露，有较密的黑刻点。体下方色淡，气门周围黑色。生殖节常呈鲜红色。

分布：黑龙江、河北、山西、山东、云南、陕西、甘肃、青海；俄罗斯西伯利亚、印度，欧洲、北非。

寄主：麻、玉米。

（12）华麦蝽 *Aelia fieberi* Scott, 1874（图版 IV：7）

形态特征：体长 8～9 mm。体淡黄褐色至污黄褐色。头部长宽近相等；颊前部低平，中部微凹入，后端成一尖角状向下突伸；喙伸达腹部第三节。前胸背板和小盾片表面较平整，除纵向中线外，没有其他无刻点的光滑纵纹；纵中线纤细，粗细前后一致；前胸背板纵中线两侧由黑色刻点组成黑色宽带，背板侧缘处的黑色纵带较宽。爪片和内革片暗灰色，刻点黑色，革片中部的分叉翅脉极不显著，隆起的径脉内侧无黑色纹；膜片具有 1 黑色纵纹，延伸到革片端缘。体下方色淡，有 6 条不完整的黑纵纹。各足股节端半部有 2 个显著黑斑。

分布：黑龙江、吉林、辽宁、北京、天津、甘肃、山西、陕西、山东、湖北、江西、江苏、浙江；俄罗斯、朝鲜、韩国、日本。

寄主：禾本科植物。

（13）赤条蝽 *Graphosoma rubrolineata* (Westwood, 1837)（图版 IV：8）

形态特征：体长 10～12 mm，宽约 7 mm。体长椭圆形，体表粗糙，有密集刻点。全体红褐色，其上有黑色条纹，纵贯全长。头部有两条黑纹。触角 5 节，棕黑色，基部两节红黄色。喙黑色，基部隆起。前胸背板较宽大，两侧中间向外突，略似菱形，后缘平直，其上有 6 条黑色纵纹，两侧的两条黑纹靠近边缘。小盾片宽大，呈盾状，前缘平直，其上有 4 条黑纹，黑纹向后方略变细，两侧的两条位于小盾片边缘。体侧缘每节具黑、橙相间斑纹。体腹面黄褐色或橙红色，其上散生许多大黑斑。足黑色，其上有黄褐色斑纹。

分布： 全国各地；俄罗斯、朝鲜、韩国、日本。

寄主： 胡萝卜、茴香、北柴胡等伞形科植物和萝卜、白菜、洋葱、葱等蔬菜，栎、榆、黄檗等树木。

2.9　盾蝽科 Scutelleridae

金绿宽盾蝽 *Poecilocoris lewisi* (Distant, 1883) （图版 V：1）

形态特征： 体长 13.5 ~ 16.0 mm。体宽椭圆形，通常为金绿色，具有赭红色斑纹。头部中叶端部金黄色，侧叶略短于中叶，侧缘稍上卷；复眼黑色，单眼红色；触角细长，5 节，基节黄褐色，其余 4 节蓝黑色喙黄褐色。长达腹部第四节的前缘。前胸背板有 1 个横向的 "日" 字形纹；小盾片微微隆起，并有许多花纹，前缘有 "冖" 形纹，端部周边波纹状和 1 横线连成封闭的 "口" 字形纹，端部较窄，中部两侧各有 1 条波浪横纹，在 2 条横纹中央有 1 纵向短纹，伸达端部 "口" 字形纹中央。前翅革质部分黄褐色；膜质部分和后翅灰褐色；翅脉棕褐色。足黄褐色，并带有金绿色光泽。腹部腹面气门上方有 1 黑点，其他部分黄色，有些个体除生殖节外腹节中央有黑色横纹。

分布： 黑龙江、辽宁、北京、河北、陕西、山东、江西、四川、贵州、云南；朝鲜、韩国、日本。

寄主： 侧柏、荆条等。

2.10　缘蝽科 Coreidae

东方原缘蝽 *Coreus marginatus orientalis* (Kiritshenko, 1916) （图版 V：2）

形态特征： 体长 13 ~ 14.5 mm，宽 6.5 ~ 7.5 mm，窄椭圆形，棕褐色，被细密小黑刻点。头小，椭圆形。触角 4 节，生于头顶端，多为红褐色，触角基内端刺向前延伸，互相接近。第一节最粗，第二节最长，第四节为长纺锤形。喙 4 节，褐色，达中足基节。前胸背板前角较锐，侧缘几平直，侧角较为突出。小盾片小，正三角形。前翅几达腹部末端，膜质部深褐色，透明，有极多纵脉。足棕褐色，腿节深褐色，腿、胫节上被细密黑刻点，爪黑褐色。腹部亦为棕褐色，侧接缘显著，两侧突出，各节中央色浅。腹部气门深褐色。

分布： 黑龙江、吉林、辽宁、河北；朝鲜、韩国、俄罗斯、日本。

3 蜻蜓目 Odonata

蜻蜓目包含 3 个亚目：差翅亚目、束翅亚目、间翅亚目。成虫多中至大型，细长，长 20 ~ 150 mm。体壁坚硬，色彩艳丽；头大且转动灵活；复眼发达，占头部的大部分，单眼 3 个；触角短小，刚毛状，3~7 节；口器咀嚼式。前胸小，较细；中、后胸愈合成为强大的翅胸。足细长。腹部细长，具有尾须；雄性腹部第二、三节腹面具有发达的次生交配器。翅狭长，膜质且透明；前、后翅近似等长，翅脉网状，多横脉，有翅痣和翅结，休息时平伸或直立，不能折叠。

半变态，经历卵、稚虫和成虫 3 个阶段。多数种类年一发生一代，有些种类 3~5 年完成一代。雄性性成熟时把精液存储在交配器中，交配时腹部末端的肛附器抓住雌性头顶或前胸背板，雄前雌后一起飞行，有时雌性把腹部弯向下前方，将腹部后方的生殖孔紧贴到雄性交合器上，进行受精。卵产于水面或水生植物体内，有些种类无产卵器，在飞行中将卵撒落于水中或贴近水面飞行，用尾部点水产卵。稚虫水生，取食水生小动物，大型种类捕食蝌蚪和小鱼；老熟稚虫由水中爬至石头、植物上，多于夜间羽化。稚虫需经历 10~20 次蜕皮。成虫飞翔迅速，会捕捉小型昆虫，是重要益虫。

3.1 色蟌科 Calopterygidae

(1) 黑色蟌 *Calopteryx atrata* Selys, 1853（图版 V：3a-b）

形态特征：腹长 55 mm，翅展 80 mm。体型较大；翅全部黑色或褐色，脉序浓密；腹部为细长圆柱状，常具有金属光泽。头部、上下唇黑色，整个面部着生黑色毛。胸部黑色带绿色，稍有金属光泽；翅完全黑色或褐色，无翅痣；足细长，黑色。腹部背面绿色，有金属光泽；腹面黑色。雌性较雄性色淡一些。

分布：黑龙江、吉林、辽宁、北京、陕西、山东、江苏、浙江、福建、湖南、广西；俄罗斯、朝鲜、韩国、日本。

(2) 日本黄条色蟌 *Calopteryx virgo japonica* Selys, 1869（图版 V：4）

形态特征：腹长 45 mm，后翅长雌虫 40 mm、雄虫 37 mm。体金绿色，雌虫色泽较浅。复眼黑褐色。雌虫翅烟褐色，后翅色泽较浓；翅脉褐色，翅痣白色。雄虫翅具紫黑色反光，翅脉黄绿色。足黑色。腹部各节背板具黄绿色粗条纹，第十节背板及下肛附器基半部呈黄白色。

分布：黑龙江、吉林；韩国、日本。

3.2 蟌科 Coenagrionidae

矛斑蟌 *Coenagrion lanceolatum* (Selys, 1872) （图版 V：5）

形态特征： 腹长 24～28 mm，后翅长 18～22 mm。雄性头顶有蓝色的单眼后色斑。合胸天蓝色。背条纹、肩条纹都为黑色，腹部黑色，第二至六腹节具有蓝环纹，第八、九腹节蓝色具有小黑斑。雌性黄绿色，胸部的黑纹如同雄性，腹部背面黑色。

分布： 黑龙江、吉林、辽宁，华北。

3.3 春蜓科 Gomphidae

臼齿日春蜓 *Nihonogomphus ruptus* (Selys, 1857) （图版 V：6）

形态特征： 雄性腹长 38～40 mm，后翅长 27～30 mm；雌性腹长 30～33 mm，后翅长 28.5～30 mm。头部黄色有黑纹。上唇前缘黑边甚窄，口器其余部分黑化，但至少下唇侧叶黄色；前额下缘中央有一个黑点，上额基半部至头顶黑色。单眼上方有宽大的横突，此横突的侧端圆润，中央稍下陷；侧单眼与复眼之间有一条细小脊突，其基半部与横突的基半部会拢；后头脊平坦，镶黑毛。前胸黑色，中区的中央有一个椭圆形双斑，侧斑楔形。合胸背面黑色有横纹，合胸脊上端黄色，领条纹相距较远，背条纹的下端与领条纹相连接，其上端则与肩前上点相接，形成"Z"字形纹，肩前下条纹细窄；胸侧黄色，第二条纹消失在气门上方，其下段较宽，第三条纹完整，其中段略细；足黑色，基节染黄色；翅面略显烟色。腹部黑色，有黄纹；上肛附器黄褐色至黑褐色，其长度是第十节的 2 倍，其端部呈匙状；从腹面观，在其亚端部的 2 个黑色小钝齿和 1 个黑色端齿之间有 1 个半圆形深凹；下肛附器的长度不及上肛附器长度的一半，端部稍加粗，背面有一些粗糙毛突。

分布： 黑龙江、吉林、辽宁；俄罗斯西伯利亚。

3.4 蜓科 Aeschnidae

碧伟蜓 *Anax parthenope julius* (Brauer, 1865) （图版 VI：1）

形态特征： 通常雄性腹长 50 mm，后翅长 50 mm，大小具有个体变异。下唇赤黄色，具黑色前缘。前、后唇基及额黄色。前额上缘具黑色横纹。颊顶中央为 1 突起，突起前方具黑色横纹。翅胸黄绿色，表面被黄色细毛，无条纹。翅透明，前缘脉黄色，翅痣黄褐色，足的基节、转节及腿节黄色或具黄斑，其余黑色。腹部第一节绿色；第二节基部绿色，后部褐色；第二节以下呈绿色，各节两侧具淡色纵带或斑。上肛附器褐色，基部上、下各具一黑色突起，端部外侧具一尖锐的突起，下肛附器褐色，甚宽短，端部截形，上面具黑齿。雌虫体形、体色与雄虫相似，但色泽不如雄虫鲜艳，产卵器褐色。

　　分布：黑龙江、吉林、辽宁、北京、江苏、湖南、福建、台湾、四川、云南、西藏；朝鲜、韩国、日本。

3.5　蜻科 Libellulidae

（1）白尾灰蜻 *Orthetrum albistylum* (Selys, 1848)（图版 VI：2）

　　形态特征：雄性腹长 38 ~ 40 mm，后翅长约 41 mm。体中型，淡黄色掺杂绿色；腹部具有白色斑纹。头部面色较淡，具有黑色短毛；上唇黄褐色，中央有时具一褐色三角形小斑。前、后唇基及额黄色带绿色，具有黑色短毛；头顶有一大突起，其前为一较宽黑色条纹，且横贯单眼区；后头褐色，边缘具有褐色毛。前胸浓褐色，背板中央具有紧密接连的黄斑；合胸背部前方褐色，密布黑色小齿和细毛；侧面淡蓝色，具细毛和黑色条纹。翅透明，翅痣黑褐色；前缘脉及其邻近的横脉黄色，M_2 脉强烈弯曲。足黑色，胫节具黑色长刺。腹部第一至六节淡黄色，具有黑斑；第七至十节黑色。雌性体形、斑纹与雄性基本相同，不同点是腹部第八节全黑，第十节白色。

　　分布：黑龙江、吉林、北京、河北、山东、江苏、浙江、福建、广东、海南、四川、贵州、云南、台湾；朝鲜、韩国、日本、伊朗，中亚、欧洲。

（2）虾黄赤蜻 *Sympetrum flaveolum* (Linnaeus, 1758)（图版 VI：3）

　　形态特征：雄性腹长 25 ~ 27 mm，后翅长 26 ~ 30 mm。身体浅黄褐色，头部黄色，单眼间有 1 条黑色横纹。胸部黄色，颈第一和第三侧缝上端以及第二侧缝下端具褐色斑点。足在胫节以下为黑色。翅甚宽，透明，基部淡橙黄色，翅痣黄色，痣的两端不平行，外端甚斜。腹部黄褐色，第三至十节背面中央均有 1 个黑色斑，第八节和第九节的黑斑较大。雌性黄色，身体的黑色纹分布近似雄性，除了翅基部的色斑外，前翅前缘中部也有金黄色斑。

　　分布：中国中部、北部；朝鲜、韩国、日本，欧洲。

（3）褐带赤蜻 *Sympetrum pedemontanum* (Allioni, 1776)（图版 VI：4）

　　形态特征：腹长约 20 mm，后翅长约 24 mm。体黄褐色，翅略带黄烟色，最主要的特征是前、后翅自 2/3 处起各有褐色纵带，带宽约为翅长的 1/5。翅痣青黄色。头顶具 1 红褐色突起，其前具黑色条纹；前胸黑色，具黄斑；合胸侧面具黑色条纹，第一条条纹完全，第二条条纹仅在气孔上方成 1 黑线纹，第三条条纹中间间断；翅痣红（雄）或白（雌）色，翅端内方具 1 褐色横带；足基、转节及前足腿节下面黄色，余黑色；腹部红褐色。

　　分布：黑龙江、吉林、辽宁、内蒙古、山西。

（4）褐顶赤蜻 *Sympetrum infuscatum* (Selys, 1883)（图版 VI：5）

形态特征：腹长 32～33 mm，后翅 35～37 mm。体中型，黄褐色；翅端具褐色斑；胸侧第二个条纹最宽，是易于辨认的特征。雄性下唇黄褐色，上唇红褐色，前、后唇基暗黄色；额前面赤黄色，具有两个褐色小圆斑，两侧暗黄色，后缘黑色；头顶有一大突起，前部黑色，后部褐色，突起之前具一黑色条纹，横贯单眼区域；后头褐色，后面具二黄斑。前胸黑色，前叶和背板具黄色斑；合胸背前方赤褐色，脊上缘褐色，领黑色，侧面黄褐色，具 3 条完整的黑色条纹。翅透明，翅痣褐色，翅端具褐色。足黑色，具刺。腹部红褐色，第一节背面褐色，第二节背面基部具有褐色横斑，两侧各有一褐色斑，第三至九节腹侧具黑色纵条纹，第八至九节黑色，第十节基部褐色，端部赤褐色。雌性特征与同雄性的基本相同。

分布：黑龙江、吉林、北京、河南、陕西、山东、浙江、福建、江西、广东、广西；俄罗斯、朝鲜、韩国、日本。

（5）大黄赤蜻 *Sympetrum uniforme* (Selys, 1883)（图版 VI：6）

形态特征：雄虫腹长约 32 mm，后翅长约 33 mm；雌虫腹长约 31 mm，后翅长约 32 mm。体中型，黄褐色。翅金黄色是易于辨认的特征。雄虫上、下唇黄带褐色；前、后唇基淡黄色稍带橄榄色；额前面黄色，四周淡黄色。头顶有一褐色突起，其前方具一黑色条纹，后头褐色。前胸黄褐色，后叶直立，2 裂，缘具淡褐色长毛；合胸背前方黄褐色，具淡褐色细毛，无斑纹；合胸侧面黄色带橄榄色，具淡褐色细毛，无斑纹。翅全部金黄色，但前缘和翅基色较浓，翅痣黄色，翅脉色淡或黄色。足淡黄色，具黑刺。腹部黄褐色；肛附器淡黄色或黄褐色，上面具细毛，端部尖锐如刺，下面具黑齿。雌虫体形、色泽等基本特征与雄虫的相同。

分布：黑龙江、吉林、辽宁、北京、河北。

（6）黄蜻 *Pantala flavescens* (Fabricius, 1798)（图版 VI：7）

形态特征：腹长 31～32 mm，后翅长约 40 mm。体中型，赤黄色，复眼较大，分布很广。雄性下唇中叶黑色，上唇赤黄色，侧叶黄褐色，前、后唇基和额黄色带有赤色；头顶黑色条纹横贯单眼区域，两端沿额两侧向下延伸；头顶中央有一大突起，下部黑褐色，端部黄色；后头褐色。前胸黑褐色，前叶上方和背板背面具白色斑纹，后叶褐色；合胸背面前方赤褐色，脊上具有黑褐色线纹，侧面黄褐色。翅透明，翅痣赤黄色，其内端边缘和外端外缘不平行；后翅臀域淡褐色。足黑色。腹部赤黄色，第一节背面具一黑褐色横斑；第四至十节背面各具一黑褐色斑。雌性特征与雄性的基本相同，仅体色较淡。

分布：黑龙江、吉林、辽宁、北京、河北、河南、甘肃、陕西、山西、山东、江苏、浙江、福建、安徽、江西、广东、广西、海南、贵州、云南；俄罗斯、朝鲜、韩国、日本、也门、伊朗、巴基斯坦、泰国、菲律宾、缅甸、不丹、印度，大洋洲、非洲、北美洲、南美洲。

4 脉翅目 Neuroptera

脉翅目属于最原始的完全变态昆虫，经历卵、幼虫、蛹、成虫4个阶段。本目昆虫以丰富的翅脉而得名，前后翅大小近似，翅脉相似，与蜻蜓类似，但飞行能力较弱；食性复杂，捕食、植食、寄生等，绝大部分种类以捕食蚜虫、蚂蚁、叶螨、蚧壳虫等为主，属于天敌昆虫。

成虫飞行能力弱，具有趋光性；体壁较软。头部通常三角形，复眼半圆形，大，具有金属光泽；单眼一般缺失；触角形状多样；口器咀嚼式。胸部3节，前胸矩形，中、后胸相似。腹部细长，通常10节。足通常细长，跗节5节，根据习性，有些种类前足特化成捕捉足。翅膜质，静止时通常折叠，前缘具有翅痣。产卵于叶背面或树皮上。幼虫陆生和半水生；口器为捕吸式口器。卵具有一长柄。

4.1 蝶角蛉科 Ascalaphidae

（1）黄花蝶角蛉 *Ascalaphus sibiricus* Eversmann, 1852（图版 VI：8）

形态特征：体长 17～25 mm，前翅长 18～28 mm。触角基部附近的毛为黑色，额两侧光裸无毛，为橙黄色的两片；触角较前翅略短，黑色，端部膨大成球，球甚扁，节间有淡色环。胸部黑色。前胸有1黄色横线，侧瘤黄色；中胸背板有黄色斑点6个；后胸黑色；胸部侧面黑色具黄斑。腹部黑色，密生黑毛；雄虫腹端有1内弯的夹状突。足胫节和腿节大部为黄色，胫节末端及跗节黑色，腿节基部及转节黑色。翅长三角形，前翅大部分透明，基部 1/3 黄色不透明，在中脉与肘脉间有1条褐色纵脉；翅痣褐色，三角形，内有横脉；翅脉褐色，翅基黄褐色部分中的脉为黄色；后翅中间大部分为黄色，基部 1/3 褐色；在中脉及第一肘脉上有两条褐色线直达翅缘把黄色区分为大小3块，翅端及后缘也为褐色，翅端在褐色网状的脉间有许多透明斑，翅痣褐色。

分布：黑龙江、吉林、辽宁、内蒙古、山西、河北、陕西。

（2）黄脊蝶角蛉 *Ascalohybris subjacena* (Walker, 1853)（图版 VII：1）

形态特征：体长约 30 mm，前翅长约 33 mm，后翅长约 30 mm。外形极似蜻蜓。头面部密布短毛；额隆起；触角长，几乎等于体长，棒状；复眼大，被一沟分为上、下两部分。胸部背板中央具有黄色条斑。翅透明，翅痣前具有34条横脉列；翅痣黑褐色，其中具有横脉列；内室短；翅端尖锐。腹部背面黄灰色，第三、四节末端具有灰白色横纹。

分布：黑龙江、吉林、辽宁、河南、山东、上海、浙江、江苏、福建、湖北、湖南、江西、广东、广西、云南、台湾；朝鲜、韩国、日本、越南、孟加拉。

4.2　草蛉科 Chrysopidae

（1）大草蛉 *Chrysopa septempunctata* Wesmael, 1841（图版 VII：2）

形态特征：体长 11 ~ 14 mm，前翅长 15 ~ 18 mm，后翅长 12 ~ 17 mm。头部黄色，一般具 7 斑，也有 5 斑的个体；额唇须黄褐色；触角基部 2 节黄色。胸部中央黑色纵条，两侧绿色，前胸背板基部有一条不达侧缘的横沟。足黄绿色，胫端和跗节黄绿色，爪褐色。前翅前缘横脉列在翅痣前 30 条，为黑色；翅痣淡黄色，内有绿色脉；径横脉 16 条，1 ~ 4 条部分黑色，其余绿色；Rs 分支 18 条；内中室三角形，r-m 脉位于其上；阶脉中间黑色，两端绿色。后翅前缘横脉列 24 条，黑褐色；径横脉 7 条，第一至四条近 R_1 一端黑色，第五至七条全为黑褐色；Rs 分支 15 条，部分脉近 Rs 端黑褐色；阶脉中间黑色，两端绿色。腹部黄绿色，具灰色长毛。

分布：黑龙江、吉林、辽宁、内蒙古、北京、河北、河南、山东、山西、陕西、宁夏、新疆、江苏、浙江、安徽、福建、江西、湖北、湖南、广东、广西、海南、四川、贵州、云南、台湾；朝鲜、韩国、日本，欧洲。

（2）多斑草蛉 *Chrysopa intima* McLachlan, 1893（图版 VII：3）

形态特征：体长约 11 mm，前翅长约 13.5 mm，后翅长约 12 mm。头部黄色；颊斑为黑褐色条斑；额唇须黑褐色。前胸背板基部 1/3 处有一横沟；中胸背板黄绿色，前盾片前端有两个黑褐色斑，盾片具 6 斑；后胸背板黄绿色；中后胸腹板有黑褐色斑。足基节和转节黄色；跗节黄褐色，爪基部膨大，弯曲。前翅前缘横脉列黑褐色，在翅痣前为 24 条，翅痣淡黄色，内无脉；Sc-R 脉间近翅基部的脉深褐色，端部近翅痣下为淡褐色；径横脉黑褐色，13 条；内中室三角形。后翅前缘横脉列 20 条，第一条绿色，其余黑褐色；翅痣浅绿色，内无明显的脉；径横脉黑褐色，12 条；Rs 脉分支 11 条，近 Rs 脉一端为黑褐色；阶脉黑褐色。腹部第二至六节腹面和侧面以及第四至六节背板黑褐色。

分布：黑龙江、吉林、辽宁、内蒙古、山东、山西、甘肃、陕西、江苏、安徽、上海、湖北、湖南、广东、四川、云南；朝鲜、韩国、日本，欧洲。

4.3　蚁蛉科 Myrmeleontidae

黑斑距蚁蛉 *Distoleon nigricans* (Matsumura, 1905)（图版 VII：4）

形态特征：腹长 32 ~ 34 mm，前翅长 37 ~ 42 mm，后翅长 35 ~ 38 mm。前后翅多大小褐斑的大型种类头、胸、腹多黑色；复眼黑褐色，大而突出；腹部末端色略淡。翅透明，前翅前缘翅痣内侧具有 52 个横脉；翅痣黑褐色，内侧色深；后缘中部具有黑褐色斑块；近外缘区的径脉后缘具有一深褐色小点斑。后翅较前翅狭窄，前缘具有一翅痣，近中脉端具有一大褐色斑块。

分布：黑龙江、吉林、辽宁、山东、湖南、福建；朝鲜、韩国、日本。

5 鞘翅目 Coleoptera

鞘翅目昆虫统称甲虫，是昆虫纲乃至动物界种类最多、分布最广的第一大目，由于各位学者见解不一，一般分为 2～4 个亚目、20～22 个总科。

成虫体微小至大型，体壁坚硬。头壳坚硬，前口式或下口式，咀嚼式口器；复眼发达，有些种类退化或消失，单眼通常缺失；触角多样。前胸发达、能活动，背板与侧板间分开或愈合；前胸腹板为一骨片，其上有 1 对前足基节窝，其后缘是否被骨片环绕作为分类特征；中、后胸愈合，小盾片三角形。前翅坚硬，角质化为鞘翅，静止时常在背中央相遇呈一直线；后翅膜质。足为步行足，根据功能不同具有相应变化。腹部通常 10 节，第一腹节退化，可见腹节为 5～8 节；雌性腹节末端数节变细且延长，形成伪产卵器；雄性腹节末端多不外露。

全变态昆虫，经历卵、幼虫、蛹、成虫 4 个阶段。成虫和幼虫食性多样，植食性种类多为农林业害虫；有些为储粮害虫；捕食性种类也是天敌昆虫；食腐性昆虫可起到清洁、降解等重要作用。

5.1 步甲科 Carabidae

（1）云纹虎甲 *Cicindela elisae* (Motschulsky, 1859)（图版 Ⅶ：5）

形态特征：体长 8.5～11 mm，体宽 4.0～5.5 mm。头、胸部暗绿色，具铜色光泽。复眼大而突出，两复眼间凹陷，中间密布皱刻。唇基前缘呈浅弓形，上唇灰白色，前缘中部黑褐色中央具一小齿；上颚强大，基部灰白色，其余黑褐色；唇须和颚须除末节黑褐色外余均黄褐色；触角 1～4 节蓝绿色，光滑无毛，第 5 节以后黑褐色，各节密生短毛。前胸背板具铜绿光泽，宽小于长，圆筒形，被有白色长毛，背板近前、后缘各有一条中间弯曲的横沟，中央有一条纵沟相连，全面满布粗皱纹。鞘翅暗赤铜色，其上具细密颗粒，并杂以较粗疏的深绿色刻点，翅上的"C"字形肩纹、中央的"S"字形纹、两侧缘中部的带状纹以及翅端的"V"字纹均为白色。各足转节赤褐色，其余具蓝色光泽。复眼下方有强蓝绿色光泽，其上满布纵皱纹。体下两侧及足腿节密被白色长毛。

分布：黑龙江、吉林、内蒙古、河南、新疆、甘肃、山西、山东、湖北、江西、安徽、上海、江苏、四川、云南、台湾；俄罗斯、朝鲜、韩国、日本。

（2）芽斑虎甲 *Cicindela gemmata* Faldermann, 1835（图版 Ⅶ：6）

形态特征：体长 8～12 mm，宽 3.5～4 mm。体深绿色，具铜红色光泽；上唇宽短，淡黄色，沿前缘有 1 列刻点和淡黄色毛；触角丝状，约达体长的 2/3，基部 4 节金属绿色，余节暗黑色。头部具细纵皱纹，复眼突出。前胸宽稍大于长，两侧平行，被白色卧毛。小盾片三角形，表面密布微细颗粒。鞘翅侧缘略呈弧形，基端较狭，中部之后稍展宽；翅面密布细小刻点，每翅具 3 条乳白色或淡黄色细斑纹：翅基有 1 条弧形斑，中部有 1 条十分弯曲且中部向上拱起的斑纹，端部有 1 条弯钩形斑纹，三者之间在翅的侧缘以 1 条纵纹相连接。体腹面胸部和腹部两侧密布白毛。足细长，基节棕红色。

分布：黑龙江、辽宁、内蒙古、北京、河北、河南、甘肃、新疆、山西、山东、湖南、上海、江苏、浙江、江西、湖北、台湾。

(3) 赤条棘步甲 *Leptocarabus kurilensis* (Lapoug, 1913)（图版 Ⅶ：7）

形态特征：体长 22～26 mm，棕褐色至暗褐色。触角丝状，11 节，短粗。前胸背板几呈方形，黑褐色，具光泽，四边框棕色；前缘弧凹，前角圆钝；侧缘大部分平行，唯前段明显缢缩；后角呈钝三角形向后突出。前胸背板密布刻点、皱纹，盘区隆起；中纵线细显，其两侧下凹；后缘前密布纵皱纹。鞘翅暗棕色，长卵形；每侧具 3 条光亮的棕色纵脊，其后端渐弱并偶有断开；脊间塌陷，密布不规则的小颗粒，常伴有不规则的黑斑；鞘翅边缘有整齐大刻点列。雄虫前足跗节基部 4 节膨大。

分布：黑龙江、辽宁；日本。

(4) 中华金星步甲 *Calosoma chinense* Kirby, 1818（图版 Ⅶ：8）

形态特征：体长 25～33 mm，宽 9～12.5 mm。体黑色，背面色暗，有铜绿色光泽，鞘翅上的凹刻星点闪金光或亮铜色光泽。头和前胸背板密被细刻点。触角长度几乎达体长之半。前胸背板侧缘在基部明显上翘，基凹较长，后角端部叶状，向后稍突出。鞘翅于肩后稍宽，最宽处在翅后端 1/3 处；凹刻星点 3 行，行间为分散的微小粒突。中、后足股节弯曲，雄虫更明显，雄虫前跗节基部 3 节膨大。

分布：黑龙江、吉林、辽宁、内蒙古、宁夏、甘肃、陕西、河北、山东、山西、河南、江苏、安徽、浙江、江西、湖北、湖南、福建、广东、广西、贵州、四川、云南。

(5) 黄边青步甲 *Chlaenius circumdatus* Brulle, 1835（图版 Ⅷ：1）

形态特征：体长 11.5～14.5 mm，宽 4.5～5.5 mm。体背面深绿色，具红铜色光泽；触角、上唇、口须、鞘翅侧缘和缘褶、腹部侧缘及足的腿节、胫节为黄色；体腹面黑色。头部混有稀疏的粗、细刻点和皱纹；额平坦，额沟浅；上颚表面光滑；触角细长，超过体长 1/2，第三节最长；第一、二节光滑无毛，第三节具少量毛，第四节密布黄褐色短毛。前胸背板宽大于长，侧缘前部弧形，后部收缩，背板最宽处在中部稍前方；后缘平直，后角近似直角；盘区刻点稀疏且粗大，排列成不规则条状，中纵沟深细，不达前后缘，两侧基凹沟状。小盾片三角形，表面光滑。每个鞘翅有 9 条纵沟，沟底无刻点，行距微隆起，密布微细粒突；翅缘黄色部分达第六条沟外侧。体腹面有刻点。

分布：黑龙江、吉林、辽宁、河北、甘肃、青海、宁夏、陕西、山东、湖南、福建、广东、广西、贵州、四川、云南、西藏；俄罗斯、朝鲜、韩国、日本、缅甸、印度、斯里兰卡、马来西亚、印度尼西亚。

（6）淡足青步甲 *Chlaenius pallipes* Gebler, 1823（图版 VIII：2）

形态特征： 体长 12.5～16.5 mm，宽 5.0～6.5 mm。头部、前胸背板绿色，具红铜色光泽；鞘翅暗绿色，无光泽；小盾片红铜色；触角、上唇、口须和足黑褐色至暗褐色；上颚和体腹面黑色。头部具细刻点和皱纹，额沟短浅，中部光亮无刻点；上颚光滑，末端尖弯；口须末端钝圆；触角基部 3 节光亮，后 4 节密布金黄色短毛和细小刻点。前胸背板宽略大于长，最宽处在中部前方；侧缘弧形，后缘近似平直，后角近直角；盘区密布较粗刻点，后部刻点略皱状，两侧基凹浅沟状，背中沟细浅；背板及鞘翅密布黄褐色短毛。小盾片三角形，表面光亮。每个鞘翅有 9 条具细刻点的条沟，行间平坦，密布横皱。体腹面和鞘翅缘折被黄褐色短毛；胸部具刻点，腹部有横皱。前足清洁器后内侧有一个长距；雄性前足跗节基部 3 节膨大。

分布： 黑龙江、内蒙古、河南、新疆、甘肃、宁夏、青海、陕西、山西、山东、江苏、安徽、湖北、湖南、江西、广西、贵州、四川、云南；俄罗斯、朝鲜、韩国、日本。

（7）耶屁步甲 *Pheropsophus jessoensis* Morawitz, 1862（图版 VIII：3）

形态特征： 体长 15～20 mm。头和胸部的大部分、前胸背板侧缘、鞘翅斑纹、鞘翅大部分黄褐色；上颚和前胸背板前缘赤褐色；头顶和胸部背面斑纹、鞘翅、腹部腹面和腿节端部黑色，其中后足腿节黑点较大；复眼突出明显；触角丝状；头顶三角形黑斑呈星状，有时伸出两个突起，或向后延伸与前胸背板的黑斑相接。前胸背板斑纹"I"形，表面多小刻点。鞘翅方形，基部略窄，纵脊 8 条，基斑从第三纵脊或第四纵脊至翅缘；中斑从第二纵脊至翅缘；内外端角各有一个三角形斑纹。

分布： 除青海、西藏外的全国各地；朝鲜、韩国、日本、越南、老挝、柬埔寨。

（8）双斑平步甲 *Planetes punticeps* Andrewes, 1919（图版 VIII：4）

形态特征： 体长约 13 mm，全体扁平，黑褐色。上颚、上唇、颚须、唇须、唇基及前胸背板侧缘赤褐色；触角及鞘翅基部二圆纹黄褐色。头顶后方呈颈状收缩，光滑，刻点少，头顶前方及额部具稀粗刻点，额前方两侧有宽的凹陷。前胸背板宽大于长，以前方 2/3 处最宽，前缘弧形内凹，后缘弓形内凹。前缘角圆，仅端部较尖。前胸背板后方两侧有较宽的凹陷，背板上具粗大刻点，并被黄色软毛。鞘翅两侧缘平行，翅端呈斜截断状，每鞘翅上有 9 条纵隆线，行间稍凹陷，其间有两条细的纵隆线，行间密布细微刻点，鞘翅上密被黄色软毛。体腹面具刻点，被黄色软毛。

分布： 湖北，东北、华北、华东。

5.2　龙虱科 Dytiscidae

黄龙虱 *Rhantus suturalis* (MacLeay, 1825)（图版 VIII：5）

形态特征： 体长约 11 mm。体卵圆形，略扁平。头部多黑色，上唇基具有红褐色近三角形斑，上部向后延伸且端部呈短横线段，整体近似"工"字。前胸背板黄色，中央具横向菱形；前翅棕褐色至黄灰色，具细微暗色纹路，翅缘具黄色窄条；翅面密布细小刻点。足多黑色，前、中足胫节棕褐色。腹部黑色。

分布：除新疆、青海、西藏之外的我国大部分地区；朝鲜、韩国、日本、澳大利亚，东南亚、中亚、西亚、欧洲。

5.3　水龟虫科 Hydrophilidae

尖突水龟虫 *Hydrophilus acuminatus* (Motschulsky, 1853)（图版 VIII：6）

形态特征：体长 28～42 mm。体卵形，背面隆起，黑色，有时具金属光泽。触角 9 节，端部有 4 节膨大呈锤状，着生在复眼之前；下颚须长须状。前胸背板后缘宽于前缘，侧缘弧形，向前收狭；中央后端略凹陷；每个鞘翅具有 4 行刻点列，末端内角具有一个小刺；前胸腹板强烈隆起呈帽状，后部具深沟，用以接收腹刺前端，腹刺后端达腹部第二节中部；小盾片三角形光滑。前足末跗节扩大，呈三角形，外侧爪远大于内侧爪，强烈弯曲。

分布：东北、西北、华中、华南、西南，台湾；日本、东南亚多数国家。

5.4　埋葬甲科 Silphidae

（1）四星负葬甲 *Nicrophorus quadripunctatus* Kraatz, 1897（图版 VIII：7）

形态特征：体长 14～18 mm，全体黑色。头部散布小的刻点，两侧有纵沟，头顶中央有红色的花纹。触角球杆状部分除基节外为橙黄色。头盾的前方和口器红褐色。前胸背板在中央有两个大的隆起，前缘有四个隆起在突沟处分开，密布刻点。鞘翅具粗大的刻点，每鞘翅前后均有两条橙黄色横斑，每横斑中间有一小黑斑，后横斑均达翅的后缘。鞘翅上两条纵棱不太明显，腿节和胫节黑色，跗节红褐色。

分布：黑龙江、吉林、辽宁、河南、浙江、台湾；俄罗斯、朝鲜、韩国、日本。

（2）黑负葬甲 *Necrophorus concolor* Kraatz, 1887（图版 VIII：8）

形态特征：体长 25～45 mm。全体黑色，体厚。头盾膜质橙黄色。触角球杆状，末端节橙黄色；头上有三条纵沟，中间浅而两侧深，两侧向后逐渐靠近。前胸背板近圆形，中央盘区有明显的隆起，正中线不明显，中央前端的横沟不明显。小盾片发达，长为鞘翅总长的1/5。鞘翅密布刻点，两条纵棱十分不明显，每鞘翅在 3/4 长处有小的隆起，整个鞘翅在隆起处向下弯。前足跗节具较长的棕黄色刚毛，后足胫节的外端角有刺状突起。腹部外露 2～3 节；腹部侧缘与每腹节侧缘均有一排短刚毛。

分布：黑龙江、吉林、辽宁、内蒙古、河北、河南、宁夏、甘肃、陕西、山西、山东、江苏、安徽、浙江、江西、湖北、湖南、福建、广东、广西、海南、贵州、四川、西藏、台湾；俄罗斯、朝鲜、韩国、日本、蒙古、印度、尼泊尔、不丹。

（3）红斑负葬甲 *Nicrophorus vespilloides* (Herbst, 1783)（图版 VIII：10）

形态特征：体长 10 ~ 20 mm，全体黑色。前胸背板光泽明显，刻点小而浅，边缘扁平，刻点渐渐变大、变少。前翅的侧缘及横带纹及翅后半的游离纹橙黄色，后横带纹不达鞘翅任何边缘。前翅密布小的刻点，侧缘刚毛暗色且不发达，前翅的刻点细但不密，通常前带纹到达会合部，后代纹从两端分开。腹部刚毛黄褐色。

分布：黑龙江、辽宁、四川；蒙古、朝鲜、韩国、日本、伊朗、哈萨克斯坦，欧洲、北美北部。

（4）赤胸皱葬甲 *Oiceoptoma thoracicum* (Linnaeus, 1758)（图版 VIII：9）

形态特征：体长约 15 mm，全体黑色，前胸背板红色。上唇的前缘为弧状，头部两复眼后方各有一簇橘红色刚毛，额两侧具有黄色刚毛。触角球杆状，末端 3 节膨大明显，黑褐色。前胸背板近梯形，中央盘区颜色较暗，两侧下凹。前胸背板和前翅均凹凸不平但有光泽。鞘翅各具三条脊，外侧较短，不及鞘翅总长的 2/3，末端有瘤突，最内侧一条长达翅端。肩室不平滑，密布小的刻点。腹部一般密布褶皱状的小刻点，每个腹节末端的被稀疏刚毛。

分布：黑龙江、吉林、辽宁、浙江；蒙古、朝鲜、韩国、日本，欧洲。

（5）六脊树葬甲 *Xylodrepa sexcarinata* Motschulsky, 1862（图版 VIII：11）

形态特征：体长约 14 mm，宽扁。头黑色，密布黄色短刚毛，上唇前缘较宽类似弓状。触角末端 3 节膨大，黑褐色，被稀疏黄色刚毛。前胸背板和前翅黄色。前胸背板近梯形，两侧各有弯曲的浅沟，中央盘区有明显的黑色突起，面积约占整个前胸背板的 1/2，前半部分近梯形，两侧圆，后半部分近矩形，矩形与梯形结合处矩形的长不及梯形的下边长，整个黑色突起并无明显的分界线。小盾片黑色。鞘翅前后各有两个黑色圆斑，前斑直径约 1 mm 且与鞘翅前缘相切，后斑在鞘翅总长的 2/3 处，较前斑略大，鞘翅各有 3 个未到达翅端的纵脊，从外向内依次变长，最外侧一条突起明显，在黑色斑纹处隆起更为显著，鞘翅后缘圆形，整个鞘翅密布刻点。腹部 5 节，一般不外露，腹部密被黄色短刚毛。

分布：黑龙江、吉林、辽宁；俄罗斯、韩国、日本。

5.5 锹甲科 Lucannidae

（1）斑股锹甲 *Lucanus maculifemoratus* Motschulsky, 1861（图版 VIII：12）

形态特征：体长雄性 43 ~ 72 mm（含上颚），雌性 32 ~ 39 mm。雄虫的上腭发达，形似牡鹿的角。体棕褐色至黑褐色，各足腿节背面有黄褐色长椭圆形斑：头大，横长方形，上颚十分长大，端部向内弧弯，末端分叉，基部 1/3 处内侧有 1 强直齿突，近端部弧弯处内缘有长短接近的短齿突 4 ~ 6 个；

雌虫长椭圆形；上颚短小微弯。

分布：黑龙江、北京、河南、陕西、山西、甘肃、浙江、云南、贵州、四川、福建、台湾；俄罗斯、朝鲜、韩国、日本、越南。

（2）齿棱颚锹甲 *Prismognathus dauricus* (Motschulsky, 1860)（图版 VIII：13）

形态特征：体长雄性 18～25mm，雌性 18～23mm。体赤褐色或棕红色。唇基台形，前缘突出。雌雄上颚差异很大。雄性复眼前缘呈锐角突出，上颚内齿细小。前胸背板宽大于长，具有边框；侧缘由基部向前渐窄，边缘平直且上翘，后角前明显凹陷；后缘直；前缘波浪形，中间突起，侧边凹陷；前后角皆钝。小盾片阔三角形，后半圆形。两鞘翅两侧平行，红棕色，光亮。足棕黑色，前足胫节外齿雄 3、雌 5，跗节 5 节，末节长大。

分布：黑龙江、吉林、辽宁、江西、湖南、广东、云南；俄罗斯、朝鲜、韩国、日本。

（3）红腹刀锹甲 *Dorcus rubrofemoratus* (Vollenhoven, 1865)（图版 VIII：14）

形态特征：体长雄性 23～59 mm，雌性 23～38 mm。体暗黑色，表面光滑，光泽弱。头硕大，近横向长方形。上颚发达，微弧形弯曲，顶端 1/3 处分叉，叉间具有一小齿。触角 10 节，腮片 4 节。前胸背板宽大于长，四周有边框，密布刻点；前缘微波浪形，后缘近平直，侧缘中段平直，前后段弧形凹陷。小盾片阔三角形。两鞘翅合成椭圆形。足强壮，前足胫节外缘锯齿形，中足胫节外缘有 1 个棘刺，末跗节长约为前 4 节长之和。

分布：黑龙江、吉林、辽宁、四川、台湾，华北；俄罗斯、朝鲜、韩国、日本。

5.6　金龟科 Scarabaeidae

（1）大云斑鳃金龟 *Polyphylla laticollis* Lewis, 1887（图版 IX：1）

形态特征：体长 28～41 mm，宽 14～21 mm。体多暗褐色，少数红褐色，覆盖白、黄色鳞毛斑纹。触角 10 节，雄性腮片 7 节，大而弯曲；雌性 6 节，小而直。前胸背板前半部中间具有两个窄而对称、由黄鳞毛组成的纵带斑，其外侧尚有 2~3 个纵列毛斑，中纵沟宽而明显。鞘翅上有由鳞毛组成的云状斑纹。前足胫端外齿雄 2、雌 3，中齿靠近顶齿，且明显。

分布：黑龙江、吉林、辽宁、陕西、湖北，华北、华东、西南；朝鲜、韩国、日本。

寄主：成虫危害松、杉、杨、柳等的树叶，幼虫为害树木、作物等的地下部分。

（2）东北大黑鳃金龟 *Holotrichia diomphalia* (Bates, 1888)（图版 IX：2）

形态特征：体长 15～23 mm，体宽 7～12 mm。体型中等，呈扁椭圆形，前胸背板外阔，到达中端向内收窄。体黑褐色、栗褐色，黑褐色个体居多，略带光泽。唇基密布刻点，侧缘呈弧形，中端向内凹陷。触角 10 节，鳃片部由 3 节组成，雄性鳃片部明显长于前 6 节之和，雌性鳃片部短小。前胸背板密被刻点，侧缘弧形外阔。前胸背板与鞘翅中间有一条密布绒毛的缝隙。小盾片三角形，后端圆钝，基部散布少量刻点。鞘翅微皱，纵肋明显。臀板短宽，布有圆形刻点。第五腹板中部后方有凹坑。胸下密被绒。前足胫节外有 3 齿，端齿尖锐；后足胫节内侧有两枚端距，后足跗节第一节短于第二节。

分布：黑龙江、吉林、辽宁、河北、山东；俄罗斯、朝鲜、韩国、日本。

寄主：大豆、花生、小麦、高粱、向日葵、红薯、甜菜、豆类、油菜、芝麻、榆、榛子、桑、葡萄、苹果、李、山楂、麻类、苏丹草、羊草、披碱草、狗尾草、猫尾草、燕麦、早熟禾、黑麦草、羊茅、狗牙根、剪股颖，苜蓿、红豆草、三叶草等多达 32 科 94 种植物。

(3) 小黑鳃金龟 *Holotrichia picea* Waterhouse, 1875（图版 IX：3）

形态特征：体长 12~15 mm，宽 6~8 mm。与东北大黑鳃金龟相似。体表被有灰白色闪光粉；前胸背板侧缘钝锯齿形，齿间有毛；臀板为短阔的三角形；爪齿在接近爪端分出。

分布：黑龙江、吉林、辽宁、华北、山东、江西、湖北；蒙古、俄罗斯远东地区、朝鲜、韩国、日本。

寄主：同东北大黑鳃金龟。

(4) 黑齿爪鳃金龟 *Holotrichia kiotoensis* Brenske, 1894（图版 IX：4）

形态特征：体长 15~20 mm，宽 10~11 mm。体栗色至黑褐色。头较小，唇基平宽，密布深刻点；触角黄褐色，有光泽，10 节，鳃片部 3 节，雄性鳃片部长与触角前 6 节近等长，雌性稍短。前胸背板宽约为长的 2 倍，前缘直，侧缘扩出，刻点处具有毛刺，后缘有刻点列。鞘翅密布皱状刻点，纵肋细，第一、二条纵肋较明显，其他不明显。臀板为宽圆的扇形，周围有细隆绒，具有粗大稀疏刻点。体下胸部密布长毛；雄性腹部前 3 节有弱纵凹条，雌性无；第五腹板刻点大。臀板后端中央有深横沟。

分布：黑龙江、吉林、河南、山东、江苏、福建、台湾；朝鲜、韩国、日本。

寄主：成虫取食果树、树木等植物的嫩叶，幼虫危害苗木的地下部分。

(5) 阔胫玛绢金龟 *Maladera verticalis* (Fairmaire, 1888)（图版 IX：5）

形态特征：体长 6.5~9 mm，宽 4.5~6 mm。体浅棕或棕红色，卵圆形，体表平，刻点浅，均匀。头阔大，唇基近梯形，额唇基缝弧形；触角 10 节，棒状部 3 节。前胸背板短阔，后缘无边框。小盾片长三角形。鞘翅有 9 条清楚刻点沟；胸下杂乱被有粗短绒毛。腹部每腹板有一排短壮刺毛；前足胫节外缘 2 齿，后足胫节十分扁阔，表面光滑无刻点，两端距着生在跗节两侧。

分布：黑龙江、吉林、辽宁、河北、河南、陕西、山西、山东、江苏、江西、浙江、台湾；朝鲜、韩国。

寄主：榆树、杨树、柳树、梨树、苹果树。

(6) 棉花弧丽金龟 *Popillia mutans* Newman, 1838（图版 IX：6）

形态特征：体长 9~14 mm，宽 6~8 mm。椭圆形，金属光泽强，多蓝黑色、墨绿色、蓝色、深蓝色，具紫色闪光。唇基近半圆形，边缘弯翘；头顶刻点粗密；触角鳃片部雄性长大，雌性短小。前胸背板隆拱，侧缘强度弧凸；前角前伸端尖锐，后角圆钝，斜边沟甚短；盘区和后部光滑，两侧和前侧刻点较密。小盾片短阔三角形，疏布刻点。每个鞘翅有 6 条粗刻点沟列，第二沟列基部刻点散乱，未达端部。臀板隆拱密布粗横刻纹无毛斑。中、后足胫节中部膨胀。

分布：除新疆、西藏、青海之外全国各地均有分布；朝鲜、韩国、日本、印度、越南。

寄主：玉米、棉花、高粱、谷子、豆类、红薯、葡萄及杨树等的嫩叶。

（7）蒙古异丽金龟 *Anomala mongolica* Faldermann, 1835（图版 IX：7）

形态特征：体长 16 ~ 23 mm，宽 9 ~ 12 mm。长椭圆形，体深绿色至墨绿色，也有靛蓝色或茄紫色，背面光裸无毛。唇基梯形，前缘微弧形隆起；触角 9 节；鳃片部雄长雌短。前胸背板隆起，前缘有角质饰边；侧缘前段显著收狭，最阔点接近基部，侧缘长毛稀疏；中纵带微弱，光滑。小盾片宽三角形。鞘翅长，中后部微弧形，纵肋不明显，端缘近横直。臀板具细密的横皱和灰黄色密毛。腹板侧端有灰黄色毛斑。前足胫节端外缘具齿，前、中足大爪分叉。

分布：黑龙江、吉林、辽宁、河北、河南、北京、山东、福建；俄罗斯、朝鲜、韩国、蒙古。

寄主：成虫取食大豆、果树、杨柳等的叶片，幼虫取食各种作物地下部分。

（8）黄褐异丽金龟 *Anomala exoleta* Faldermann, 1835（图版 IX：8）

形态特征：体长 13 ~ 16 mm，宽 7 ~ 9 mm。体较宽，体色为光亮的红褐色。前胸背板具有较大的圆形刻点，侧缘呈弧形外扩，中间最阔；后角钝状弧形；鞘翅缘折短，仅达侧缘中部，刻点沟列稍深，刻点不整齐，行距隆突具相当密的刻点和密粗的皱纹。前、后足大爪前端下边具有尖齿；雄性后足胫节稍膨大。触角鳃片雌性的比雄性的短。

分布：黑龙江、吉林、辽宁、河南、山东、湖北、安徽、浙江、福建，华北、西北；朝鲜、韩国、日本。

寄主：幼虫危害玉米、高粱、大豆、花生、薯类、多种树木。

（9）粗绿彩丽金龟 *Mimela holosericea* Fabricius, 1801（图版 IX：9）

形态特征：成虫体长 16 ~ 19 mm，宽 9~12 mm。全体金绿色具光泽，前胸背板中央具纵隆线，前缘弧形弯曲，前侧角为锐角，后侧角钝，后缘中央弧形伸向后方。小盾片钝三角形。鞘翅具纵肋，纵肋 1 粗直且明显，纵肋 2，3，4 则隐约可见。腹面及腿节紫铜色，生白色细长毛。唇基紫铜色，前缘上卷。触角 9 节，雄性棒状部长大，长于前 5 节之和。复眼黑色，附近散生白长毛。前足胫节外缘 2 齿，第一齿长大，第二齿仅留痕迹；跗节第五节最长。雄虫前足爪一大一小，大爪末端不分裂。臀板三角形。

分布：黑龙江、吉林、辽宁、内蒙古、河北、青海、山西；韩国。

寄主：成虫取食葡萄、苹果的叶片；幼虫危害云杉、冷杉、油松和落叶松苗木的根部。

（10）墨绿彩丽金龟 *Mimela splendens* (Gyllenhal, 1817)（图版 IX：10）

形态特征：体长 17～21 mm，宽 10～12 mm。中至大型，后方阔大，卵圆形。体墨绿色至深铜绿色，有金黄色闪光，表面光洁，金属光泽强烈。触角 9 节，鳃片长大，色浅，黄褐色至深褐色；唇基长大，略呈梯形，前缘略凹，额唇基缝近乎横向平直。前胸背板短，均匀散布刻点；中纵沟细狭，两侧中部各有一个显著小圆坑，其后侧有一个斜凹；四周具有边框，前角为锐角，前伸明显；后角为钝角。小盾片短阔，散布刻点。鞘翅散布刻点，纵肋模糊。前、中足 2 爪中的大爪端部分叉。

分布：黑龙江、吉林、辽宁、河北、陕西、山东、安徽、浙江、湖北、江西、湖南、福建、广东、广西、四川、贵州、云南、台湾；朝鲜、韩国、日本、越南、缅甸。

寄主：成虫取食栎、油桐、李、葡萄等叶片，幼虫取食植物地下部分。

（11）褐锈花金龟 *Poecilophilides rusticola* (Burmeister, 1842)（图版 IX：11）

形态特征：体长 15～18 mm，宽 7～9 mm，卵圆形。体形近椭圆形但较扁平，体表赤锈色，遍布不规则形黑斑；体下黑色光亮，两侧具赤锈色斑纹，大部分虫体的中胸腹突为赤褐色。唇基短宽，前缘横直，稍向上折翘，两侧有较低边框；背面散布粗大刻点。前胸背板短宽，两侧边缘弧形，有细边框，后角圆，后缘微呈弧形，中凹较浅；背面散布弧形刻点，遍布不规则大小不等的黑斑。小盾片长三角形，通常有黑斑。鞘翅宽大，两侧边缘弧形，每翅有 7～9 条刻点行和宽窄不等的波浪状黑斑纹，有的后部近翅缝有 1 近方形黑色大斑，外侧中后部亦有不规则黑斑。臀板短宽，近三角形，散布不规则斑纹。中胸腹突近倒梯形，稍突出。赤褐色或褐黄色。后胸腹板两侧散布弧形刻点。腹部光滑几无刻点，仅两侧散布稀大弧形刻点和皱纹并有黄色斑纹。后足基节后外端圆弧形。足较短粗，前足胫节外缘有 3 齿，中、后足胫节外侧各有 1 齿，跗节细长。爪小，微弯曲。

分布：黑龙江、吉林、辽宁、内蒙古、河北、河南、甘肃、青海、陕西、山东、安徽、上海、江苏、福建、广西、四川；俄罗斯、朝鲜、韩国、日本。

寄主：幼虫危害杨、泡桐、榆、柳、苹果、核桃、杏等多种树木的根部，成虫不取食。

（12）白星花金龟 *Postosia brevitarsis* (Lewis, 1879)（图版 IX：12）

形态特征：体长 18～22 mm，宽 11～12.5 mm。体色常见古铜色、黑紫铜色，有光泽。前胸背板、鞘翅及臀板上有白色绒状斑纹。唇基前缘上卷，中央部分凹陷。前胸背板近梯形，通常有 2～3 对或排列不规则的白绒斑，有的沿边框有白绒带，前缘内弯，侧缘外弯，后缘外弯但中央部分又内弯。小盾片长三角形，鞘翅侧缘前段内弯。幼虫体粗短稍弯曲，头小，前顶毛每侧 4 根成一纵列；臀节腹面密布短直刺和长针刺；刺毛列长椭圆形，每列由 18～20 根扁宽锥刺组成。

分布：全国各地；蒙古、俄罗斯远东地区、朝鲜、韩国、日本。

寄主：成虫取食苹果、桃、梨等成熟水果及玉米、高粱等农作物的花及幼嫩种子，幼虫取食鸡粪、麦秸、房草等。

（13）黄斑短突花金龟 *Glycyphana fulvistemma* Motschulsky, 1858（图版IX：13）

形态特征：体长 10.2 ~ 13.5 mm，宽 6 ~ 7.5 mm。体形近椭圆形，黑色，体上被天鹅绒般黑色薄层和黄色绒斑，鞘翅中后部的外侧有 1 横向边缘不整齐的黄色大斑。唇基稍狭长，前部较窄，前缘有一较深中凹，两侧边框较平行；背面密布小刻点。触角较短，深褐色。前胸背板短宽，近椭圆形，密布较浅刻点，盘区有 4 个黄绒斑。小盾片为长三角形，末端较钝。鞘翅近椭圆形，每翅有 5 条由弧形皱纹组成的皱纹行，近侧缘的刻点较密，后外侧皱纹呈波浪状。臀板短宽，散布横向皱纹，两侧近基角各有 1 圆形黄绒斑，有的中间有 1 小斑。中胸腹突短宽，前缘弧形，近前缘有一横向小沟。后胸腹板两侧密布皱纹和黄色绒毛。腹部光滑，散布粗疏弧形皱纹和短绒毛。足正常；前足胫节外缘 3 齿，前 2 齿较靠近，跗节稍细长。

分布：黑龙江、吉林、辽宁、河北、山西、山东、江西、湖南、福建、广西、云南、西藏；蒙古、朝鲜、韩国、日本。

寄主：柑橘、油桐、苹果、梨、桃、杨、柳、蒙古栎、棉花等植物的花。

（14）短毛斑金龟 *Lasiotrichius succinctus* Pallas, 1781（图版IX：14）

形态特征：体长 9 ~ 13 mm，宽 4.5 ~ 6.5 mm。体黑色。鞘翅黄褐色，密布竖立或斜纹灰黄色、黑色或栗色长绒毛。唇基长宽几乎等长，略凹弯，密布细小刻点，前胸微收狭，前缘圆，中凹较浅，侧缘弧形。前胸背板长宽近等长，两侧约呈弧形，上面密布圆刻点；小盾片密布小刻点。鞘翅较短宽，散布稍大刻纹，每翅有 4 对纤细条纹。通常每翅具有 3 条横向黑色或栗色宽带。

分布：黑龙江、吉林、辽宁、河北、河南、山西、陕西、山东、江苏、浙江、福建、广西、四川、云南；俄罗斯远东地区、朝鲜、韩国、日本。

寄主：成虫取食玉米、高粱、向日葵和树木的花。

（15）褐翅格斑金龟 *Gnorimus subopacus* Motschulsky, 1860（图版IX：15）

形态特征：体长 15 ~ 19 mm，宽 7 ~ 10 mm。体形较扁，除鞘翅外稍有光泽，深绿色。鞘翅为暗褐色或褐红色，微泛绿色。前胸背板有 10 ~ 14 个白斑，鞘翅和臀板散布众多小白斑。唇基宽大，近方形，前面稍宽，前缘向上折翘，中凹较宽，两侧边框雄虫较高，侧缘弧形；上面密布粗大刻点和黄茸毛。前胸背板较扁，长宽约相等，近梯形，密布刻纹，散布较稀黄茸毛，中央有 1 条小纵沟，通常白绒斑分布的位置是：近两前角各有 1 个，2 个分别在中后部两侧，4 个在中后部呈弧形横向排列，有的只有中部 2 个，2 个在近后缘，近侧中部各有 2 个呈前后排列，有的只有 1 个。小盾片甚短宽，半圆形，散布粗大刻纹。鞘翅较宽大，密布粗大皱纹，每翅有 7 ~ 9 个白斑，白斑分布的位置是：近基部 1 个，肩后内外侧 2 个，中部近翅缝 2 个，有的仅 1 个，中后部中间 2 个横排，2 个分别在后凸内外侧。臀板短宽，刻纹颇精细，有的中央有 1 条短纵沟，通常有 7 个白斑：近基豁 3 个（中央 1 个呈纵长形，2 个圆形分别在两侧），中后部横排 4 个圆斑（中央两侧各 1 个，2 个分别在两侧边缘）；雄虫臀板的中后部较突出，黄茸毛较密长，雌虫后部中央有 1 条小沟，顶端 2 叶形。后胸腹板密被刻点和黄茸毛。腹部刻纹粗大，每节两侧有白绒斑，雄虫有中央小沟。足细长，密布粗大刻点；腿节上黄茸毛较密长，前足胫节外缘有 2 尖齿，雄虫中足胫节弯曲，基部较细。

分布：黑龙江、吉林、辽宁、河北；韩国、日本。

寄主：玉米、高粱、珍珠梅等的花。

5.7 叩甲科 Elateridae

细胸叩甲 *Agriotes subvittatus* **(Motschulsky, 1859)**（图版 IX：16）

形态特征：体长 8 ~ 9 mm，宽约 2.5 mm。体细长，背面扁平，被黄色细绒毛。头、胸部棕黑色；鞘翅、触角、足棕红色。唇基不分裂。触角着生于复眼前缘，被额分开；触角细短，向后不达前胸后缘，第一节最粗长，第二节稍长于第三节，自第四节起呈锯齿状，末节圆锥形。前胸背板长稍大于宽，基部与鞘翅等宽，侧边很窄，中部之前明显向下弯曲直达复眼下缘；后角尖锐，伸向斜后方，顶端多少上翘；表面拱凸，刻点深密。小盾片近心脏形，覆毛极密。鞘翅狭长，至端部稍缢缩为尖；每翅具 9 行纵行深刻点沟。各足跗节 1~4 节节长渐短，爪单齿式。

分布：黑龙江、吉林、辽宁、山东、福建、湖北、湖南、贵州、广西、云南，西北、华北；俄罗斯远东地区、日本。

寄主：幼虫危害作物幼苗、竹笋、苗木。

5.8 郭公虫科 Cleridae

中华食蜂郭公虫 *Trichodes sinae* **Chevrolat, 1874**（图版 IX：17）

形态特征：体长 12 ~ 15 mm，宽 3.5 ~ 4.0 mm。体黑色具蓝色金属光泽；鞘翅赤橙色，在中部前、中部后和翅端有 3 条横黑斑，以中部后黑斑为最宽。触角细长，末尾 3 节膨大。前胸背板前部宽，向后变窄呈颈状，背面隆起。头、前胸背板着生深褐色与淡褐色密长毛。小盾片黑色三角形。鞘翅黑斑处密生黑褐色毛。足细长，跗节 5 节。

分布：黑龙江、吉林、辽宁、内蒙古、北京、新疆、青海、山东、浙江、江苏、江西、湖南、四川、云南；朝鲜、韩国。

寄主：蔷薇科、菊科、忍冬科等灌木。

5.9　露尾甲科 Nitidulidae

四斑露尾甲 *Librodor japonicus* (Motschulsky, 1857)（图版 IX：18）

形态特征：体长 1.5～4.0 mm。体稍宽，长卵形，黑色。触角棒状。前胸背板横宽，长短于宽；鞘翅末端露出腹部或盖住腹末，每个鞘翅基部和中外部具有波浪形橙红色斑纹；基节左右隔离；跗节 5 节，第一至三节膨大，腹面具毛，可见腹板 5 节，偶见 4 或 3 节的种。

分布：全国大部分地区。

5.10　瓢虫科 Coccinellidae

（1）六斑异瓢虫 *Aiolocaria hexaspilota* (Hope, 1831)（图版 IX：19）

形态特征：体长 9.5～10.5 mm，宽 8.4～9.0 mm。体圆而大，体背无毛。头黑色。前胸背板黑色，两侧具白色或浅黄色大斑。小盾片黑色。鞘翅具红黑两色，斑纹变化多（二十多种）。鞘翅的外缘和鞘缝总是黑色，鞘翅的中后部有 1 条黑色的横带或者横带分裂成两个部分；此外，在翅的基部及近端部各有 1 个黑斑，分别常与翅中的横斑和翅端或翅基相连，有时端斑不明显；有些个体鞘翅全为黑色。

分布：黑龙江、吉林、内蒙古、甘肃、陕西、北京、河北、河南、山西、湖北、四川、台湾、福建、贵州、云南、西藏；俄罗斯、朝鲜、韩国、日本、印度、尼泊尔、缅甸。

（2）异色瓢虫 *Harmonia axyridis* (Pallas, 1773)（图版 X：1a-1d）

形态特征：体长 3.6～5.1 mm，宽 2.3～3.1 mm。体长卵形，扁平拱起。头前部黄白色，后部黑色。前胸背板黄白色，后缘有反卷的镶边，基部的黑色横带向前分出 4 个黑带，有时此 4 个黑带在前部左右分别愈合，构成两个 "口" 字形斑，有时黑斑扩大，仅留 2 个黄白色小圆点。鞘翅黄褐色至红褐色，基缘各有一个黄白色分界不明显的横长斑，背面共 13 个黑斑，黑斑变异甚大，常相互连接或消失。

分布：黑龙江、吉林、辽宁、内蒙古、北京、河北、河南、新疆、青海、宁夏、甘肃、陕西、山西、山东、福建、四川、云南、西藏；日本、印度、阿富汗，非洲。

（3）多异瓢虫 *Coccinella variegata* Goeze, 1777（图版 X：2）

形态特征：体长 5.4～8.0 mm，宽 3.8～5.2 mm。体卵圆形，体背强烈拱起。体色和斑纹变异很大。头部雄性白色，常常头顶具两个黑斑，或两个黑斑相连，或在额的前端具 1 黑斑，唇基白色；雌性黑色区通常较大。斑扩大，额中呈 1 三角形白斑，或全黑，唇基亦为黑色。前胸背板斑纹多变，或白色有 4～5 个黑斑，或相连形成 "八" 字形或 "M" 形斑，或黑斑扩大仅侧缘具 1 个大白斑，或白斑缩小仅外缘白色，或仅前角的两侧缘浅色。鞘翅可分为浅色型和深色型两类，浅色型小盾片棕色或黑色，每一鞘翅上最多具 9 个黑斑和合在一起的小盾斑，这些斑点部分或全部消失，出现无斑、2 个斑、4 个斑、6 个斑、9～19 个斑等情况，或扩大相连等；深色型鞘翅黑色，通常每一鞘翅具 1 个、2 个或 6 个红斑，红斑可大可小，有时在红斑中又出现黑点等。大多数个体在鞘翅末端约 7/8 处具 1 个明显的横脊。

分布：国内除广东南部及香港无分布外，其他地区广泛分布；俄罗斯、蒙古、朝鲜、韩国、日本、越南，引入或扩散到欧洲、北美和南美洲。

（4）七星瓢虫 *Coccinella septempunctata* Linnaeus, 1758（图版 X：3）

形态特征：成虫体长 5.2～6.5 mm，宽 4～5.6 mm。身体卵圆形，背部拱起，呈水瓢状。头黑色，复眼黑色，内侧凹入处各有 1 淡黄色点。触角褐色。口器黑色。上额外侧为黄色。前胸背板黑色，前上角各有 1 个较大的近方形的淡黄底色。小盾片黑色。鞘翅红色或橙黄色，两侧共有 7 个黑斑；翅基部在小盾片两侧各有 1 个三角形白色底色。体腹及足黑色。

分布：东北、华北、华中、西北、华东、西南；蒙古、朝鲜、韩国、日本、印度，欧洲。

（5）马铃薯瓢虫 *Henosepilachna vigintioctomaculata* (Motschulsky, 1857)（图版 X：4）

形态特征：成虫体长 7～8 mm，半球形，赤褐色，体背密生短毛，并有白色反光。前胸背板中央有 1 个较大的剑状纹，两侧各有 2 个黑色小斑（有时合并成 1 个）。两鞘翅各有 14 个黑色斑，鞘翅基部 3 个黑斑后面的 4 个斑不在一条直线上；两鞘翅合缝处有 1~2 对黑斑相连。

分布：东北、华北和西北等。

（6）十三星瓢虫 *Hippodamia tredecimpunctata* (Linnaeus, 1758)（图版 X：5）

形态特征：体长 6.0～6.2 mm，宽 3.2～3.4 mm。体长形，扁平拱起。头部黑色，前胸背板橙黄色，中部有一近梯形大黑斑，自基部几乎伸达前缘，其两侧缘中央各有一个圆形小黑斑；前胸背板前缘微内凹，前、侧缘有镶边，后缘无镶边。小盾片黑色，鞘翅橙黄色至褐黄色，一对鞘翅共有 13 个黑斑，其中 1 个黑斑位于小盾片下方鞘缝上，其他黑斑每鞘翅上各 6 个，按 1-2-1-1-1 排列，有些个体斑纹全部消失。

分布：黑龙江、吉林、北京、河北、河南、新疆、甘肃、宁夏、陕西、山东、江苏、浙江；蒙古、俄罗斯西伯利亚、朝鲜、韩国、日本、伊朗、阿富汗、哈萨克斯坦，高加索地区、北美。

（7）十二斑褐菌瓢虫 *Vibidia duodecimguttata* (Poda, 1761)（图版 X：6）

形态特征：体长 3.1～4.7 mm，宽 2.3～3.5 mm。体椭圆形，背面高度拱起。头白色，有时头顶处具 2 个浅褐色圆斑，复眼黑色。前胸背板红褐色或黄褐色，两侧半透明，前角及后角各有 1 个白斑，有时染有黄色，或前斑不明显，或前后斑相连。小盾片与鞘翅同色。鞘翅红褐色或黄褐色，每一鞘翅具 6 个白斑，按 1-1-1-2-1 排列（即翅缘的第一个斑位于近鞘缝第一、二斑之间）。腹面黄褐色，雄性中胸后侧片、后胸后侧片白色，而雌性仅中胸后侧片白色。足黄褐色。后基线短，不达腹板后缘就消失。雄性第五腹板后缘浅宽内凹，第六腹板后缘中央平直，稍内凹；雌性第五腹板后缘平直，中央稍外突，第六腹板后缘明显圆突，整个腹板像三角形，中央可见 1 个浅的纵凹陷。

分布：陕西、甘肃、青海、北京、吉林、河北、河南、上海、湖南、四川、福建、广西、贵州、云南；朝鲜、韩国、日本、蒙古、越南，西亚、中亚，欧洲。

5.11　拟步甲科 Tenebrionidae

（1）中华垫甲 *Lyprops sinensis* Marseul, 1876（图版 X：7）

形态特征：体长 9.5 mm，宽 4 mm。体细长，略凸，栗色，鞘翅和足色较淡，有光泽，缀细茸毛。头部布有大刻点。触角长而较粗，逐渐向末端放宽，第四节以下各节短圆锥状，末节卵形，大。前胸刻点明显，略凸，扁长方形，前端放宽，圆形，后端波纹状，缩窄，角略明显。鞘翅极宽，四倍于前胸宽，略扁，几平行，末端略扩大，圆形，刻点明显，肩瘤圆，明显，有疏落不明显的刻点，刻点行模糊。足粗，胫节直，跗节腹面密布黄毛。

分布：黑龙江、吉林、辽宁、内蒙古、河北、山东、江苏、安徽、江西、浙江、湖南、广西、贵州、四川、云南；朝鲜、韩国、日本。

寄主：危害水稻、玉米、豆类、棉花、烟叶、面粉、蚕茧、生皮张、药材等多种贮藏物品。

（2）黑粉虫 *Tenebrio obscurus* Fabricius, 1792（图版 X：8）

形态特征：体长 12～18 mm。体扁平，长椭圆形，黑褐色至黑色，密生刻点，无毛，无光泽；腹面、触角、跗节赤褐色。头部前伸，前缘扁平。复眼灰黄褐色。触角 11 节，近念珠状，第三节长约等于第一、二节长之和，端节宽。前胸背板长宽约相等，表面刻点密，两侧中部宽，向前端与后端内弯；前缘凹形，后角直，尖向外指。鞘翅刻点极密，各有 9 个刻点行，刻点行有大而扁的刻点，脊显著。

分布：东北、华北、华中、华东、华南；世界各地。

5.12　芫菁科 Meloidae

（1）绿芫菁 *Lytta caraganae* Pallas, 1781（图版 X：9）

形态特征：雄性体长 11～17.5 mm，宽 3.2～5.6 mm。头部刻点稀疏，金属绿或蓝绿色。额中央具 1 橙红色斑。触角约为体长的 1/3，11 节，其中第五至十节念珠状。前胸背板短宽，前角隆起突出，后缘稍呈波浪形弯曲，光滑，刻点细小稀疏；前端 1/3 处中间有一圆凹洼。后缘中间的前面有 1 横凹洼。中足腿节基部腹面有 1 根尖齿；前足、中足第一跗节基部细，腹面凹入，端部膨大，呈马蹄形。鞘翅具细小刻点和细皱纹。有黄铜色或红铜色金属光泽，光亮，无毛。雌性与雄性相似，但足无雄虫上述特征。

分布：黑龙江、吉林、辽宁、北京、河北、山东、山西、内蒙古、宁夏、陕西、甘肃、青海、新疆、湖北、湖南、河南、安徽、江西、江苏、浙江、上海；俄罗斯、蒙古、朝鲜、韩国、日本。

寄主：成虫为害苜蓿、柠条、黄芪、锦鸡儿、国槐、刺槐、紫穗槐、豆类、花生，幼虫取食蝗虫卵。

（2）曲角短翅芫菁 *Meloe proscarabaeus* Linnaeus, 1758（图版 X：10）

形态特征：体长 12～42 mm，背板宽 2～5 mm。雄性体黑色，无光泽。头方形，顶部表面粗糙，有很多粗大刻点，额区有 1 纵向细缝与唇基相连。上唇基部平直，两侧缘平行，端部中央略内凹，背面有很多褐色短柔毛；唇基前缘黄色，中后部有很多刻点，刻点上有褐色长柔毛。触角 11 节，第二节最小，第三节长大于第四节，第五至七节明显膨大，第五节横向膨大呈圆柱形，第六、七节纵向膨大变宽，第六节宽于第七节，第七节基部呈锐角向内凹由内凹处向端部逐渐膨大，第八节逐渐变长，第十一节呈梭形。前胸背板窄于头，长大于宽，距端部 1/6 处最宽，向端部逐渐变宽，前角钝，侧缘近平行与基部相连，后角直，基部略内凹。盘区粗糙，有很多大刻点。鞘翅翅基部略大于前胸背板基部，表面有很多纵向皱纹。各足基、转节、腿节、胫节下侧和两侧有很多黑短毛，跗节各节两侧有很多黑短毛，下侧为黄色短柔毛垫。腹板后缘略凹入。雌性较雄性体大，触角丝状。其他特征同雄性。

分布：辽宁、黑龙江、内蒙古、安徽、浙江、湖北、四川、西藏、甘肃、宁夏、青海、新疆；蒙古、俄罗斯、朝鲜、韩国、吉尔吉斯斯坦、哈萨克斯坦、塔吉克斯坦、土库曼斯坦、乌兹别克斯坦、伊朗、以色列、约旦、黎巴嫩、叙利亚、阿塞拜疆、乌克兰、阿尔及利亚、亚美尼亚、奥地利、比利时、克罗地亚、捷克、丹麦、芬兰、法国、英国、德国、希腊、匈牙利、爱尔兰、意大利、拉脱维亚、荷兰、挪威、波兰、罗马尼亚、斯洛文尼亚、瑞典、瑞士、土耳其、埃及、摩洛哥。

5.13 天牛科 Cerambycidae

（1）中华薄翅锯天牛 *Megopis sinica* (White, 1853)（图版 X：11）

形态特征：体长 30～52 mm，宽 8.5～14.5 mm。全体赤褐色或暗褐色，有时鞘翅色泽稍淡，为深棕红色。头部具细密颗粒状刻点，并密生短灰黄色，头前额中央凹陷。雄性触角几与体长相等或略超过体长，雌性触角较短细，约伸至鞘翅后半部。前胸背板前狭后宽，呈梯形，表面密布颗粒刻点和灰黄色短毛。小盾片三角形，后缘稍圆。鞘翅宽于前胸，向后渐窄，表面具微细颗粒状刻点，基部略粗糙，具 2～3 条较显的细小纵脊。腹面后胸腹板被密毛；足扁形。

分布：黑龙江、吉林、辽宁、内蒙古、北京、河北、天津、河南、甘肃、陕西、山东、安徽、福建、上海、江苏、江西、湖北、湖南、广西、贵州、四川、云南、西藏、台湾；朝鲜、韩国、日本、越南、缅甸。

寄主：桑、杨、柳、枫杨、油桐、泡桐、榔榆、苦楝、核桃、榆、柿、枣、松、栎、白蜡、枫、构树、梧桐、枥、苹果、云杉、冷杉、栗、槲。

（2）栗山天牛 *Massicus raddei* (Blessig, 1872)（图版 X：12）

形态特征：体长 43 ～ 47 mm，宽 11 ～ 14 mm。体黑褐色，被棕黄色绒毛。头部在两复眼间有 1 条纵沟一直延伸至头顶。触角长约为体长的 1.5 倍，每节上有刻点，第一节粗大，第三节较长，约等于第四、第五节之和。前胸背侧面有横皱纹，两侧缘圆弧形，无侧刺突。翅端圆形，缝角呈尖刺状。

分布：黑龙江、吉林、辽宁、河北、河南、陕西、山东、江苏、浙江、江西、福建、四川、贵州、西藏、台湾；俄罗斯、朝鲜、韩国、日本。

寄主：板栗、栎、桑、苹果、橘树、梅、泡桐等。

（3）锯天牛 *Prionus insularis* Motschulsky, 1857（图版 X：13）

形态特征：体长 24 ～ 45 mm，体宽 9.5 ～ 19.2 mm。体中至大型，扁平，棕栗色至黑褐色，微带金属光泽，跗节棕色。头部较短，向前突出，上颚短而坚，相互交叉，密布刻点；触角基瘤突出；两复眼分离；额前端横凹成深沟状，于头顶有一深纵沟。触角 12 节，第三节至第十节的外端节突出呈锯齿状，末节为长卵圆形；雄性触角扁而长，达体末端，雌性触角短而细，不超过体中部。前胸背板扁阔，宽为长之 2 倍，有金属光泽；侧缘具 2 齿，中齿发达，略向后弯曲，后齿基部稍突，后角钝齿状；前后缘有棕色毛。小盾片圆形，有光泽。鞘翅基部宽，端部狭，内缘具小齿，端角圆形；翅面有皱纹与刻点，隐现 2 ～ 3 条脊纹。足较长，胫节内外侧凹槽形，具棘状突起，中后足较明显。

分布：黑龙江、吉林、河北、陕西、江西、四川、浙江、云南、台湾；俄罗斯、朝鲜、韩国、日本。

寄主：松、柳、杉、苹果、榆及冷杉属、云杉属、山毛榉属植物。

（4）色角斑花天牛 *Stictoleptura variicornis* (Dalman, 1817)（图版 X：14）

形态特征：体长 13 ～ 20 mm，体宽 4 ～ 5.5 mm。体黑色，触角第四至六节及第八节基部至基半部黄色，鞘翅红色。头短小，额宽大于额高，中沟直而深，伸达头顶后缘，后头圆隆，均密布粗刻点，复眼内缘凹陷，下叶长于其下颊部。触角达鞘翅中部，第三节不长于柄节，短于第五节，稍长于第四节，第六节以后渐短，端节稍长，端部 1/3 呈"毛笔头"状，"毛笔头"的基部有 1 不明显的环状痕迹，似 1 个 12 节的假节；后颊较宽厚，头在后颊后强烈缢缩，颈细。前胸背板前后均有深横沟，两侧缘在前横沟后膨大，中部后较直，至后横沟前凹入，后横沟后稍突出成后侧角，不尖突，背面平隆，密布粗糙细颗粒和灰黄色细短竖毛。小盾片正三角形。鞘翅背面较平，侧缘较平行，近端部渐收狭，端缘平截。缘角很短，两翅在末端稍分开，翅面密布刻点，基部较粗，向端部渐细，浅而不明显，每翅有 2 条不明显纵脊，在翅端约 1/6 处会合。腹面较光滑，毛极细短稀疏，第五腹节长于第四腹节，向后收狭，腹面平凹，具细刻点。足较短，后足跗节短于胫节，第一跗节短于其余各节之和。

分布：黑龙江、吉林、内蒙古、陕西、新疆、广西。

（5）**云杉花墨天牛** *Monochamus saltuarius* **(Gebler, 1830)**（图版 X：15）

形态特征：体长 10～20 mm，宽 3～6 mm。体小至中型，黑色，略带古铜色光泽，背面密布棕褐色绒毛。头顶中央略凹陷。额及头顶中央具细纵沟。前胸背板密布粗刻点，中区具黄色小毛斑，前排 2 个较大，后排 2 个较小。小盾片半圆形，密被棕褐色绒毛，中央有一条光滑纵纹。鞘翅表面布满粗刻点，向端部趋细、弱。基部具小颗粒。翅面散布浅色小型毛斑，隐约地排列成三条横带。体腹面被棕色长毛，后胸腹板的毛被不厚密。

分布：黑龙江、吉林、辽宁、内蒙古、北京、河北、新疆、甘肃、陕西、山西、山东、江西、浙江；蒙古、朝鲜、韩国、日本，欧洲。

寄主：杨柳、落叶松、樟子松，冷杉、红松、云杉。

（6）**桃红颈天牛** *Aromia bungii* **(Faldermann, 1853)**（图版 XI：1）

形态特征：体长 28～37 mm，宽 8～10 mm。体黑色，有光亮，前胸背板棕红色，前后缘黑色，触角及足黑紫色，头黑色。复眼深凹，触角基部两侧各有一叶状突起，尖端锐；雄性触角超过体长 4～5 节，雌性触角超出体长 1～2 节。前胸具角状侧刺突，背板密布横皱纹，背面有 4 个具有光泽的光滑瘤突。小盾片三角形，稍下陷。鞘翅表面光滑，基部较前胸宽，后足腿节膨大。

分布：黑龙江、吉林、辽宁、内蒙古、北京、河北、天津、河南、甘肃、陕西、山西、山东、安徽、江苏、上海、浙江、江西、湖南、湖北、广东、广西、海南、四川、贵州、云南；朝鲜、韩国。

寄主：桃、杏、李、樱桃、苹果、柳、番石榴、油橄榄、杨、苦楝、榆、稠李、马尾松、青皮竹、梅、枫杨、栎、毛白杨、核桃、松、柿、青梅。

（7）**黄带蓝天牛** *Polyzonus fasciatus* **(Fabricius, 1781)**（图版 XI：2）

形态特征：体长 11～17 mm，宽 2～4 mm。头、胸部深绿色、深蓝色、蓝黑色，有光泽；鞘翅蓝黑色、蓝紫色、蓝绿色或绿色，基部常具光泽。中央有两条淡黄色横带，带的宽度，形状变化很多；触角，足均蓝黑色，有光泽。头部具粗糙刻点和皱纹。前胸面密布粗糙刻点，并有不甚明显的皱纹，侧刺突尖锐。鞘翅被有白色短毛。体腹面被银灰色短毛。

分布：黑龙江、辽宁、吉林、内蒙古、河北、河南、青海、宁夏、甘肃、陕西、山西、山东、浙江、江苏、福建、湖北、湖南、广东、贵州、香港；俄罗斯西伯利亚、朝鲜、韩国。

寄主：柳、杨、木荷、侧柏、竹、栎、油橄榄、枣、麻栎、黄荆及菊科、伞形科植物。

（8）**家茸天牛** *Trichoferus campestris* **(Faldermann, 1853)**（图版 XI：3）

形态特征：体长 13～20 mm，宽 3.5～5.5 mm。体暗褐色，雄性体色较浅，密布黄褐色茸毛。下唇须与下颚须略等长，端部平切。触角柄节超过复眼，端部各节渐扁，雌性触角短于体长，雄性触角与体长近相等。前胸背板鼓形，两侧弧形无边缘，表面密布大小刻点，中线后部常成一条纵沟。鞘翅略宽于前胸，两侧平行，肩角弧圆，后缝角直角，翅面匀布刻点，稍有反光。小盾片舌形，厚被黄褐色绒毛。

分布：黑龙江、吉林、辽宁、内蒙古、河北、河南、新疆、青海、甘肃、陕西、山东、江苏、四川、云南、西藏；俄罗斯、朝鲜、韩国、日本。

寄主：刺槐、油松、枣、丁香、杨、桦、桑、白蜡、核桃、云南松、柳树、苹果、云杉。

（9）黄纹曲虎天牛 *Cyrtoclytus capra* (Germar, 1824)（图版 XI：4）

形态特征：体长 8～15 mm。头黑色，复眼后具 1 条黄色横纹。前胸背板黑色，四角为黄色；鞘翅黑色，具黄色斑纹；胫节、跗节红褐色，腿节黑色；触角红褐色，短或中等长。触角柄节黑褐色，其余各节以及中部颈节、跗节棕红色，头部具粗皱粒状刻点，额部宽平，两旁自触角基瘤各有 1 条相互平行黄条，其前端几相连接，头顶后端为一黄色横狭条。触角伸展至第一条纹左右，第三节略长于第五节。前胸背板呈球形，宽和长略等长，前后缘有黄绒毛镶成狭边，后缘黄边中央断裂，表面具粗皱刻点。小盾片略呈三角形，覆盖黄色绒毛。下陷于鞘翅，鞘翅刻点极深密，自肩的后缘共有 4 条斜形黄条，以第二条斜度最大，第一、第二横斜条间的外缘部分亦有黄绒毛，成 1 个细狭纵斑，后缘圆形。中胸腹板两旁各有一小簇黄绒毛，后胸腹板后缘和各腹节后缘均生有黄绒毛，形成狭边。后足第一跗节相等于其余 3 跗节之总长。

分布：黑龙江、吉林、辽宁、内蒙古；朝鲜、韩国、日本，欧洲。

寄主：多种植物。

（10）槐绿虎天牛 *Chlorophorus diadema* (Motschulsky, 1854)（图版 XI：5）

形态特征：体长 8～12 mm，宽 2.9～3.5 mm。体较小，棕褐色或黑褐色，头和体腹面被有灰黄色绒毛。前胸背板前缘和基部有灰黄色绒毛，中区无毛形成黑褐色横带，有时断续分裂成 4 个小斑，中央 2 个在顶端相连接。小盾片被有黄绒毛。鞘翅具灰黄色绒毛状斑纹，肩部前、后各有一个小斑，沿中缝基部 1/3 向外弯曲成斜的条斑，其外端和肩部第二斑相连接，中部之后有一条横带，端缘横斑与触角基瘤彼此接近，内侧呈角状突起。触角约伸至鞘翅中缢，第三节较柄节稍短。前胸背板略呈球形，密布粒状刻点。小盾片半圆形，鞘翅两侧平行；端缘斜切，缘角较明显。

分布：黑龙江、吉林、辽宁、内蒙古、北京、河北、河南、甘肃、陕西、山西、山东、安徽、江苏、湖北、江西、广西、台湾；俄罗斯西伯利亚、蒙古、朝鲜、韩国、日本。

寄主：杨、柳、刺槐、亚细亚樱桃、桦、槐、石榴、枣、葡萄、山楂、泡桐。

（11）六斑绿虎天牛 *Chlorophorus sexmaculatus* (Motschulsky, 1859)（图版 XI：6）

形态特征：体长 11～12.5 mm，宽 2.5～3.5 mm。体黑色，被灰色绒毛。触角基瘤很接近，内侧呈角状突出；触角长达鞘翅中部略后，第三节与第四节约等长。前胸背板长大于宽，中区有 1 个叉形黑斑，两侧各有 1 个黑斑。鞘翅较短，端缘略切平，每翅具 6 个黑斑，基部黑环斑纹在前端及后侧开放，为 2 个黑斑，肩部有 1 个，基部中央有 1 个纵形斑，中部及端部有 2 个平行相近的黑斑，近侧缘 2 个黑斑较小。

腿节中央无细纵沟。

分布：黑龙江、吉林、辽宁、内蒙古、河北、陕西、青海、新疆、甘肃、山东、江西、湖北、福建、四川、云南；朝鲜、韩国、日本、俄罗斯。

寄主：枣、栎、板栗、油松、核桃、山杨、桑等。

（12）双簇污天牛 *Moechotypa diphysis* (Pascoe, 1871)（图版 XI：7）

形态特征：体长 16～24 mm，体宽 6~10 mm。体中型，宽阔，黑色，被黑色、灰色、灰黄色及红黄色绒毛。背面常为黑色、灰色、灰黄色。鞘翅基部 1/5 处各有一丛极为显著的黑色长毛，往往在前方和侧方各有一小丛较短的黑毛，鞘翅瘤突上一般被黑绒毛，在瘤突之间则被淡色绒毛，形成不规则形状的网格。腹面有很明显的红黄色毛斑，分布在腹部 1～4 节，每节有方形斑一对，左右对称；红黄色毛斑还分布在后胸两侧，各足基节、腿节基部和端部、胫节基部和中部等处，第一、二跗节被灰色毛。有时腹面红黄色毛区扩大，斑斑相连，以致掩盖了胸腹大部。触角自第三节起各节基部都有一淡色毛环。头部中央有纵纹一条，额长方形，长大于宽，雄虫触角稍长于体，雌虫的则稍短于体，柄节长度仅及第三节的 1/3，无颗粒。前胸背板粗糙，中央后方有一个三角形突起，两侧各有 1 个大瘤，侧刺突末端钝圆，其前方还有一个较小瘤突。鞘翅宽阔，多瘤状突起，以丛生长毛的瘤突最大，基缘中央、翅中部和翅端 1/4 靠外缘等处的瘤突也较显著。中足胫节无斜沟。

分布：黑龙江、吉林、辽宁、内蒙古、北京、河北、河南、甘肃、陕西、山西、湖南、湖北、安徽、浙江、广西、四川；朝鲜、韩国、俄罗斯、日本。

寄主：栎、栗、杨、核桃、香椿、松、柏、花椒、青冈栎。

（13）苜蓿多节天牛 *Agapanthia amurensis* Kraatz, 1879（图版 XI：8）

形态特征：体长 12～17 mm，宽 3～4.5 mm。体金属深蓝色，头、胸及体腹面近于黑蓝色。触角黑色，自第三节起各节基部被淡灰色绒毛。额宽阔，前缘有 1 条细横沟，上唇半圆形，前半部密生黑色长毛。雌雄触角均超过体长，柄节较长，向端部逐渐膨大，第三节最长，第一、三节端部具毛刷状簇毛，基部 6 节下沿有稀少细长缨毛。前胸背板长宽近相等或长略短于宽。小盾片半圆形。鞘翅密布刻点，半卧黑色短竖毛。足较短，后足腿节不超过腹部第二节末端。

分布：黑龙江、吉林、内蒙古、北京、河北、河南、陕西、山东、上海、江苏、浙江、江西、福建、四川；朝鲜、韩国、俄罗斯、日本。

寄主：苜蓿、刺槐、松、菖兰等。

（14）帽斑天牛 *Purpuricenus petasifer* Fairmaire, 1888（图版 XI：9）

形态特征：体长 15～21 mm，体宽 5～7 mm。体黑色。触角雌性较短，接近鞘翅末端，以第三节最长，雄性则约为体长的 2 倍，第十一节最长。前胸背板朱红色，短阔，两侧缘中部具侧刺突，背面有 5 个小黑斑（前 2 后 3），并由粗糙刻点，刻点间呈皱褶状，并被细长灰白色竖毛，黑斑处略隆起。前胸腹板前部有朱红色横带。小盾片锐三角形，被黑色绒毛。鞘翅朱红色，具 2 对黑斑，近翅基 1 对小而圆，翅中 1 对较大，在中缝处连接成毡帽状，两侧缘平行，后缘圆形，翅面有粗糙刻点，帽斑上被黑色绒毛。腹面具细小刻点，被灰白色稀疏柔毛。

分布：黑龙江、吉林、辽宁、河北、甘肃、江苏、云南；朝鲜、韩国、俄罗斯、日本。

寄主：栎、苹果等。

（15）光肩星天牛 *Anoplophora glabripennis* Breuning, 1944（图版 XI：10）

形态特征：体长 20 ~ 39 mm，宽 7 ~ 12 mm。体黑色略带紫铜色；前胸背板无毛斑，中瘤不显著，侧刺突尖锐，不弯曲。鞘翅基部光滑，无瘤状颗粒；翅面刻点较密，有微细皱纹，无竖毛，翅面白色污斑排列更不规则。触角较星天牛略长。足及腹面黑色，密生蓝白色绒毛。本种与星天牛相似，幼虫疏生褐色细毛，前胸背板后部也有"凸"字形骨化区，但其前沿无深色细边。

分布：黑龙江、吉林、辽宁、陕西、山西、江苏、浙江、安徽、湖北、广西、四川，华北、华东；朝鲜、韩国、日本。

寄主：槭、枫、苦楝、泡桐、花椒、榆、悬铃木、刺槐、苹果、梨、李、樱桃、樱花、柳、杨、马尾松、红松、云南松、桤木、杉、青冈栎、桃、樟、枫杨、水杉、桑、木麻黄、桦等 50 余种多年生树木。

（16）麻天牛 *Thyestilla gebleri* (Faldermann, 1835)（图版 XI：11）

形态特征：体长 10 ~ 14 mm，宽 3 ~ 4 mm。体黑色，被浓密的绒毛和竖毛，体色深浅变化大，从浅灰色到棕褐色，深色个体被毛较稀。头顶中央有 1 条灰白色直纹。触角自第二节起每节基部淡灰色，雄性触角比体略长，雌性触角比体稍短。前胸背板中央及两侧共有 3 条灰白色纵纹。小盾片被灰白色绒毛。每鞘翅沿中缝及肩部而下各有灰白色纵纹 1 条，中缝的 1 条弯向后侧缘，另 1 条直达翅端区，但不达翅端。

分布：黑龙江、吉林、辽宁、内蒙古、北京、河北、河南、宁夏、陕西、山西、山东、江苏、浙江、上海、安徽、江西、湖北、福建、广西、广东、四川、贵州、台湾；韩国。

寄主：桑、棉花、苘麻、苎麻、麻等。

5.14 负泥虫科 Crioceridae

十四点负泥虫 *Crioceris quatuordecimpunctata* (Scopoli, 1763)（图版 XI：12）

形态特征：体长椭圆形，长 5.5 ~ 6.5 mm，宽 2.5 ~ 3.2 mm。体棕黄色或红褐色，并具黑斑，头前段、眼四周、触角均为黑色，其余部分褐红色。头部带黑点，触角 11 节，短粗。前胸背板长略大于宽，前半部具一字形排列的 4 个黑斑，基部中央 1 个。小盾片黑色，舌形，每个鞘翅上具 7 个黑斑，其中基部 3 个，肩中部 2 个，后部 2 个。体背光洁，腹部褐色或黑色。

分布：黑龙江、吉林、辽宁、内蒙古、北京、河北、山东、江苏、浙江、福建、陕西、广西；朝鲜、韩国、日本。

寄主：小麦、石刁柏、文竹等。

5.15　叶甲科 Chrysomelidae

（1）斑鞘隐头叶甲 *Cryptocephalus regalis* Gebler, 1830（图版 XI：13）

形态特征：体长 5~6.2 mm，宽 2.8~3.7 mm。头、胸、体腹面和足金属绿色，鞘翅淡黄色，具三个金属绿色斑。体腹面密被灰白色细柔毛，鞘翅被淡色半竖立细短毛。头具很密的细小刻点，额唇基刻点较大较疏。触角丝状，黑褐色，第一节背面常具金属光泽，雄性触角达体长的一半，雌性的稍短于体长之半，第一节膨大，第二节球形、短小；雌性的第三、四两节约等长，稍短于第五节，雄性的第三节短于第四节、稍短于第五节，自第六节起稍粗，各节略等长。前胸背板光亮，具铜绿色光泽，横宽，两侧弧圆，敞边狭窄，后缘中部向后凸，与小盾片相对处平切，盘区刻点小，很密。小盾片绿色，基宽端狭，末端平切，表面具清楚的刻点。鞘翅肩胛以及在小盾片的后方均稍隆起，沿基缘和中缝有 1 条黑纵纹；盘区的三个绿斑均为长方形，一个位于肩胛处，另一个在它的内侧稍靠下，第三个在中部之后，有时三个斑会合成一条长纵斑纹；盘区刻点较稀疏，中部的刻点粗大，杂乱排列，两侧刻点小，略成不整齐的纵行；行距宽平，具细刻点，每个刻点上有一根细短半竖毛。前胸腹板方形，长稍大于宽，表面具皱纹和短竖毛；中胸腹板宽短，后缘平切，密被短竖毛和粗刻点。臀板刻点十分细密，端部的刻点较大较疏。

分布：黑龙江、吉林、内蒙古、河北、山西、陕西、江苏、湖北、台湾；朝鲜、韩国、日本、俄罗斯西伯利亚。

寄主：蒿。

（2）艾蒿隐头叶甲 *Cryptocephalus koltzei* Weise, 1877（图版 XI：14）

形态特征：体长 3.2~5 mm，宽 1.8~2.7 mm。体黑色，前胸背板前缘和侧缘黄色，盘区有时具黄斑。每个鞘翅一般具 5 个大黄斑。触角基淡棕黄色，端节黑褐色。足棕黄色或棕红色，腿节常为黑色，端部具乳白色斑。复眼内侧上方有 1 个略呈方形的淡黄色斑，有时此斑以复眼内缘的 1 条黄色细纵纹与颊上的黄斑相连。在触角基部之间有 1 个淡黄色横斑。头部被灰白色短卧毛，刻点密，小而清楚，在黄斑上刻点较稀疏，头顶中央有 1 条纵沟纹。前胸背板两侧边细狭，后缘中部向后凹；盘区刻点小而密，略呈长方形，着生很细的淡色卧毛，两侧具纵皱纹；背板的颜色和花纹变异较大，一般除前缘和侧缘外，盘区全为黑色，有时侧缘的黄色纵纹断开成 2 个斑；有时在近后缘中部有 2 个黄斑；有时盘区大部分黄色，中部具 2 个弯钩形黑斑。小盾片黑色，光亮，末端平截。鞘翅肩胛和小盾片后方均隆起，刻点小而清楚，排列成略规则的纵行，行间有细小刻点，刻点上毛短，稀疏，不明显；盘区具 5 个大黄斑，内侧 3 个，外侧 2 个，一前一后，有时外侧的斑会合成一纵条，少数个体内侧第一大斑分裂成 2 个小斑，内侧第三斑与外侧第三斑在翅端会合成弓形斑。体腹面密被细小刻点和灰白色短卧毛。臀板后缘有 1 个淡黄色或白色横斑。

分布：黑龙江、吉林、辽宁、内蒙古、河北、甘肃、山西、陕西、江苏、湖北、浙江；朝鲜、韩国、俄罗斯。

寄主：蒿属。

(3) 褐足角胸叶甲 *Basilepta fulvipes* (Motschulsky, 1860)（图版 XI：15）

形态特征：体长 3.0～5.5 mm，宽 2.0～3.2 mm。体卵形或近方形，体色变异大；体背多为铜绿色，或头和前胸棕红色、鞘翅绿色，或整个身体为一色的棕红色或棕黄色。头部刻点密而深，唇基前缘凹切深。触角丝状，第一节膨大，第二节长椭圆形，第三、四节最细，第四节和第五节约等长；雄性触角长于雌性触角。前胸背板宽短，略呈六角形，前缘较平直，后缘弧形；盘区密被深刻刻点。小盾片盾形。鞘翅肩胛及其内侧的基部均隆起，基部下面有一条横凹，肩胛下面有一条斜伸的短隆脊，侧缘外斜；盘区刻点一般排列成规则的纵行，基半部刻点大而深，端半部刻点细弱；前胸后侧片密布刻点并具纵皱纹；前胸腹板宽，方形，具深刻点和短竖毛。腿节腹面无明显的齿。

分布：黑龙江、吉林、辽宁、内蒙古、北京、河北、河南、宁夏、陕西、山西、山东、江苏、浙江、江西、湖北、湖南、福建、广西、四川、贵州、云南、台湾；朝鲜、韩国、日本。

寄主：枫杨、苹果、梨、李、梅、酸枣、樱桃、葡萄、谷子、玉米、高粱、枫杨、旋覆花、银芽柳、棉花、蒿属植物等。

(4) 中华萝藦叶甲 *Chrysochus chinensis* Baly, 1859（图版 XI：16）

形态特征：体长 7.2～13.5 mm，宽 4.2～7 mm。体粗壮，长卵形，金属蓝或蓝绿色、蓝紫色。触角黑色，末端 5 节乌暗无光泽，第一至四节常为深褐色，第一节背面具金属光泽。本种分布面广，数量大，种内变异较大，是一个多型种。头部刻点或稀或密，或深或浅，一般在唇基处的刻点较头的其余部分细密，毛被亦较密；头中央有一条细纵纹，有时此纹不明显；在触角的基部各有一个稍隆起光滑的瘤。触角较长或较短，达到或超过鞘翅肩部；第一节膨大，球形，第二节短小；第三节较长，约为第二节长的 2 倍，第三至五节长短比例有变异，或第三、四、五节等长，或第三、五节等长，长于第四节，或第五节长于第三、四节，末端 5 节稍粗而且较长。前胸背板长大于宽。基端两处较狭；盘区中部高隆，两侧低下，如球面形，前角突出；侧边明显，中部之前弧圆形，中部之后较直；盘区刻点或稀疏或较密或细小或粗大。小盾片心形或三角形，蓝黑色，有时中部有一红斑，表面光滑或具微细刻点。鞘翅基部稍宽于前胸，肩部和基部均隆起，二者之间有一条纵凹沟，基部之后有一条或深或浅的横凹；盘区刻点大小不一，一般在横凹处和肩部的下面刻点较大，排列成略规则的纵行或不规则排列。前胸前侧片前缘突出，刻点和毛被密；前胸后侧片光亮，具稀疏的几个大刻点。前胸腹板宽阔，长方形，在前足基节之后向两侧渐宽地展开；中胸腹板宽，方形，雌性的后缘中部稍向后突出，雄性的后缘中部有一个向后指的小尖刺。雄性前、中足第一跗节较雌性的宽阔。爪双裂。

分布：黑龙江、吉林、辽宁、内蒙古、甘肃、青海、河北、山西、陕西、山东、河南、江苏、浙江、江西；朝鲜、韩国、日本、俄罗斯。

寄主：茄、芋、甘薯、蕹菜、雀瓢、曼陀罗、鹅绒藤、戟叶鹅绒藤及黄芪属、罗布麻属植物。

（5）杨叶甲 *Chrysomela populi* (Linnaeus, 1758)（图版 XII：1）

形态特征：体长 8 ~ 12.5 mm，宽 5.4 ~ 7 mm。体近椭圆形隆起，蓝黑色，具金属光泽，鞘翅黄褐色、朱红色或褐色。头部小。触角短，第一节粗壮棒状，第二至五节短小，端末几节逐渐宽阔。头部刻点细小、均匀，额部较平，中央纵沟浅，伸达头顶。前胸背板蓝紫色，有光泽，侧缘略呈弧形，前端狭于后端，前缘中部强烈凹陷，盘区平滑，刻点细而较稀，侧胝刻点粗大较密，内侧的纵凹刻点大而密集。小盾片三角形，端角圆钝。鞘翅上刻点细密，不规则，近外缘具 1 列刻点，端角具一小暗斑，缘折内缘不具纤毛。前胸腹板在前足基节间长度长于中胸腹板，前、后腹板前缘无边缘。腹部第 1 节腹板中央有一纵列短小的灰白色毛，跗节第三节深裂。二叶形，爪简单。

分布：黑龙江、吉林、辽宁、内蒙古、北京、新疆、甘肃、青海、陕西、山西、江苏、江西，浙江、河南、湖南、湖北、贵州、四川、云南、西藏；朝鲜、韩国、日本、印度，西亚、北美洲、欧洲。

寄主：杨、柳。

（6）柳二十斑叶甲 *Chrysomela vigintipunctata* (Scopoli, 1763)（图版 XII：2）

形态特征：体长 7 ~ 9.5 mm。头部、前胸背板中部、腹面青铜色，光亮；前胸背板两侧棕红色；鞘翅棕红色，每翅具 10 个青铜色斑，沿中缝一狭条为青铜色；触角端部黑色，基部棕黄色，第一、二两节的背面腹面青铜色；足节端半部、胫节基部和跗节青铜色至棕黑色，其余为棕黄色。头顶略凹，中央具纵沟纹；表面刻点细密。触角较短，向后伸达前胸背板基部，第三节较长，末端 5 节粗，每节长略短于端宽。前胸背板前角突出，前缘凹进很深，两侧隆起较高，尤以前角处为甚，其内侧的纵凹很深，伸达前缘，凹内刻点粗密；盘区中部黑斑内刻点细密，中央具一条无刻点的纵脊纹。小盾片半圆形，表面光洁。鞘翅狭长，有时具 3 条不十分清楚的纵行脊纹，表面刻点较前胸背板中部的粗密。各足胫节外侧面平，不呈沟槽状。

分布：黑龙江、吉林、辽宁、河北、山西、陕西、安徽、湖北、湖南、福建、四川、云南；俄罗斯西伯利亚，欧洲。

寄主：柳。

（7）蒿金叶甲 *Chrysolina aurichalcea* (Mannerheim, 1825)（图版 XII：3）

形态特征：体长 6 ~ 9 mm，宽 4.2 ~ 5.5 mm。体背面通常青铜色或蓝色，有时紫蓝色；腹面蓝色或紫色。触角第一、二节端部和腹面棕黄色。头项刻点较稀，额唇基较密。触角细长，约为体长之半，第三节约为第二节长的 2 倍，略长于第四节，第五节以后各节较短，彼此等长。前胸背板横宽，表面刻点很密，粗刻点间有极细刻点；侧缘基部近于直形，中部之前趋圆，向前渐狭，前角向前突出，前缘向内弯进，中部直，后缘中部向后拱出；盘区两侧隆起，隆起内纵行凹陷，以基部较深，前端较浅。

小盾片三角形，有 2~3 粒刻点。鞘翅刻点较前胸背板的更粗、更深，排列一般不规则，有时略呈纵行，粗刻点间有细刻点。

分布：黑龙江、吉林、辽宁、河北、河南、新疆、甘肃、陕西、山东、浙江、湖北、湖南、福建、广西、四川、贵州、云南；俄罗斯西伯利亚、越南。

寄主：蒿属植物。

(8) 等节臀萤叶甲 *Agelastica coerulea* Baly, 1874（图版 XII：4）

形态特征：体长约 7 mm，宽约 4 mm。体蓝黑色。头部具中沟，头顶具较密的刻点；额瘤发达，具刻点。触角长是体长的一半，第二、三节等长，第四节长于第三节。前胸背板宽约为长的 2.5 倍，前缘具凹洼，侧缘较圆，基缘中部外突；前角突出，盘区隆起，具密集的刻点。小盾片三角形，光滑，无刻点。鞘翅肩角稍隆，盘区隆起，具密集的刻点；缘折基部较宽，中部之后变窄，直达端部。足发达，腿节粗大，爪附齿式。

分布：东北、华北、华东；俄罗斯西伯利亚、朝鲜、韩国、日本，北美洲。

寄主：苹果、树莓及桤木属、桦属植物。

5.16 肖叶甲科 Eumolpidae

二点钳叶甲 *Labidostomis bipunctata* (Mannerheim, 1825)（图版 XII：5）

形态特征：体长 7 ~ 11 mm，宽 3.5 ~ 4 mm。体长方形，蓝绿色到靛蓝色，有金属光泽。鞘翅黄褐色，肩部各有 1 个黑斑；触角基部 4 节褐黄色，锯齿节蓝黑色。头顶及体腹面被白色竖毛，后者较密，前胸背板光裸无毛。雄性头大，长方形，上颚强大，钳形前伸，上唇黑色，前缘常呈褐红色；额唇基两侧和后部突隆，向前倾斜，唇基前缘凹切呈双齿状，齿间平截；紧靠触角窝的内侧各有 1 个三角形深坑，有时向前延伸达上颚基部，形成"八"字形浅沟。复眼的内侧为 1 个瘤状高起，头顶高凸，刻点细密。触角第一节粗大，背面黑蓝色，第二节小，圆球形，第三节细长，为第二节长的 1.5 倍或近 2 倍，第四节长于第三节。前胸背板刻点细密，近前缘中线两侧有两个斜凹，基部中央两侧低凹，有时着生短毛。小盾片平滑，无刻点。鞘翅刻点细密、不规则排列。前足胫节明显长于腿节，其内侧前缘着生一排刷状毛束，第一跗节长，约为第二、三节长度之和。雌性体形较粗短，头部向下，上颚正常，不呈钳形前伸；额唇基前缘呈弧形凹切，触角短，第三节略长于第二节，前足胫节与腿节等长或稍长，不弓弯。

分布：黑龙江、辽宁、内蒙古、北京、河北、青海、甘肃、陕西、山西、山东、湖北；俄罗斯西伯利亚、蒙古、朝鲜、韩国。

寄主：杨、柳、榆、桦、枣、杏、李、胡枝子等。

5.17　铁甲科 Hispidae

（1）北锯龟甲 *Basiprionota bisignata* (Boheman, 1862)（图版 XII：6）

形态特征：体长 11～13 mm，宽 8.5～10 mm。体椭圆形，雄性短圆，雌性较狭长。活虫草绿色，干标本淡棕黄色。头部黑色，额唇基淡色，鞘翅敞边中后部具小黑斑，触角至少末端三、四节黑色，最后两节全黑，一般从第四、五节或第六节起部分黑褐色；体腹面黑斑变异更大，后胸腹板除前沿外一般黑色，有时前后侧片亦黑色；前胸及中胸偶尔有小黑斑；腹节两侧各有或大或小的黑色横斑点，但亦常消失；足黑色，变异较大，基节时黑时黄，股节黑斑大小不一，胫节（除基部外）及跗节或多或少黑色。头顶中纵沟极深。雄性触角长度超过体长的一半，雌性约为体长的 1/3 或稍长，前胸背板盘区有明显的稀疏刻点和较深的中央纵沟，基部中央凹窝不深；敞边不算阔，前缘凹口弧度中等。鞘翅驼顶微平拱，不呈瘤突状，基、侧洼较浅，中洼稍深，后者左右各有一条微隆行距，尤以外侧一条隆起明显；刻点细而深，极密，不整齐；雄性敞边阔度约为盘区阔度的一半，雌性则显著狭窄。

分布：黑龙江、辽宁、北京、河北、河南、甘肃、陕西、山西、山东、江苏、浙江、湖北、湖南、广西、贵州、云南；泰国、越南、马来西亚。

寄主：泡桐、梓树、楸树、白杨、柑橘。

（2）蒿龟甲 *Cassida fuscorufa* (Motschulsky, 1866)（图版 XII：7）

形态特征：体长 5～6.2 mm，宽 3.6～4.8 mm。体卵形或椭圆形。前胸背板及鞘翅背面幽暗，深红色，有的个体颜色很淡，敞边棕黄色，鞘翅表面常有不规则的深色斑纹，在盘区的较大，深色个体斑纹不明显，腹面、头及足黑色，胸、腹部周缘淡色，有时中区局部较淡。触角棕黄色至栗色，基节的大部与末端 5 节黑色。前胸背板橄榄形，雄性的较阔，等于或稍阔于鞘翅基部；雌性的与鞘翅等阔或稍狭，前缘比基缘弓出，侧角较尖，一般处于中线稍后，也有的标本与中线平行；表面粗麻，皱纹较多，也有的个体表面光滑；刻点深浅疏密不一，以密居多；高倍镜下能见到的细短毛大都着生于刻点内。小盾片三角形，具皮纹。鞘翅肩角很圆，稍微前伸，雄性前胸侧角相离较远；驼顶平拱，有时顶端呈不高显的短横脊；鞘翅粗糙，隆脊显著，基、中洼较明显，一般基洼比中洼明显，刻点尚粗深紧密，有时很整齐，排成十行，有时比较混乱，在第三至四、八至九刻点行间另增加一不规则的短行；行间以第二、四两条隆起较高。额唇基长阔基本相等，微拱凸，面平粗糙，刻点清晰，粗大，呈长卵形或短沟状，其上着生细毛，侧沟较细但明显，顶端不相接，有时甚至不达到顶端，沟外端也较阔，中区近似三角形。触角长度及各节长短略有变异；一般不达到肩角，第二、五两节约等长；第三节长于第四、五节，但有第三至五节等长的，第八节近乎方形，余节均长大于宽。足的第三、四跗节约等长。

分布：黑龙江、吉林、辽宁、河北、河南、甘肃、陕西、山西、山东、江苏、浙江、湖北、江西、湖南、广东、广西、海南、四川、台湾；朝鲜、韩国、俄罗斯、日本。

寄主：野菊花和篙属植物。

（3）甜菜龟甲 *Cassida nebulosa* Linnaeus, 1758（图版 XII：8）

形态特征：体长 6 ~ 7.8 mm，宽 4 ~ 5.5 mm。体长椭圆形或长卵形。体背色泽变异较大，有草绿、橙黄或棕褐色。鞘翅敞边基半部无斑纹，但肩瘤前方较靠近基缘处有一个明显的小黑斑，同时鞘翅后半部及盘区布满不规则小黑斑，不同个体间分布疏密不一，通常在盘区的较小，邻近边缘的较大。腹面黑色，腹部外周、额唇基、触角 1 ~ 6 节及足均淡色，触角末端 5 节褐黑色，足的股节有时中段带灰褐色。前胸背板半圆形，略带三角形，最阔处在前胸背板基部，基侧角较宽圆，表面密布粗密刻点，刻点间距离远大于刻点的直径，盘区中央具 2 个微隆突起，盘基侧与敞边分界处具浅凹印。小盾片舌形，光滑无刻点。鞘翅较前胸基部宽，盘区基缘平直，敞边基缘向前弓出，肩角向前伸出，敞边外缘中段显著阔厚，两侧接近平行，驼顶平拱，顶端为平塌横脊，伸出与第二行距相接；基洼微显，刻点粗密且深，行列整齐，一般宽于行距；第二行距隆起特高，其他行距均微微隆起，并布有微刻点；敞边狭，刻点密，表面粗皱，外缘肩角后至后部 2/3 处的阔缘上微刻点较清晰。额唇基长略大于宽，较平，刻点较多，不粗糙，具细毛，侧沟清晰，顶端相接，中区钟形。触角长达鞘翅肩角，第二、六两节等长，第三节略长于第四节或第五节，末端 5 节粗壮，但各节均长大于宽。足的第三、四跗节约等长。

分布：黑龙江、吉林、辽宁、内蒙古、北京、河北、天津、新疆、宁夏、甘肃、山西、陕西、山东、江苏、上海、湖北、四川；朝鲜、韩国、日本、俄罗斯远东地区、欧洲。

寄主：甜菜和黎属、滨黎属、旋花属、蓟属植物。

5.18 象甲科 Curculionidae

（1）臭椿沟眶象 *Eucryptorrhynchus brandti* (Harold, 1881)（图版 XII：9）

形态特征：体长约 11.5 mm，宽 4.6 mm。体长卵形，黑色，额部窄，中间无凹窝；头部布有小刻点；前胸背板和鞘翅上密布粗大刻点；前胸前窄后宽；前胸背板、鞘翅肩部及端部布有白色鳞片形成的大斑，稀疏掺杂红黄色鳞片。

分布：黑龙江、吉林、辽宁、青海、甘肃、陕西、山东、安徽、上海、贵州、四川及华北、华中部分省、自治区；朝鲜、韩国。

寄主：臭椿。

（2）榛象 *Curculio dieckmanni* (Faust, 1887)（图版 XII：10）

形态特征：体长 7.5 ~ 8 mm。体卵形，黑色，被覆褐色细毛和较长而粗的黄褐色毛状鳞片，鞘翅的鳞片组成波状纹。下列部分密被黄褐色鳞片：前胸背板基部中间，小盾片，前胸腹板，中胸突起，后胸腹板端部，后胸后侧片两端，前、中足基节，腹板 1 ~ 4 两侧。鞘翅缝后半端散布近于直立的毛。雌性头部密布刻点。喙长为前胸长的 3 倍，端部很弯，基部粗，有隆线，隆线间有成行的刻点。触角着生于喙的中间以前，柄节略短于索节头五节之和，索节 1 长于索节 2；额中间有小窝。前胸宽大于长，密布刻点。小盾片舌状。鞘翅具钝圆的肩，向后逐渐缩窄，行纹明显，有很细的毛一行。后足较长，腿节各有一齿。臀板中间有深窝。雄性喙长为前胸长的 2 倍，触角着生于喙中间以前，柄节长等于索节前六节之和，索节 1 长于索节 2，臀板无窝。

分布：黑龙江、吉林、辽宁；俄罗斯、日本。

寄主：榛子、胡榛子。

（3）松树皮象 *Hylobius haroldi* Faust, 1882（图版 XII：11）

形态特征：体长 6.3 ~ 9.5 mm，宽 8.7 ~ 11.7 mm。体壁褐至黑褐色，略发光。前胸背板两侧中间以后各有两个斑点，小盾片前有一个斑点，鞘翅中间前后各有一条横带，横带之间通常具"X"形条纹，端部具 2 ~ 3 斑点，眼的上面各有 1 个小斑，这些斑点和带都由或深或浅的黄色针状鳞片构成。喙通常具细的中隆线，两侧各具略明显的隆线和相当深的沟，还散布着和头上一样的皱刻点。触角柄节长达眼，索节 1 长约 2 倍于宽，索节 2 短于索节 1，索节 3 长等于宽，其他节宽大于长，倒圆锥形，末节接近棒状，棒尖，卵形；额中间具小窝。前胸宽等于长，两侧明显凸圆，后缘浅二凹形，前缘略缩窄，后角几乎直角形；眼叶明显；中隆线明显，但在小盾片前面的洼之前消失，刻点皱。小盾片近乎三角形，端部钝圆，散布刻点和毛。鞘翅行纹显著，刻点长方形，互相接近，行间扁平，散布颗粒和毛。腿节具齿，胫节的内缘被覆毛。腹面刻点粗，发光，毛稀，腹板两侧的毛密得多，前、中足基节间突起的毛较密。雄性腹部基部洼，末腹板中间具椭圆洼。

分布：黑龙江、吉林、辽宁、河北、山西、陕西、四川、云南；朝鲜、韩国、日本。

寄主：落叶松、红松、红皮云杉、鱼鳞云杉、糠椴、色木槭、大黄柳、山杨、白丁香、油松、云南松。

5.19　小蠹科 Scolytidae

十二齿小蠹 *Ips sexdentatus* (Boerner, 1767)（图版 XII：12）

形态特征：体长 5.7 ~ 7.4 mm，是我国齿小属中最大的 1 种，黑褐色，体圆筒形，褐色至黑褐色，有光泽。体周缘腹面及鞘翅端部被黄色绒毛，额中部有横脊，前胸背板前半部被鱼鳞状小齿，后半部鱼鳞状小齿分布较疏且呈圆形。鞘翅长约为前胸背板长的 1.5 倍。翅盘开始于翅后部 1/3 处，盘底深陷光亮。鞘翅端部斜面两侧各有 6 个齿，其中以第四齿最大，尖端呈纽扣状。

分布：黑龙江、吉林、辽宁、陕西、四川、云南；朝鲜、韩国，欧洲。

寄主：云杉、红松、华山松、高山松、油松、云南松、思茅松。

6 双翅目 Diptera

　　双翅目包含蚊、蝇、蠓、虻、蚋等，分为长角亚目、短角亚目和环裂亚目。成虫体小至中型，下口式，口器分为刺吸式、舐吸式或刮舐式；单眼 2 或 3 或缺；触角多样。中胸发达，前、后胸极度退化。翅膜质，翅脉相对简单，后翅特化为平衡棒；足胫距及爪间突有无因类群而异。全变态昆虫，周期短，年发生世代长短不一，短的十几天，长的需 2 年，多以幼虫、蛹、成虫越冬。绝大部分两性生殖，多数卵生，也有卵胎生的，少数孤雌生殖或幼体生殖。幼虫因种类不同而龄期长短不一。

　　双翅目昆虫不少种类是传播细菌、寄生虫、病毒、立克次体等病原体的媒介昆虫，部分幼虫严重危害农作物和林内植物；有些种类取食腐败有机质，起到降解有机质的作用；有些种类可以取食蚜虫，如食蚜蝇；有些种类寄生性，是重要的寄生性天敌。

6.1 虻科 Tabanidae

金色虻 *Tabanus chrysurus* Loew, 1858（图版 XII：13）

　　形态特征：体长 22～23 mm。头前方白色，自触角部分以下黄褐色，密生黄褐色软毛。复眼灰褐色，略带绿色，有光泽。触角粗而短，黄褐色。胸背黑褐色，后方两侧密生金黄色长毛。翅淡赤褐色，前缘脉，除亚前缘脉与胫脉黑褐色外，其余各脉赤褐色。腹锥形，黄褐色，分 7 节，各节中央部有黄褐色三角形的斑纹，各节斑纹前后连接成直线。后面 3～4 个腹节黑褐色，各节后缘色较浅。

　　分布：黑龙江、吉林、辽宁、内蒙古、河北、山西；朝鲜、日本、蒙古、俄罗斯西伯利亚和远东地区。

6.2 蚜蝇科 Syrphidae

（1）弓斑长角蚜蝇 *Chrysotoxum arcuatum* (Linneaus ,1758)（图版 XII：14）

　　形态特征：雌性体长约 13 mm。复眼被黄毛。头顶和额黑亮，额前端中央具菱形小凹窝，中部两侧具近方形灰黄色粉斑，被黑毛。后头密被灰黄色粉，被黄毛，背面中央具黑毛。颜面侧面观在额突下略凹入，面中突明显，颜面黄色，中纵条纹宽，黑色，两侧在复眼下方具棕褐色侧条纹；颜面两侧被黄毛，颊部黄色，被黄毛。触角黑色，第三节长于基部两节之和，基部两节被黑毛；触角芒短，略长于第三节，枯黄色，端部黑褐色。中胸背板黑亮，中央具宽的灰白色中条，其上具不明显的灰白色条纹，伸达背板后部，侧缘具黄色侧条，在盾沟之后较宽处中断，背板被黑色长毛，后缘毛更长，侧缘在盾沟之前和翅后胛处具黄褐色毛。小盾片暗褐色，透明，两侧角黑褐色，前缘具黄带，被黑色长毛。侧板黑亮，中胸上前侧片后部具黄斑，被黄褐色毛，上后侧片前缘及背缘具黑褐色长毛。足黄褐色至红褐色，各足基节、转节、腿节基部黑色，足主要被黄毛，腿节基部混生黑毛。翅透明，前缘略带柠檬黄色，翅痣柠檬黄色。腹部宽卵形，背面显著拱起，第三、四背板后侧角突出，黑亮，被黄毛。第二至五背板具狭的弓形红黄色带，中部中断，内端位于背板基半部之前，外端近背板侧缘后部，内、外端几等宽，外端不达背板侧缘，第三至五背板后缘具长三角形黄斑。腹部腹面黑亮，被黄毛，第三至五腹板前部各有 1 对狭的红黄色横条纹。

分布：黑龙江、吉林；俄罗斯远东地区、蒙古、日本、伊朗，欧洲。

（2）丽纹长角蚜蝇 *Chrysotoxum elegans* **Loew, 1841**（图版 XII：15）

形态特征：雄性体长 12～13 mm，雌性体长 14～15 mm。复眼具不明显的微毛，头顶及额黑色，被黑褐色密毛，额两侧沿复眼边缘具黄白色粉被。颜面黄色，具黑色中条和侧条，黑色中条约为颜面宽的 1/5～1/4。后头部密被黄白色粉被和黄色毛。触角黑色，第三节短于前两节之和。胸部黑色，具金属光泽；背板具 2 条纵向灰白粉被条纹，末端达到背板中部，两侧具宽的亮黄色侧条在盾沟后中断，毛棕黄色；侧板黑色，有黄斑；小盾片黄色，中间有一椭圆形黑色区域，被毛同背板。足红黄色，胫节黄色，翅前缘浅黄色。腹部黑色，第二至五背板各具一条中间断开的横条纹，这些横条纹与各自所在背板后缘的黄斑相连；第五背板斑纹之间棕红色；各节毛很短。

分布：黑龙江、吉林、辽宁、河北、新疆、陕西、浙江、江西；英国、芬兰、西班牙、意大利、保加利亚、俄罗斯。

（3）黑带食蚜蝇 *Episyrphus balteata* **(De Geer, 1776)**（图版 XIII：1）

形态特征：体长 8～11 mm。体略狭长。眼裸，整个头部除单眼三角区棕褐色外，其余均棕黄色，粉被灰黄色。额黑色，在触角上部两侧各有一个小黑斑；颜面毛黄色，中突裸，具光泽。触角红棕色，第三节背侧略带褐色。中胸背板绿黑色，粉被灰色，具四条亮黑色纵纹，内侧一对较狭，不达背板后缘，外侧一对较宽并达背板后缘，被较密黄毛。小盾片黄色，具较长黑毛，前、后缘及侧缘有黄毛，腹缘毛黄白色。翅稍带棕色，翅痣色略暗。足棕黄色，基节与转节黑色，后足 2～5 跗节棕褐色。腹部狭长，以第二节后部最宽，两侧缘不具边，向腹缘下垂；腹部斑纹变异很大，大部棕黄色；第一背板绿黑色，第二、三背板后缘为较宽的黑色，第四背板后缘棕黄色；此外各背板中央具 1 条细狭黑横带，达或不达背板侧缘；第五背板大部棕黄色，中部有一个不明显的小黑斑。腹部毛色通常与底色一致，第四背板中部以后及其棕黄色部分有若干细小鬃状黑毛。腹部腹面灰黄色，第二、三腹板后缘之前有一条黑色中等宽度横带，或后部色较暗。

分布：黑龙江、吉林、辽宁、河北、河南、甘肃、山东、江苏、浙江、上海、江西、福建、广东、广西、四川、云南、西藏；蒙古、朝鲜、韩国、日本、阿富汗，东南亚、欧洲。

　　寄主：幼虫捕食棉蚜及其他各种蚜虫。

（4）凹带优蚜蝇 *Eupeodes nitens* (Zetterstedt, 1843)（图版 XIII：2）

　　形态特征：体长约 10 mm。复眼裸。两眼接缝长度与头顶长相近。头顶黑色，发亮，被黑毛。额黄色，被黑色长毛。触角棕黑色，腹侧黄色；触角芒裸，显著长于触角第三节；触角棕褐至褐黑色，第三节基部下侧有时棕黄色。颜面黄色，被淡黄色短毛，中部有 1 条上窄下宽的黑褐色纵纹。颜中突和口缘褐黄色被棕黑色毛，颊黑色。中胸背板黑亮，有金属光泽，被淡黄色毛。小盾片黄褐色，基部 1/2 颜色较深，大部分被黑色长毛，边缘被整齐黄色长毛。3 对足大部分黄色，基节、转节、前中足腿节基部约 1/3、后足腿节基部约 2/3 黑色，前中足跗节中部 3 节及后足跗节端部 4 节褐色。腹部黑色。第二背板中部偏后有 1 对三角形黄斑，其外缘伸达背片侧缘；第三、四背板有波形黄色横带，外端前角伸达背片侧缘，横带前缘中部浅凹，后缘中部深凹，并在横带的前、后缘正中有 1 小角状突起；第四背板后缘黄色；第五背板侧缘、后缘黄色，近前缘中部有黑斑，被毛同底色。

　　分布：黑龙江、吉林、甘肃、江苏、浙江、上海、江西、福建、四川、云南、西藏；蒙古、朝鲜、韩国、日本、阿富汗，欧洲。

（5）暗颊美蓝蚜蝇 *Melangyna lasiophthalma* (Zetterstedt, 1843)（图版 XIII：3）

　　形态特征：体长 7～8 mm。复眼密被棕黑色毛，头顶及单眼三角黑色，被黑毛，单眼呈等腰三角形排列。额黑色，新月形片前突出部分暗黄色，被黑毛，基部靠近复眼处覆灰黄色粉被。颜面暗黄色，被黑毛，两侧被灰色粉，正中黑色纵条向上渐细，伸达触角基部，下端与面中突等宽，并与口缘黑带相连；颜面侧面具黑色侧条，并与黑色的颊部连成一片；颜面中突侧面观上下不对称，下端钝圆；颊部黑色；复眼后眶在上半部极狭，近消失，复眼后被黑毛，下半部黑色，被浅灰色粉。触角黑色，第三节近圆形，芒黑色，裸。中胸背板钝，黑色，具光泽，被棕黄色。小盾片暗黄色，基部前缘及两侧角黑色，被黑色长毛，盾下缨棕黄色，较稀疏。侧板黑色，具光泽，被棕黑色至棕黄色毛，腹侧片上、下毛斑后端分离，后胸腹板裸，后足基节、后腹端角具毛簇。足黑色，仅前、中足腿节端部及胫节基半部暗棕色，后足膝部黑褐色，足主要被黑毛。翅透明，翅面全部被微毛，无裸区，痣棕黑色，平衡棒黑色。腹部狭卵形，两侧近平行，无边框；腹部背板钝黑色，侧缘向下；第二至四背板具黄色侧斑，第四至五背板后缘黄色；第二背板黄斑近中部，近三角形，内端较宽地分开；第三至四背板黄斑前缘平直，不达背板前缘，内端较狭地分开，后缘角呈圆角状；腹部基部被浅色毛，其余被毛同底色；腹部腹面近透明，暗色。

　　分布：黑龙江、内蒙古、甘肃、陕西、四川、云南；俄罗斯远东地区、蒙古、朝鲜、韩国、日本，欧洲。

（6）斜斑鼓额蚜蝇 *Scaeva pyrastri* (Linnnaeus, 1758)（图版 XIII：4）

形态特征：体长约 14 mm。头部棕黄色，眼被密毛。雄性眼上部小眼面较大，形成明显的宽条状。额鼓出，尤以雄性更显，具黑色密毛。头顶黑色，被黑毛，两眼连线长为单眼三角的 2 倍。颜面棕黄色，毛同色，但雄性在两侧沿眼缘处有明显黑毛，沿口缘色暗；颜面中突棕至棕褐色。触角红棕至黑棕色，第一至三节基部下缘棕黄色。中胸背板暗色，两侧红棕色，背面被棕黄至白色较密毛。小盾片棕黄色，大部分具长密黑毛，仅前缘及侧缘混杂少量黄毛。足大部棕黄色，具黑色及淡色毛；前、中足股节基部 1/3 及后足股节棕黑至黑色，后者仅末端 1/5 棕黄色；跗节暗色。腹部黑色，有 3 对黄斑，第一对为平置横斑，第二、三对略倾斜，即黄斑的内、外前角不在同一横线上，内前角离背板前缘近，外前角离背板前缘较远，且黄斑前缘明显凹入，第四、五背板后缘黄色；腹部毛被颜色与底色一致，基部侧缘毛较长密。

分布：黑龙江、吉林、辽宁、北京、河北、青海、陕西、山东、上海、江苏、江西、四川、云南、西藏；俄罗斯、朝鲜、韩国、日本。

寄主：幼虫捕食棉蚜及各种蚜虫。

（7）月斑鼓额蚜蝇 *Scaeva selenitica* (Meigen, 1822)（图版 XIII：5）

形态特征：体长 11～14 mm。雄性：复眼密被暗褐色毛，近颜面一侧毛长而密，下端后侧毛较稀疏，色较浅，顶部具长三角状小眼面扩大区。头顶黑色，被黑毛，明显隆起，单眼呈等腰三角形排列，前、后单眼间距小于后单眼间距。后头部暗色，密被灰黄色粉被及毛。额明显鼓出，暗棕色，近透明，被黑色长毛，触角基部上方具裸斑，额角约 130°。颜面棕黄色，被黑毛、下端被棕黄色毛，中央从中突上方到口缘具狭窄的黑褐色中条，颊部黄褐色，被毛黄白色。触角暗黑褐色，第三节下方褐色，长卵形，长约为其高的 1.5 倍，顶钝，圆角状，基部 2 节端部被黑色短毛，芒黑褐色，裸。中胸背板黑绿色，具光泽，两侧暗黄色，被黄粉和浅褐色毛，并混生大量黑褐色毛，尤其是后半部。小盾片暗褐色，被黑色长毛，盾下缨长而密。胸部侧板黑绿色，具光泽，被浅棕色长毛，下前侧片上、下毛斑狭窄地分开，后端相连，后胸腹板裸，后足基节后腹端角缺毛簇。各足基节、转节黑色，前、中足腿节基 1/3～1/2 黑色，被黄毛，后侧长毛黑色；胫节棕黄色，被同色毛；跗节暗褐色。后足腿节黑色，端部棕黄色，被浅棕色毛，胫节棕黄色，端半部具黑环，外侧具数列较长黑毛；跗节黑褐色，基跗节深褐色。翅透明，近乎裸，仅端部被稀疏微毛，痣棕黄色。腹部宽卵形，明显具边，黑亮。第二背板近中部两侧具黄斑，外端不达背板侧缘，内端钝圆，较宽，两斑宽分开，前缘直，后缘略呈弧形。第三背板中前部两侧具新月状黄斑，外端前部伸达背板侧缘，与内端平齐，前缘深凹，后缘弧形，第四背板黄斑与第三背板的近似，但位置略靠前缘，第四背板后缘具黄边，第五背板侧、后缘黄色。背板被灰白色毛，基部两侧毛较长，第二背板后缘及其以后各背板后部均被黑毛，侧缘也被黑毛。腹部腹面被毛灰白色。雌性：头顶宽，黑亮，单眼呈等腰三角形排列，额部略鼓起，基部黑色，腹部黄斑较雄性狭，其余同雄性。

分布：黑龙江、吉林、甘肃、陕西、河北、江苏、浙江、江西、湖南、广西、四川、云南；俄罗斯远东地区、蒙古、印度、越南、阿富汗，欧洲。

（8）黑足食蚜蝇 *Syrphus vitripennis* Meigen, 1822（图版 XIII：6）

形态特征：体长 10～12 mm。复眼裸，头顶三角黑色，单眼呈等腰三角形排列，头顶复眼后缘具一列向前弯曲的黑毛，后头部被黄毛。额黑褐色，被黑毛及黄粉，前端背面裸而黑亮，新月形片中央具黄斑。颜面橘黄色，其两侧散生黑毛，面中突宽面钝圆。口缘前缘中央略暗。颊部黄色。触角暗黑色，腹侧暗褐色，第三节卵形，长于基部 2 节之和，芒暗黑褐色。胸部背板黑色，具暗蓝色光泽，被棕黄色毛。小盾片橘黄色，被黑毛，两侧前角被橘黄色毛，盾下缨密，橘黄色。胸部侧板黑色，具钢蓝色光泽，被棕黄色毛，腹侧片上、下毛斑后端相连。前足棕黄色，基节、转节、腿节基部黑色，跗节暗色。后足棕黄色，胫节端部黑色。翅面具微毛，上基室基部、下基室基部前缘具裸区，痣棕黄色。腹部卵形，黑色。第二背板两侧近前部具对三角形黄斑，内端钝角状，外端向前斜伸，到达背板的前侧角；第一背板及第二背板黄斑之前被黄毛，其后被黑毛，两侧毛长而密。第三背板前中部具黄色横带，前缘中央略突出，后缘中央凹入。第四背板近似第三背板，但黄带更靠近前缘，背板后缘具黄边。第五背板后缘具黄边，被黑毛。露尾节黑色。腹面棕黄色，被淡色长毛，第二腹板中央具暗斑。

分布：黑龙江、甘肃、湖南、台湾、四川、云南、西藏；蒙古、朝鲜、韩国、日本、伊朗、阿富汗，东南亚、北美洲、大洋洲、欧洲。

（9）铜色丽角蚜蝇 *Callicera aenea* (Fabricius, 1781)（图版 XIII：7）

形态特征：体长约 15 mm。雄性：头部略宽于胸。复眼密被黄褐色毛，中部具暗褐色纵行毛带，两复眼长距离相接。头顶三角小，黑色，单眼三角状隆起，被黑毛，后头部黑色，顶部狭，下部宽，覆黄白色粉，密具黄毛。额部黑亮，两侧稀薄被粉，无毛，额突上翘，新月片前缘黄褐色。颜面黑亮，侧面被极薄的粉被，靠近复眼具黄白色狭粉纹，颜面两侧被黄毛，中纵条裸；颜面侧面观在额突之下直，中部微凹，中突小而圆，明显；颊部黑色，被黄白色长毛。触角垂直前伸，基部 2 节黑褐色，被黑色短毛，等长，第三节黑色，约等于基部 2 节之和，呈长楔状；触角芒端位，白色，约等于第三节长度之半。中胸背板黑蓝色，具光泽，中部具 4 条灰色纵条纹，内侧 1 对不达背板后缘，背板被黄褐色和黑褐色毛，侧缘尤其翅后胛处毛较长。小盾片黑蓝色，被黄褐色毛，后缘密具黑褐色毛。侧板黑亮，中胸上前侧片后端、下前侧片前端及后部、上后侧片前部及后胸腹板被黄褐色长毛。足主要被黄褐色毛，前、中足腿节基部及后侧、后足腿节基部 2/3 黑色到黑褐色，跗节红褐色，背面尤其是端部 2 节暗褐色。后足腿节端部腹面具黑毛。翅透明，前缘略带黄褐色，上缘横脉下部三角状突出，顶端具短脉，下缘横脉下端处呈波状内曲，R_5 室后角外侧处具短脉。腹部长卵形，宽于胸，古铜色，密被棕黄色毛。第二背板中部具铜黑色暗斑，第三、四背板具铜黑色三角形暗斑。

分布：黑龙江、陕西、台湾；俄罗斯、瑞典、比利时、利比亚、英国、芬兰、德国、捷克、法国、奥地利、意大利、塞尔维亚、黑山、罗马尼亚。

（10）亮黑鼻颜蚜蝇 *Rhingia laevigata* Loew, 1858（图版 XIII：8）

形态特征：体长约 7 mm。雄性，体短卵形。复眼裸，雄性两眼长距离相接，头顶三角很小，被黑色直立长毛；额三角小，黑色，略覆黄色粉被，颜面红褐或黄褐色，眼边缘密覆黄色粉被；颊宽，黑褐色，后头极狭，后部具 1 排黑色直立长毛。中胸背板黑色，具黄褐色粉被，具 1 列黑色中条和侧条，背板被黑褐色短毛，两侧被黑色鬃毛，背侧片和翅后胛鬃粗大，侧板黑色，覆黄褐色粉被，被黄白色毛；小盾片黑色，覆黄褐色粉被，被黑褐毛，周边毛黄白色，小盾片边缘具粗大的黑鬃，盾下毛长密。足黄褐色，各足腿节基部黑色，胫节中部具明显的黑色宽环，跗节黑色。翅透明，翅痣黄色。腹部黄色，第二至四节后缘具宽的黑色横带，其两侧宽，中部前缘中断，各节背板近前缘中部具 1 黑色纵斑，形成短的黑色中条。

分布：黑龙江、吉林、甘肃；韩国、日本、俄罗斯。

（11）钝黑斑眼蚜蝇 *Eristalinus sepulchralis* (Linnaeus, 1758)（图版 XIV：1）

形态特征：体长 8～9 mm。雄性，复眼离眼，棕红色，具不规则黑斑，覆灰棕色毛。头顶黑色，覆棕黄色粉及棕色毛，中单眼之前具黑毛。额覆灰色粉并被同色毛。额突端部黑亮，侧面观颜面在触角之下深凹，中突小而圆，颜面下部向前向下锥形突出，密被灰白色粉及同色毛。中突裸而黑亮，颜面下部沿口缘具亮黑色条纹。颊部狭，被灰白色粉及同色毛，后头部密被灰白色粉及同色毛。触角黑色，第三节腹侧棕黄色，卵圆形，触角芒棕黄色。中胸背板黑色，两侧缘具不太明显的灰白色纵条纹，前半部的 1 对灰白色的亚中条纹极明显，前宽后狭，止于横沟之前，正中的纵条纹细或不明显，背板密被黄毛。小盾片黑色，具黄毛。侧板黑色，具黄毛。足黑色，膝部棕色，前、中足胫节有时基部棕黄色，腿节粗大，后足较明显，后足胫节侧扁。足大部分被黄色毛，后足转节下具一簇黑色短刺毛。腿节近端部具黑毛。翅透明，翅面无微毛。腹部短卵形，略短于头胸部之和，略具暗的铜绿色光泽。第一腹节背板正中具半圆形钝黑斑，第二、三节背板正中具"I"形钝黑斑，自背板的前缘到达后缘，两侧各具暗铜绿色光泽的三角形斑。背板后缘铜绿色，第四节背板基部的钝黑斑小。尾节黑灰色。雌性，额正中具棕黑色小斑，中胸背板具 5 条灰白色纵条纹直达小盾片，中央 3 条的后端近相连，其余同雄性。

分布：黑龙江、甘肃、河北、山东、山西、江苏、湖南、福建；俄罗斯、韩国、日本、蒙古、阿富汗。

（12）短腹管蚜蝇 *Eristalis arbustorum* (Linnaeus, 1758)（图版 XIV：2）

形态特征：体长约 11 mm。雄性，复眼被棕色毛，复眼接缝约等于头顶三角区的高。头顶三角黑色，被灰白色粉及毛，单眼三角区有少许黑毛。后头部密被灰白色粉及毛。额及颜面黑色，密被灰白色粉及毛。颜面中央具狭的黑色裸区，上端不达触角基部。颊部黑色，被灰白色粉及同色长毛。触角黑色，第三节卵形，长大于高，触角芒黄褐色，基半部羽毛状。中胸背板黑色，密被黄白色长毛。小盾片黄棕色。中胸侧板黑色，被黄白色长毛。后胸腹板被毛。足主要黑色，被黄白色毛。各足腿节端部、前足胫节、中足胫节基部 2/3、后足胫节基半部、中足基跗节黄白色至黄棕色，后足腿节端部腹面有黑毛。翅近透明。

腹部短锥形，基部宽，端部狭圆。第一节背板黑色，密被黄白色粉被；第二节背板黄色，中央具宽的"I"形黑斑，前宽后狭，不达背板侧缘和后缘；第三节背板黑色，前缘及两侧角黄色，后缘具狭的黄白边，中央具一横的亮黑色横带；第四背板黑色，中央具亮黑色横带，后缘黄白色；腹末黑色。腹部背板密被黄白色长毛，第二背板后部中央有黑毛。雌性，头顶宽约为头宽的1/3。额基部具黑毛。腹部背板黑色，第二节背板两侧具黄斑，其后角伸达背板的后缘，第二至五背板后缘具黄白色边，第三至五背板中部具亮黑色横带，第二背板后缘中央、第三背板中部有黑毛。

分布：黑龙江、吉林、内蒙古、甘肃、河北、四川、云南、西藏；俄罗斯、朝鲜、韩国、日本、叙利亚、阿富汗，欧洲、非洲北部、北美洲、东南亚、大洋洲。

（13）褐翅斑胸食蚜蝇 *Spilomyia maxima* Sack, 1910（图版 XIV：3）

形态特征：体长约 21 mm。雄性，黑色，具黄斑。头黄棕色，单眼三角区黑色，额正中自触角基部上方至单眼三角前具长形黑斑，颜面正中黑色中条不明显，颜面两侧下部、颊及口缘褐色；复眼裸，红棕色，具不规则的黑褐色纵条及若干斑点。头部被毛同底色。触角红棕色，端缘色暗，第三节略呈圆形；芒棕黄色。中胸背板长方形，黑色，具黄圆形斑分别位于肩胛、肩胛内侧近前缘及盾沟两端，以盾沟两端斑最小，肩胛内侧斑最大，盾沟后方两侧具黄色纵斑，翅后胛黄色，背板近后缘中央具 1 对黄色短斜带，两带内端相接呈"∧"形，背板前部具不明显的宽灰色粉被，中条沿盾沟覆灰色粉被，背板被棕色较长密毛。小盾片黑色，后缘黄棕色，被较长的黄色毛。侧板黑色，具 3 个黄斑，分别位于肩胛侧面、前足基节上方及中侧片大部分，有时腹侧片上部亦具黄斑。足棕红色至褐红色，基节棕褐色，腿节大部具轮廓不明显的褐斑，后足腿节端部腹面约 1/4 处有一齿。翅前部棕褐色，后部淡黄色。腹部黑色，第二至四节背板后缘黄色，第二背板近前缘、第三至四背板中部各具稍呈弓形的黄色横带，第五背板暗棕红色；腹面黑褐色。

分布：黑龙江、吉林；俄罗斯、韩国、蒙古。

（14）淡斑拟木蚜蝇 *Temnostoma apiforme* (Fabricius, 1794)（图版 XIV：4）

形态特征：体长 14～16 mm。雄性，头顶黑色；额和颜面黑色，两侧密覆黄色粉被；颜面黑色中条裸，宽；颊黑色，光亮；后头黑色，覆黄色粉被。触角黄褐色，第三节圆，芒黄色。中胸背板暗黑色，具淡黄色粉斑。肩胛粉斑为圆形，沿盾沟为 1 对粉条，背板后缘中央具 1 个三角形粉斑，眼缘中部具 1 对不明显的灰白色粉条；小盾片黑色；侧板黑色，中侧片具 1 淡黄色纵粉斑；足简单，红黄色，腿节下侧变黑，前足腿节大部分黑色，前足胫、跗节黑色。翅略带黄色，翅痣黄色。腹部黑色，第二至四节具宽的淡黄色中带，带中央略窄，第三、四节具窄的淡黄色后缘横带。

分布：黑龙江、吉林、内蒙古；韩国、日本，欧洲、北美。

7 鳞翅目 Lepidoptera

鳞翅目是昆虫纲仅次于鞘翅目的第二大目，包含蛾和蝶两类。学者观点不同目下分的亚目个数不同，通常普遍认同分为 4 大亚目：轭翅亚目、无喙亚目、异蛾亚目、有喙亚目。成虫体为小至大型，体、翅、足密布鳞片；口器多虹吸式，少有咀嚼式或退化；复眼发达，单眼 2 个或无；触角丝形、双栉形、羽形、棒形等。前胸发达或退化，中胸大，后胸中等。足细长至短粗，有些种类前足功能退化；跗节 5 节。雌性腹部 10 节，无尾须，因种类不同外生殖器着生位置不同；雄性腹部可见 8 节，第九、十节演化成外生殖器。翅膜质，密布鳞片或鳞毛，少数种类雌性翅退化或无；前后翅连接方式分为翅抱型、翅轭型、翅缰型、翅褶型。

鳞翅目昆虫为完全变态昆虫，短的 1 ~ 2 月完成一个世代，长的 2 ~ 3 年完成一个世代。卵多为圆形、菱形、椭圆形等。幼虫形状多样，其趾钩是重要的幼虫分类依据。蛾类绝大部分种类具有趋光性，成虫越冬型趋光性极弱，但是趋食性很强。绝大多数种类为植食性，危害农林、牧场、经济作物、蔬菜、花卉、中药材等。成虫取食花蜜具有传粉功能；部分种类为观赏昆虫，部分蚕蛾科、大蚕蛾科昆虫是重要的产丝昆虫，虫草蝙蝠蛾幼虫还能为人类提供名贵的中草药 —— 冬虫夏草。

蛾类 Moth

7.1 木蠹蛾科 Cossidae

(1) 芳香木蠹蛾东方亚种 *Cossus cossus orientalis* Gtaede, 1929（图版 XIV：5）

形态特征： 翅展 60 ~ 67 mm。体灰褐色；触角单栉形，基部栉齿宽窄相等，中部很宽，末端又渐细小。头顶鲜黄色；翅基片和胸部背面土褐色，后胸有一条黑横带；腹部灰褐色，前半部散布紫色。前翅灰褐色，较厚，前缘黑褐色，顶角钝状，基部棕褐色明显；前缘可见 8 条短黑纹，各横纹相连呈网状，外横线和亚缘线在前半部较粗壮，外横线后半部伸达臀角；翅脉棕褐色。后翅短宽，各横线呈网状相连；基部色深。

分布： 黑龙江、吉林、辽宁、内蒙古、北京、天津、山西、山东、河北、河南、宁夏、陕西、甘肃；俄罗斯、朝鲜、韩国、日本。

寄主： 杨、榆、柳、刺槐、稠李、白蜡、核桃等。

（2）榆木蠹蛾 *Holcocerus vicarious* (Walker, 1865)（图版 XIV：6）

形态特征：翅展 60～80 mm。中大型种类。头褐灰色至棕灰色；触角粗大，扁平，线形，约伸达前翅长的 1/2；下唇须紧贴额。前胸中部多黑色，着生灰色鳞毛；领片和翅基片边缘呈黑色；中、后胸灰色，散布灰白色；腹部多灰褐色至烟色。前翅灰褐色，各横线为双线；基线、内横线、中横线等仅在前缘可见黑色，其他部位不显著；外横线黑色，粗壮，外侧线更明显；亚缘线黑色，在前缘明显，其余部分较淡（褐色）；基部至外横线色淡，散布灰白色，其外色深，略有棕色；翅脉黑色。后翅短阔，烟黑色至棕黑色；基部黑色纵带可见。

分布：黑龙江、吉林、辽宁、内蒙古、北京、天津、河北、河南、宁夏、甘肃、陕西、山西、山东、安徽、江苏、上海、四川、云南；俄罗斯、朝鲜、韩国、日本、越南。

寄主：榆、刺槐、麻栎、金银花、花椒、杨、柳、核桃、苹果等。

（3）芦苇蠹蛾 *Phragmataecia castanea* (Hübner, 1790)（图版 XIV：7）

形态特征：翅展 30～48 mm。头小，棕灰色；复眼黑色；触角基部 2/3 双栉形，端部 1/3 锯齿形。胸部棕红色，翅基片棕灰色。腹部等粗，且略短于前翅长，色同胸部，鳞毛较短。前翅窄长，棕灰色至淡棕黄色，顶角钝圆；前缘至外缘 M_2 脉前色浓厚；中室内部至外缘、M_2 和 M_3、M_3 和 Cu_1、Cu_1 至 Cu_2、Cu_2 和 1A 脉间有烟黑色点斑列；外缘圆滑的弧形。后翅短三角形，较前翅淡，仅前缘区略同前翅。

分布：黑龙江、北京、河北、新疆、陕西、山东、上海、四川、云南；俄罗斯西伯利亚和远东地区、蒙古、朝鲜、日本、印度、不丹、孟加拉、缅甸、斯里兰卡、印度尼西亚。

7.2 斑蛾科 Zygaenidae

白带新锦斑蛾 *Neochalcosia remota* (Walker, 1854)（图版 XIV：8）

形态特征：翅展 28～30 mm。头额和头顶红色；下唇须短小；复眼黑色；触角栉形，黑色。胸部黑色至黑灰色，散布蓝青色，领片和翅基片色多深。腹部灰色，第一至二节后缘和末端可见蓝色。前翅宽，黑色，翅脉深黑色；中横线为白色至乳白色的外斜条带；肾状纹深黑色，较模糊；外缘内斜，较平直。后翅宽圆；中线至基部白色至乳白色，中室内散布明显黑色；中线至外缘同前翅底色。

分布：黑龙江、吉林、辽宁、河南、陕西、山东、江苏、安徽、浙江、江西、湖南、福建、云南、台湾；俄罗斯、朝鲜、韩国、日本。

寄主：白檀、华山矾及山矾科的山地落叶灌木。

7.3 透翅蛾科 Sesiidae

白杨透翅蛾 *Paranthrene tabaniformis* (Rottenberg, 1775) （图版 XV：1）

形态特征：翅展 23 ~ 39 mm。外形似蜂。头黑色，散布橙红色；触角为粗壮的圆棍形。领片棕红色。腹部第三、五、七节具有棕红色鳞毛，胸、腹部其他地方黑色。前翅窄长，暗褐色，翅脉色深，且可见，前缘区及基部黑褐色。后翅较前翅短宽，透明；翅脉和饰毛同前翅底色。

分布：黑龙江、吉林、辽宁、北京、内蒙古、河北、河南、新疆、宁夏、甘肃、青海、陕西、山西、山东、江苏、浙江、上海、四川。

寄主：白杨、毛白杨、银白杨、小白杨、加拿大杨、小叶杨、美国白杨、新疆杨、青杨、滇杨、垂柳等。幼虫钻蛀 1 ~ 2 年生的树干、侧枝、顶梢、嫩芽。

7.4 刺蛾科 Limacodidae

（1）背刺蛾 *Belippa horrida* Walker, 1865 （图版 XV：2）

形态特征：翅展 26 ~ 32 mm。头小，棕红色；雄性触角栉形，雌性触角丝状。胸部粗壮，棕红色；领片黑色；后胸两侧具有一黑色毛簇。腹部淡棕红色，末节黑色较浓。前翅狭，棕红色，基线黑色仅呈一点斑，内横线模糊，中横线内斜的黑色双线，双线间可见纤细的灰白色细线，外横线灰白色波浪形弯曲，在 M_1 脉后内斜强烈；外缘淡灰≠黄色；环状纹模糊；肾状纹黑色，中央淡灰黄色；内横线区多黑色；外缘区顶角部黑色斑块明显，前缘半部散布青白色，Cu_1 脉前色淡。后翅短，棕褐色，散布黑色；翅脉棕黑色；中部色略深，顶角和 2A 脉端黑色斑块明显。

分布：黑龙江、河南、陕西、山东、浙江、福建、江西、湖北、湖南、广西、海南、四川、云南、西藏、台湾；朝鲜、韩国、日本、尼泊尔。

寄主：茶、蓖麻、苹果、梨、桃、葡萄、刺槐、臭椿、麻栎、枫杨、大叶胡枝子等。

（2）梨娜刺蛾 *Narosoideus flavidorsalis* (Staudinger, 1887) （图版 XV：3）

形态特征：翅展 30 ~ 35 mm。头部橙黄色，头顶毛短；触角栉形，端部较尖。胸部粗壮，密布浓厚的橙黄色鳞毛。腹部前半部橘红色或橙黄色。前翅宽阔，橙黄色至灰黄色；基斑呈一细条线；亚缘线棕褐色，弧形内斜；前缘区深棕褐色，呈晕染状；基半部有些个体在中室之后有三角形和长方形橙黄色块斑，有些个体同底色，且无斑块；亚缘线区棕灰色或同底色；外缘线棕；外缘线区有棕黄色鳞毛；肾状纹深棕褐色，呈晕染状。后翅深棕褐色，散布烟色颗粒状点；新月纹隐约可见；饰毛橙黄色。

分布：黑龙江、吉林、北京、河南、陕西、山东、浙江、福建、江西、湖北、湖南、广东、广西、四川、贵州、云南；俄罗斯西伯利亚、朝鲜、韩国、日本。

寄主：梨、枣、酸枣、柿、茶、板栗、樱花等。

（3）黄刺蛾 *Monema flavescens* (Walker, 1855)（图版 XV：4）

形态特征：翅展 30～39 mm。头黄色，下唇须发达；雄性触角粗壮，雌性略细；头顶光滑。胸部密布黄色鳞毛。腹背前部黄色，后半部黄褐色。前翅宽圆，黄色；内横线仅在近后缘区呈棕红色点斑；外横线棕褐色，由近顶角内斜至 2A 脉，再略外斜至后缘中部；亚缘线与外横线在前缘同点出发，棕褐色，缓波浪形内斜到后缘近臀角处；肾状纹淡红褐色；基部至外横线间黄色，外横线至外缘红褐色；前缘散布细小黑色斑点。后翅橙黄色，略掺杂淡淡的红色。

分布：除新疆、西藏尚无记录外，几乎遍布全国各地；俄罗斯、朝鲜、韩国、日本。

寄主：枫杨、重阳木、乌桕、美国白杨、毛白杨、三角枫、刺槐、梧桐木、楝、油桐、柿、枣、核桃、板栗、茶、桑、柳、榆、苹果、梨、杏、桃、枇杷、柑橘、山楂、杧果等。

（4）窄黄缘绿刺蛾 *Parasa consocia* Walker, 1865（图版 XV：5）

形态特征：翅展 20～43 mm。头绿色，额有毛脊；触角基部栉形，外半部锯形。胸部粗壮，绿色，领片黑色，中、后胸背部中央有 1 红褐色纵线；翅基片色略深；腹部浅黄绿色。前翅绿色，宽阔；内横线与翅基部形成红褐色斑块，中室内略内凹，在中室后缘角状突起明显，其后内斜，在 2A 脉后强烈内斜至翅基；亚缘线红褐色，M_3 脉前外向弧形弯曲，M_3 脉后内向弧形弯曲伸达臀角；外缘线淡红褐色；外缘线区呈淡黄绿色带，散布红褐色，亚缘线外侧各翅脉可见短小的红褐色短线。后翅宽厚，黄绿色；翅脉灰褐色；饰毛端烟黑色，臀角区色较深；后缘区鳞毛浓密并较长。

分布：黑龙江、辽宁、北京、河北、天津、河南、山东、江苏、浙江、江西、湖北、福建、广东；俄罗斯、朝鲜、韩国、日本。

寄主：梨、苹果、海棠、杏、桃、李、梅、樱桃、山楂、柑橘、枣、栗、核桃、白杨、柳、枫、楝、桑、茶、梧桐、白蜡、紫荆、刺槐、乌桕、冬青、喜树、枳椇、悬铃木等植物。

（5）中国绿刺蛾 *Parasa sinica* Moore, 1877（图版 XV：6）

形态特征：翅展 23～26 mm。头翠绿色；触角和下唇须为暗褐色，前者基部 1/3 栉形，其外锯形。胸部翠绿色，领片色略浅；后胸和领片边缘伴有灰绿色，中、后胸中央色深。腹部灰黄色。前翅翠绿色；内横线黑色，前缘至中室后缘弧形内凹，在中室后缘呈尖锐角突，其后内斜至 2A 脉呈短小尖突，并沿 2A 脉内伸达翅基，并与翅基间形成一灰褐色斑块；外横线根据个体不同，隐约可见或不显；亚缘线黑色，外向弧形弯曲地内斜，在 M_2 脉和 Cu_2 脉上可见向内的齿形突起；外缘线黑色至烟黑色，晕染状；外缘线区棕黄色散布黑色至棕黑色由顶角内斜的晕染状条斑。后翅黄绿色，由基部向外渐深，外半部散布灰褐色；饰毛端多烟黑色，臀角区呈深黑色。

分布：黑龙江、吉林、辽宁、北京、河北、天津、河南、甘肃、陕西、山东、浙江、上海、福建、江西、湖北、湖南、广东、广西、四川、云南、台湾；俄罗斯、朝鲜、韩国、日本。

寄主：杨、柳、榆、刺槐、栎、槭、桦、枣、板栗、柿、核桃、苹果、杏、桃、樱桃、梨、李等。

（6）锯纹岐刺蛾 *Austrapoda seres* Solovyev, 2009（图版 XV：7）

形态特征：翅展 23~25 mm。头部赭灰色，下唇须伸达额顶部；触角栉形。胸部密布赭灰色长鳞毛，具有光泽。腹板暗赭灰色，掺杂棕色。前翅赭灰色，散布棕色；中横线棕褐色，在前缘区模糊几乎不显，中线前缘向后缘略弯曲地内斜；外横线棕褐色，与中横线平行；后缘区中、外横线间有三角形毛簇，散布橙黄色；外缘线米黄色；臀角区饰毛端黑色。后翅色较前翅色深；外缘线米黄色。

分布：黑龙江、吉林、北京、河南、陕西、山东、浙江、湖北、贵州；俄罗斯、日本。

寄主：梅、李、梨、樱桃、栗、栎、榛、茶、柳等。

（7）枣奕刺蛾 *Phlossa conjuncta* (Walker, 1855)（图版 XV：8）

形态特征：翅展 28~33 mm。头小，暗棕褐色；雄性触角短栉形，雌性触角丝状；复眼灰褐色。胸部棕褐色，散布黑色；后胸末端可见少量橙色。腹部棕褐色，前半部灰色较多，各节有褐红色鳞毛分布。前翅短厚，基线灰色至灰白色，至基部可见黑褐色小斑；内横线淡灰白色，弯曲至基线间，后半部黑褐色较浓，前半部略深于底色；中横线不显；外横线灰色，由前缘外斜至 M_2 脉，再强内斜至中室后缘中部，外向弧形弯曲至后缘，在中室后缘成内伸尖角；外缘线灰色，由前缘外斜至 R_4 脉，再弯曲地内斜至 M_2 脉，其后外向弧形地伸达近臀角的外缘；外缘线纤细，灰色；外缘区散布棕黑色；亚缘线区前半部多棕黑色，少橙色，后半部多橙色少棕黑色，中部在外横线外侧伴衬浓厚的黑色；肾状纹可见黑色眼斑；饰毛黑色和褐色相间，臀角区均为黑色。后翅棕褐色，散布黑色；顶角区色深。

分布：黑龙江、辽宁、北京、河北、河南、甘肃、陕西、山东、安徽、江苏、浙江、福建、江西、湖北、湖南、广东、广西、海南、四川、贵州、云南、西藏、台湾；朝鲜、韩国、日本、印度、尼泊尔、泰国、越南。

寄主：油桐、苹果、梨、杏、桃、樱桃、枣、柿、核桃、杧果、茶。

7.5 草螟科 Crambidae

（1）稻黄缘白草螟 *Pseudocatharylla inclaralis* (Walker, 1863)（图版 XVI：1）

形态特征：翅展 20~24 mm。头纯白色；下唇须前伸，末节腹面有黄褐色鳞片；触角基半部白色，外半部深褐色。前翅白色，狭窄方形；前缘散布极淡的黄褐色，靠近基部色泽稍深；外缘线棕褐色；饰毛淡黄褐色，靠近臀角白色；中室后缘至 2A 脉各脉棕色可见。后翅纯白色，无斑纹，饰毛白色，前缘散布棕色；各翅脉淡棕色可见。

分布：黑龙江、吉林、河南、宁夏、陕西、山东、上海、江苏、浙江、安徽、福建、江西、湖北、广东、海南；日本。

寄主：水稻。

（2）桃蛀野螟 *Conogethes punctiferalis* (Guenee, 1854)（图版 XVI：2）

形态特征：翅展 22 ～ 25 mm。头黄色；下唇须黄色，前半部背面外侧黑色；触角棕黄色。胸部黄色，领片和翅基片淡黄色，中央具有一黑色块斑，其后色淡。腹部黄色，各节具有 3 个黑色点斑；末端黑色明显。前翅黄色；基线由一黑色点斑列组成；内横线由 4 个黑色小点斑组成；内横线由 4 个黑色点斑由中室至后缘组成；外缘线由 8 个黑色点斑组成，其中第 3 个斑近中室端；亚缘线由 6 个黑色小点斑组成，第三个斑靠近外横线。后翅基部具有 1 个小黑色点斑；新月纹为一黑色大点斑；中线在 Cu_2 脉至后缘可见黑色条带；外横线和亚缘线分别由 6 ～ 7 个黑斑组成。

分布：东北、华北、华东、华中、中南、西南；朝鲜、韩国、日本、印度、斯里兰卡、印度尼西亚。

寄主：苹果、桃、柑橘、枇杷、李、柿、石榴、山楂、板栗、法桐、松、马尾松、玉米、高粱等。

（3）黄杨绢野螟 *Cydalima perspectalis* (Walker, 1859)（图版 XVI：3）

形态特征：翅展 32 ～ 48 mm。头棕褐色；下唇须基节和第二节下部白色，其他暗褐色；触角褐色。胸部白色，领片褐色。腹部白色，末端深褐色。前翅前、外和后缘区褐色，后者基部白色；肾状纹白色月牙形；其他部分白色；翅脉褐色可见。后翅宽大，前、外缘褐色，后者宽大；翅脉淡棕色。

分布：天津、河南、陕西、山东、江苏、浙江、安徽、福建、湖北、湖南、广东、四川、西藏；朝鲜，韩国、日本、印度。

寄主：黄杨木。

（4）四斑绢野螟 *Glyphodes quadrimaculalis* (Bremer & Grey, 1853)（图版 XVI：4）

形态特征：翅展 33 ～ 37 mm。头黑褐色，两侧有白色细条纹；下唇须下侧白色，其他黑褐色；触角黑褐色。胸部黑色，两侧白色。腹部黑色，两侧白色，近末端 3 节端白色。前翅白色；前、外和后缘黑色；内、中和外横线为黑色条带，由内向外将前翅隔成小、中、大、小 4 个白色块斑，最外侧块斑又由 M_2 脉至 Cu_2 脉上的黑色点线分割成 6 个小白格，近前缘的白格最大；臀角饰毛白色。后翅白色，外缘区呈黑色宽带；饰毛端为白色。

分布：黑龙江、吉林、辽宁、天津、河北、河南、宁夏、甘肃、陕西、山西、山东、浙江、福建、湖北、广东、四川、贵州、云南；俄罗斯、朝鲜、韩国、日本、印度、印度尼西亚。

寄主：柳。

（5）杨芦伸喙野螟 *Mecyna tricolor* (Butler, 1879)（图版 XVI：5）

形态特征：翅展 22 ～ 24 mm。头黑褐色；头顶锈黄色；触角灰褐色，腹侧黄色至棕黄色；下唇须基部和腹面白色，其余褐色或黑褐色，末节前伸。胸、腹部灰褐色。前翅黑褐色；中室中部有一淡黄色方形小斑，其后方有一略大的淡黄色方形斑；中室端可见黑色斑，其外侧具有一大型淡黄色肾状斑；

外缘和亚缘区色深；亚缘线在近前缘可见，极模糊；外缘线淡黄色；顶角尖。后翅黑褐色，中部具有一淡黄色宽带，在 M_2 脉至 Cu_2 脉间具有一方形的突起。

分布：黑龙江、北京、河北、河南、甘肃、山西、山东、浙江、福建、湖北、湖南、广东、四川、贵州、云南、台湾；朝鲜、韩国、日本。

寄主：杨芦。

（6） 白蜡绢须野螟 *Palpita nigropunctalis* (Bremer, 1864)（图版 XVI：6）

形态特征：翅展 28 ~ 30 mm。头部白色；额棕黄色；头顶白色；下唇须第三节棕黄色。胸部白色，领片前缘棕褐色；中央灰色可见。腹部白色。前翅白色，半透明；前缘淡棕褐色至黄褐色；内、中横线仅在前缘可见 1 个黑色小点斑；肾状纹仅在中室端前、后角呈黑色点斑；中室后缘 Cu_2 脉基部之后可见一淡色眼斑；外缘棕褐色，翅脉端可见深色小点斑。后翅底色同前翅；新月纹淡灰色，月牙形；中室后角显一黑色点斑；外缘线淡灰色，隐约可见；外缘线及翅脉端同前翅。

分布：黑龙江、吉林、辽宁、北京、河南、甘肃、陕西、山西、山东、江苏、浙江、福建、湖北、四川、贵州、云南、西藏、台湾；朝鲜、韩国、日本、越南、印度尼西亚、菲律宾、印度、斯里兰卡。

寄主：白蜡、梧桐、女贞、丁香、橄榄。

（7） 细条纹野螟 *Tabidia strigiferalis* Hampson, 1900（图版 XVI：7）

形态特征：翅展 20 ~ 24 mm。头部灰黄色至黄色；触角褐黄色；下唇须背面褐黄色，腹侧灰白色。胸部灰黄色至黄色；后胸色淡。腹部第一至二节灰黄色，其后橙黄色至黄色。前翅灰黄色至黄色；前缘区、后缘区和外缘区色深；内横线由 3 个黑色点斑组成；中横线仅在中室前缘可见一黑色点斑；外横线由各翅脉上的黑色纵条斑组成；亚缘线由翅脉上黑色小点斑组成；外缘线黄色；饰毛黄色至灰黄色。后翅白色至黄白色；亚缘线仅在翅脉上呈淡黑色点斑列；外缘线大部同前翅，仅近臀角 1/3 长为棕黑色；饰毛同前翅。

分布：黑龙江、北京、河北、甘肃、陕西、山东、浙江、安徽、福建、海南、四川；俄罗斯、朝鲜、韩国。

7.6 螟蛾科 Pyralidae

（1） 金黄螟 *Pyralis regalis* ([Denis & Schiffermuller], 1775)（图版 XVI：8）

形态特征：翅展 15 ~ 24 mm。头部灰黄色至金黄色；下唇须黄色；触角黄褐色至紫褐色。胸部棕褐色至红褐色；领片灰黄色。腹部多红褐色，末端灰黄色至金黄色。前翅灰色，内横线至基部灰红色，散布黄色；中横线白色，中室后缘前呈大块斑；外横线白色，外侧伴衬黑色，中脉前粗壮；外横线模糊，有些个体可见极淡黑色小点列；外缘白色；饰毛前半部红黄色，后半部红褐色；外横线和内横线间密布金黄色，散布红色或粉色，在前缘可见二白色小点斑；外缘区顶角部分黄色较浓，其后具有灰红色内斜条带。后翅褐色；内、中横线白色，近后缘具有强烈弯折；中横线至外缘灰红色；外缘白色；饰毛红褐色。

分布：黑龙江、吉林、辽宁、北京、天津、河北、河南、甘肃、陕西、山西、山东、福建、湖北、湖南、江西、广东、海南、四川、贵州、云南、台湾；朝鲜、韩国、日本、印度，欧洲。

寄主：茶树。

（2）灰直纹螟 *Orthopygia glaucinalis* (Linnaeus, 1758)（图版 XVII：1）

形态特征：翅展 17~27 mm。头灰黄色；下唇须上举，灰褐色；触角黄褐色。胸部灰黄色；领片黄褐色。腹部灰褐色，末端黄色。前翅灰黄色至淡粉褐色；内横线黄色，缓外向弧形，中室后缘前略粗；外横线黄色，外斜，微曲，前缘略粗；外缘淡黄色；内、外横线间在前缘可见黄色点斑；饰毛同底色。后翅青色至青灰色；内横线黄色，近后缘弯折强烈；中横线黄色，与内横线平行；外缘和饰毛同前翅。

分布：黑龙江、辽宁、吉林、内蒙古、北京、天津、河北、河南、青海、甘肃、陕西、山东、江苏、福建、浙江、湖北、湖南、广东、广西、海南、四川、贵州、云南、台湾；朝鲜、韩国、日本，欧洲。

寄主：谷物、干草及畜牧干饲料。

（3）微红梢斑螟 *Dioryctria rubella* Hampson, 1901（图版 XVII：2）

形态特征：翅展 19~30 mm。头部灰色至淡灰褐色；下唇须上举，深褐色；触角灰色。胸部灰色；翅基片棕褐色。腹部深褐色至深灰色。前翅狭窄，灰褐色至灰色；基线黑色；内横线黑色，后半部可见；中横线黑色，内侧伴衬灰色；外横线黑色，外侧伴衬灰色，在 M_3 脉处外突明显；外缘线黑色；外缘灰白色；饰毛灰褐色；各横线伴衬棕红色。后翅灰色至灰白色，外缘线烟黑色；外缘和饰毛同前翅。

分布：黑龙江、吉林、辽宁、内蒙古、北京、天津、河北、河南、青海、陕西、山西、山东、安徽、江苏、上海、福建、浙江、湖北、湖南、江西、广东、广西、海南、四川、贵州、云南、台湾；俄罗斯远东地区、朝鲜、韩国、日本、菲律宾，欧洲。

寄主：马尾松、黑松、红松、赤松、樟子松、白皮松、华山松、黄山松、油松、湿地松、火炬松、云南松、乔松、云杉等。

7.7　网蛾科 Thyrididae

一点斜线网蛾 *Striglina cancellata* (Christoph, 1881)（图版 XVII：3）

形态特征：翅展 36~40 mm。头及下唇须枯黄色至橙黄色；触角丝状，内侧有白色纤毛。胸部橙黄色；翅基片前缘略黑褐色；胸足棕黄色。腹部色较前翅淡。前翅枯黄色至橙黄色，布满棕色网纹；自顶角内侧有一条弧形内斜的棕色斜线，前细后粗；肾状纹在中室端可见椭圆形，有些个体很淡；前缘外半部黑色条斑可见；各横线由内向外渐明显；饰毛黑色可见。后翅底色同前翅底色或稍浅，布满褐色网纹，中线棕褐色，明显可见；饰毛端可见黑色。

分布：黑龙江、山东、江西、广西、海南、四川、台湾；朝鲜，韩国、日本、印度、斯里兰卡、缅甸、印度尼西亚的加里曼丹、巴布亚新几内亚、斐济、澳大利亚。

寄主：厚朴、玉兰、马褂木。

7.8　凤蛾科 Epicopeiidae

榆凤蛾 *Epicopeia mencia* Moore, [1875]（图版 XVII：4）

形态特征：翅展 16～21 mm。头部、触角、下唇须黑色。胸部黑色，鳞片外侧可见红色眼斑。腹部前半部黑色，后半部各节后端具有黄色鳞毛。前翅烟黑色，翅脉黑色，由内向外色渐淡。后翅深黑色，基部大半部色较淡，翅脉深黑色，亚缘线和外缘线由淡红色至红色的点斑组成，尾突末端具有淡红色饰毛。

分布：黑龙江、吉林、辽宁、北京、河北、河南、甘肃、山西、山东、安徽、江苏、上海、福建、浙江、湖北、湖南、江西、四川、贵州、云南；俄罗斯、朝鲜、韩国、日本。

寄主：榆树。

7.9　钩蛾科 Drepanidae

三线钩蛾 *Pseudalbara parvula* (Leech, 1890)（图版 XVII：5）

形态特征：翅展 18～22 mm。头部青灰色；触角棕褐色；下唇须褐色。胸部青褐色至棕褐色，中央棕色明显，略见淡红色。腹部灰黄色至灰色，中央可见淡黑色细线。前翅棕色，密布灰色至灰白色鳞片，形似细小刻点；内横线深棕褐色，由前缘内向外弧形地斜至中室，再近似平直地内斜至后缘；外横线暗棕褐色，在前、后缘色深，由前缘外向短弧形至 R_1 脉后平直外伸到 R_5 脉，再略内向弧形地内斜至后缘；亚缘线暗棕褐色，从顶角内向弧形地弯曲至后缘近臀角；顶角具有黄黑相间的顶角斑；环状纹分裂，呈两个灰黄色小圆斑。后翅色较前翅淡，且由内向外渐深；中线褐色，隐约可见；新月纹仅显黑色小点斑。

分布：黑龙江、北京、河北、陕西、山东、福建、浙江、湖北、湖南、江西、广西、四川；俄罗斯、朝鲜、韩国、日本。

寄主：核桃、栎、化香树。

7.10 波纹蛾科 Thyatiridae

（1）波纹蛾 *Thyatira batis* (Linnaeus, 1758)（图版 XVII：6）

形态特征：翅展 30~39 mm。头部灰白色。胸部多浅棕灰色或棕褐色，掺杂浅粉色，而且领片至前胸部色较深。腹部暗灰色，略掺杂粉色或浅绿色。前翅黑灰色，基线棕色；亚基线黑色且模糊，由前缘弧形外斜至中室后缘，再内斜至 2A 脉后弯折至后缘；内横线为黑色细线，与亚基线略平行；中横线黑色仅在前缘区略可见；外横线为黑色细线，前缘波浪形，由前缘略外斜至中室后缘，再内斜至后缘，且与后缘斑外侧相交；前缘线为黑色细线，在亚顶角斑和臀角斑间略可见波浪形；亚缘线淡黑色，与顶角斑内侧相连；外缘线灰色，波浪形，内侧伴衬浅黑色，Cu_1 脉后侧为灰白色月牙斑；饰毛灰黄色与黑色相间；前、中、后基斑相连呈乳白色的大斑，后两者伴有棕红色斑；亚顶角斑为粉红色的圆斑；顶角斑为粉红色的楔形斑；后缘斑为略半圆形灰黄色斑，伴有白色边框；臀角斑为粉红色的略梨形斑，中央色深。后翅灰色，由内向外逐渐加深，散布黑灰色；饰毛灰黄色；横线较底色色浅；Cu_1 和 Cu_2 脉基部色深。

分布：黑龙江、吉林、辽宁、内蒙古、北京、河北、新疆、甘肃、陕西、山东、福建、浙江、湖北、湖南、江西、四川、云南、西藏；蒙古、朝鲜、韩国、日本、伊朗、阿尔及利亚，欧洲。

寄主植物：悬钩子属（欧洲木莓、覆盆子、黑莓、多腺悬钩子、三花莓等）和草莓等多种植物。

（2）小太波纹蛾 东北亚种 *Tethea or terrosa* (Graeser, 1888)（图版 XVII：7）

形态特征：翅展 34~42 mm。头部灰色至深灰色；胸部青灰色至深灰色，散布烟黑色，有些个体略显黑褐色，领片后缘黑色；腹部灰色至棕灰色。前翅深灰色至烟黑色；基线为波浪形弯曲的烟黑色短线；亚基线黑色双线，前半部较明显，由前缘外向弧形弯曲至 2A 脉，再外斜至后缘；内横线为黑色双线，外侧线较内侧线明显，双线由前缘外向弧形地外斜至中室后缘，再略外向弧形内斜至 2A 脉，其后多在 2A 脉处呈内角后外斜至后缘；中横线模糊或晕状，多不显；外横线为黑色至烟褐色双线；内侧线较外侧线明显，由前缘内斜至 M_2 脉，再外向弧形地内斜至 Cu_2 脉，其后弧形外斜至后缘；前缘线为烟灰色或淡灰色波浪线，与外横线平行；亚缘线灰色至淡灰色；内侧线由前缘缓缓外向弧形弯曲至臀角，外侧线由顶角后侧黑色内斜伸达 M_1 脉，有些个体在亚缘线外侧翅脉上伴衬黑色细条斑；外缘线为黑色细线；饰毛多为底色和黑色相间；环状纹为灰色小圆点斑，多不显；肾状纹为灰色扁圆形，约为环状纹 4 倍大，内侧多黄灰色或较底色淡，中央有 1 个烟黑色细线；中、外横线区色浅。后翅底色较前翅略浅，缘暗，带灰褐色晕带；横线为烟褐色晕状宽带。

分布：黑龙江、吉林、辽宁、内蒙古、北京、山西、陕西、宁夏、甘肃、新疆；朝鲜、韩国、俄罗斯、蒙古。

寄主：黑杨、欧洲山杨和柳属植物。

（3）太波纹蛾 阿穆尔亚种 *Tethea ocularis amurensis* Warren, 1912（图版 XVII：8）

形态特征：翅展 40～45 mm。头部棕灰色至灰色；胸部灰色至深灰色，散布烟黑色；领片褐色至灰褐色，领片后缘灰白色；腹部灰色至棕灰色。前翅青灰色至深灰色，基线烟黑色，为波浪形弯曲的短线；亚基线双线紧邻，外侧线较底色略淡，内侧线烟褐色，且较外侧线明显，双线略波浪形弯曲，由前缘外向弧形弯曲至近 2A 脉，再外斜至后缘；内横线为黑色至烟褐色双线，外侧线较内侧线明显，双线由前缘外向弧形地斜至中室后缘，再略外向弧形弯曲至 2A 脉，其后内斜至后缘；中横线烟黑色，隐约可见或晕状模糊；外横线为黑色至烟褐色双线，内侧线较外侧线明显，由前缘外斜至 M_3 脉，再内斜至 Cu_2 脉略后，略外向弧形弯曲至后缘；前缘线为烟褐色波浪线，由前缘略外向缓弧形弯曲至后缘，在 Cu_2 脉和 2A 脉间略凹陷；亚缘线灰色至深灰色，内侧线由前缘缓外向弧形弯曲至臀角，外侧线由顶角后侧黑色内斜伸达 M_1 脉，有些个体在内侧线外侧翅脉上伴衬烟黑色细条斑；外缘线为黑色细线；饰毛色多与底色相同或略浅，并与黑色相间；环状纹为灰色小圆点斑；肾状纹为灰色扁圆形，约为环状纹 3 倍大，中央有一烟褐色细线；中、外横线区色浅。后翅底色较前翅底色浅；缘暗带为褐色晕带；横线烟褐色至烟黑色晕状宽带；翅脉可见。

分布：黑龙江、吉林、辽宁、内蒙古、北京、河北、河南、山西、陕西、宁夏、甘肃、青海、福建；朝鲜、韩国、俄罗斯远东地区。

寄主：杨属植物。

（4）宽太波纹蛾 指名亚种 *Tethea ampliata ampliata* (Butler, 1878)（图版 XVIII：1）

形态特征：翅展 40～45 mm。头部棕灰色；胸部青灰色至深灰色，领片棕灰色；腹部灰色至棕灰色。前翅青灰色至灰褐色；基线为波浪形弯曲的烟褐色短线；亚基线为双线，外侧线为烟褐色细线，多模糊，内侧线为烟褐色粗线，且较外侧线明显，双线由前缘外向弧形内斜至后缘，略波浪形弯曲；内横线为烟褐色双线，内侧线弧形，与亚基线略平行，外侧线外向弧形至中室前缘，再略内向凹陷弧形弯曲至中室后缘和 2A 脉间，然后内斜至后缘；中横线烟灰色，多在前缘区隐约可见；外横线为淡烟褐色双线，由前缘略内向弧形弯曲至 M_3 脉，再外向弧形内斜至 Cu_2 脉后，其后略外斜至后缘；前缘线为烟褐色波浪线，由前缘略外向缓弧形弯曲至后缘，在翅脉上多呈小弯曲；亚缘线灰白色至深灰色，内侧线由前缘缓外向弧形弯曲至臀角，外侧线由顶角后侧伸出的黑色内斜线伸达 M_1 脉，有些个体在内侧线外侧翅脉上伴衬烟黑色细条斑；外缘线为烟褐色线；饰毛色多与底色相同或较浅；环状纹为具有烟褐色边框的小圆斑，内部同底色；肾状纹为具烟黑色边框的肾形，内部同底色，中央有一条烟褐色细线，为环状纹 2~3 倍大；亚基线和基线区及中、外横线区底色浅。后翅底色较前翅色浅；缘暗带为烟褐色晕带；横线隐约可见。

分布：黑龙江、吉林、辽宁、北京；朝鲜、韩国、俄罗斯远东地区、日本。

寄主：栎属（麻栎）植物。

（5）白太波纹蛾 *Tethea albicostata* (Bremer, 1861)（图版 XVIII：2）

形态特征：翅展 34～45 mm。头部灰色至灰褐色，顶部棕灰色至黄灰色；胸部灰褐色，领片黄灰色，后缘烟黑色；腹部棕灰色至灰色。前翅青灰色至深灰色，散布烟褐色和灰白色；基线为黑色的波浪形短线，由前缘可伸达 2A 脉；亚基线为烟黑色至烟褐色双线，波浪形，外侧线多模糊不显，双线在前缘与内横线近似合并，由前缘外斜至中室前缘，再内向弯折且内斜至后缘；内横线烟黑色至黑色，内侧线在中室后缘之后多不明显，外侧线较明显，双线由前缘外斜至中室中间与环状纹紧邻之后外向弧形地内斜至后缘，在中室后缘和 2A 脉中间呈外突；中横线不显；外横线为烟黑色至黑色双线，内侧线明显，外侧线晕染状，由前缘内斜至 M_2 脉，再外斜至 M_3 脉后内斜至后缘，在 2A 脉前略内凹；前缘线为灰色细线，细密波浪形内斜至后缘；亚缘线的内侧线灰白色至灰色，由前缘缓外向弧形弯曲至臀角，外侧线由顶角后侧伸出的黑线内斜至 M_1 脉后，近似与内侧线合并；外缘线为纤细的烟黑色线；饰毛色多为底色和褐色相间；环状纹为小圆形斑，内部灰白色；肾状纹为具黑边框的肾形，约为环状纹 2 倍大，内部灰白色，近后部中央黑色点斑明显，且与环状纹紧紧相连；前缘区密布灰白色至苍白色；内横线至亚基线间色深，多数个体呈现由前至后渐宽的弯曲楔形；中、外横线区多呈灰白色或色浅；翅脉在外横线外侧呈黑色。后翅棕灰色至深灰色，由内至外逐渐变深；缘暗带明显，深灰色至灰褐色；横线同缘暗带，较宽阔，有些个体色淡；饰毛多为灰白色。

分布：黑龙江、吉林、辽宁、北京、河北、陕西、甘肃、浙江、江苏、湖北、湖南、西藏；朝鲜、韩国、俄罗斯、日本。

（6）三叉太波纹蛾 *Tethea trifolium* (Alphéraky, 1895)（图版 XVIII：3）

形态特征：翅展 34～40 mm。头部灰白色至灰褐色；胸部棕灰色至灰褐色，领片后缘黑色，内侧掺杂灰白色；腹部棕灰色至灰色。前翅棕灰色至灰褐色，散布烟褐色和灰白色；基线为黑色波浪形短线，由前缘可伸达 2A 脉；亚基线为烟黑色至灰褐色波浪形双线，由前缘缓外向弧形地内斜至后缘；内横线较亚基线明显，且与其略平行，外侧线在中室后缘外凸明显；中横线不显；外横线为烟黑色至黑色双线，内侧线明显，外侧线晕染状，由前缘外向弧形内斜至 M_2 脉，再外斜至 M_3 脉后内斜至后缘，在 2A 脉前略内凹；前缘线细密波浪状地外向弧形弯曲至后缘，多烟褐色晕染状；亚缘线的内侧线灰白色至灰色，与前缘线略平行，后半部逐渐靠近，外侧线为由顶角后侧伸出的黑色线，内斜至 M_3 脉为止，明显；外缘线黑色；饰毛色多为底色和灰褐色相间；环状纹为具有黑色边框的圆形斑，内部灰白色，中央散布黑色；肾状纹为具黑边框的肾形，约为环状纹 2 倍大，内部灰白色，近后部中央黑色点斑明显，且与环状纹紧紧相连；前缘区外半部密布灰白色至苍白色；内横线至基部色深；中、外横线区灰白色多明显可见。后翅棕褐色至棕灰色，散布烟灰色，由内至外逐渐变深；缘暗带明显，暗棕褐色至暗褐色；横线同缘暗带，宽阔，有些个体色较淡；饰毛色为灰白色和褐色相间。

分布：黑龙江、吉林、辽宁；俄罗斯、日本。

寄主：毛山荆子和欧洲甜樱桃。

（7）粉太波纹蛾 指名亚种 *Tethea consimilis consimilis* (Warren, 1912) （图版 XVIII：4）

形态特征：翅展 45～50 mm。头部棕灰色至棕褐色，掺杂黑色；胸部棕红灰色至灰褐色，领片黑色，后缘灰白色；腹部棕灰色。前翅棕灰色至灰褐色，散布烟黑色；基线为烟黑色波浪形短线；亚基线为黑色至烟黑色波浪形双线，由前缘弧形弯曲至后缘；内横线为烟黑色双线，与亚基线略平行；中横线不显；外横线为烟黑色波浪状双线，由前缘外向弧形弯曲至中室前缘再内斜至后缘，在中室前缘至 Cu_2 脉基部间双线内部白色明显；前缘线烟黑色，波浪形，由前缘外向弧形外斜至 R_5 脉再内斜至后缘；亚缘线的内侧线波浪状微外向弧形，M_3 脉前灰白色明显，其后多模糊不显，外侧线由顶角后缘的黑色内斜线可见，其余部分多模糊，有些个体在翅脉上可见小点斑；外缘线黑色，非常纤细；饰毛色为棕褐色与烟黑色相间；环状纹为灰白色圆形，中央同底色；肾状纹紧邻环状纹，为具有烟褐色边框的扁圆形；前缘区密布灰白色至苍白色。后翅棕褐色至棕灰色，散布烟灰色，由内至外逐渐变深；缘暗带明显，暗棕褐色；横线仅在中部略显；饰毛色为灰色和烟褐色相间。

分布：黑龙江、吉林、辽宁、河南、甘肃、陕西、浙江、湖北、湖南、福建、广东、广西；朝鲜、韩国、俄罗斯、日本。

寄主：日本樱花、灰叶稠李、欧洲甜樱桃和花楸属植物。

（8）丽波纹蛾 *Tetheella fluctuosa* (Hübner, [1803]) （图版 XVIII：5）

形态特征：翅展 30～34 mm。头部棕灰色至深灰色；胸部灰色至灰褐色，领片黑色，前胸多深灰色；腹部灰色。前翅灰色，散布浓烟黑色；基线烟黑色细线，多模糊，后半部隐约可见；亚基线黑色至烟黑色双线，双线间充满灰色，由前缘外向弧形弯曲至后缘，在 2A 脉前成一小内角突；内横线烟黑色双线，内侧线多不明显，外侧线可见，由前缘外向弧形弯曲至 2A 脉前，再外斜至后缘；中横线不显；外横线烟黑色双线，外侧线较内侧线弯折强烈，由前缘内向弧形 Cu_1 脉基部，其后波浪形内斜至后缘；前缘线双线，内侧线烟黑色至灰褐色，外侧线黑色，除前缘区多在翅脉上呈点斑，双线间为灰色至灰白色，由前缘波浪形外向弧形地弯曲至后缘；亚缘线的内侧线灰色至灰白色，与前缘线略平行，外侧线由顶角后缘黑色内斜近达内侧线，多模糊；外缘线黑色；饰毛多棕灰色；环状纹模糊的小晕斑；肾状纹多非常模糊的月牙形；亚基线至基部灰白色明显；亚缘线区多散布灰白色至灰色，在有些个体中与前缘线合为一体很难与其外侧线区别；顶角斑多模糊。后翅棕灰色，散布烟灰色至烟黑色；缘暗带可见；横线淡烟黑色的粗线；饰毛色多为底色。

分布：黑龙江、吉林、河北；俄罗斯远东地区、日本，欧洲。

寄主：欧洲山杨、桦木属和鹅耳枥属（华千金榆）植物。

（9）带宽花波纹蛾 *Nemacerota tancrei* (Graeser, 1888) （图版 XVIII：6）

形态特征：翅展约 31 mm。头部棕灰色至灰色；胸部灰色至灰白色，领片后缘和背部中央黑色；腹部灰色至灰褐色。前翅灰白色至深灰色；基线黑色，为弧形短线；亚基线为黑色双线，外侧线多模糊，双线由前缘外向弧形弯曲至后缘；内横线为双线，外侧线仅在前缘略见或极其模糊不显，内侧线黑色，与亚基线平行；中横线不显；外横线为黑色双线，间距较大，内侧线多在前缘呈一内斜线，外侧线明显，由前缘内斜至 M_2 脉基部再外斜至 M_3 脉，其后内斜至后缘；前缘线为灰色双线，非常模糊，多不显现；亚缘线浅灰色至灰白色，纤细且波浪形弯曲；环状纹环形框较底色淡，非常模糊；肾状纹椭圆形，边框深灰色至黑色；顶角斑色同亚缘线，后缘内斜线烟黑色至深灰色；内横线的内侧线至基部多烟黑色至深灰色；外横线的外侧线至外缘线多灰色至深灰色；饰毛的颜色为灰色和黑色相间。后翅灰白色至浅灰色，散布烟灰色；缘暗带很淡；横线烟灰色；饰毛同前翅。

分布：黑龙江、吉林、内蒙古；俄罗斯远东地区、日本，欧洲。

（10）双华波纹蛾 *Habrosyne dieckmanni* (Graeser, 1888)（图版 XVIII：7）

形态特征：翅展 34～37 mm。头部棕褐色；胸部灰色，散布棕红色，领片和背部中央纵向具有黑色条带，后胸棕黑色；腹部棕灰色，腹节背面一般具有黑色毛簇。前翅棕褐色；基线黑色，掺杂棕红色；亚基线灰色或灰白色，在中室后缘前膨大；内横线为黑色双线，双线由前向后逐渐变细，由前缘内向弧形弯曲至中室前缘，再内向弧形内斜至中室后缘，其后内向弧形外斜到中室后缘和 2A 脉中间，再外斜到后缘；中横线为极淡的棕红色，模糊；外横线为双线，内侧线棕红色，掺杂黑色，外侧线多黑色，掺杂棕红色，双线间距由前向后逐渐变细，由前缘内斜到中室后缘，再波浪形内斜到后缘；前缘线双线，与外横线近似平行，外侧线浅褐色，内侧线黑色，外侧线外侧 Cu_2 脉和后缘间伴衬灰白色；亚缘线的内侧线灰色，在前缘区非常明亮，由顶角内侧向后逐渐变细，且弧形弯曲地伸达臀角，外侧线黑色或棕褐色，内侧伴衬青灰色；外缘线黑色；饰毛棕灰色和黑色相间；前基斑为黑色小点斑；中基斑为白色内斜斑，前后连接中室后缘和 2A 脉；环状纹为棕红色小圆斑，具有灰色边框；肾状纹为内斜的肾形，棕红色，后底角多黑红色，具有灰色边框，较环状纹模糊；内横线至基部间的中室后缘区黑色明显；内横线至亚缘线间色深。后翅灰色至灰褐色；翅脉隐约可见；缘暗带色略深；饰毛浅棕灰色。

分布：黑龙江、吉林、辽宁；朝鲜、韩国、俄罗斯远东地区、日本。

寄主：猫薄荷、覆盆子和荆芥。

（11）华异波纹蛾 东北亚种 *Parapsestis cinerea pacifica* László, Ronkay, Ronkay & Witt, 2007（图版 XVIII：8）

形态特征：翅展 35～43 mm。头部灰色至灰褐色；胸和腹部灰色。前翅短宽，多深灰色，少部分亮灰色；基线为褐色短线；亚基线为褐色双线，内侧线模糊或部分可见，外侧线在中室后缘前明显，由前缘波浪形弧状弯曲至后缘；内横线为褐色双线，在中室后缘前明显，其后模糊或极弱，宽度从前至后逐渐变细，由前缘略内斜至 Sc 脉，再外斜至中室前缘，其后内向弧形弯曲至中室后缘与 2A 脉之间，再内斜至 2A 脉，然后外斜至后缘；中横线黑色或烟黑色，极纤细或不显；外横线为褐色双线，在前缘区呈灰褐色斑，双线内部在翅脉上呈褐色，内侧线近前缘区明显，外侧线多明显，由前缘外斜到

M$_3$ 脉，再内斜至中室后缘和 2A 脉中间，其后外斜至后缘；前缘线在翅脉上为灰白色小点斑或极细的灰褐色线，有些个体不显，外侧翅脉上伴有褐色点斑，由前缘内斜至后缘；亚缘线灰白色，弧形弯曲，在翅脉上明显，有些个体极弱或不明显，外侧线在顶角后缘的黑色内斜线可见；外缘线褐色；饰毛的颜色为灰色与黑色相间；中、后基斑灰白色；环状纹为具褐色边框的小圆斑；肾状纹为具褐色边框的长条形，内部多同底色。后翅底色较前翅略淡；横线灰褐色至灰色，外侧伴衬灰白色；缘暗带色较深；饰毛色同前翅色。

分布：黑龙江、吉林、辽宁、北京；俄罗斯远东地区、朝鲜、韩国。

（12）申氏波纹蛾 *Shinploca shini* Kim, 1995（图版 XIX：1）

形态特征：翅展 34～41 mm。头部灰褐色或棕黑色；胸部灰色，有些个体散布棕色，领片后缘和背部中央具有纵向黑色条带，后胸后缘具有灰白色长毛；腹部灰色至淡灰黄色。前翅狭长，灰色至灰褐色；基线为略外斜的黑色短线；亚基线为黑色或烟黑色双线，外侧线模糊或略显，由前缘外向弧形弯曲至中室后缘，再内斜至中室后缘和 2A 脉之间，然后外向弧形弯曲至后缘；内横线为黑色双线，由前缘外向弧形地外斜至中室后缘和 2A 脉之间，其后略内向弧形弯曲至 2A 脉，再外向弧形弯曲至后缘；中横线黑色，模糊或仅前半部可见，有一些个体不显，由前缘外向弧形弯曲至 Cu$_2$ 脉近基部，再波浪形内斜至后缘；外横线为黑色双线，外侧线色浅，由前缘内斜至 M$_2$ 脉基部，再外向弧形至 Cu$_2$ 脉，其后略内斜至 2A 脉（后半部略外突），再外斜至后缘；前缘线浅灰色，模糊或前半部可见，有些个体外侧伴衬黑色，非常模糊，由前缘波浪形内斜至后缘；亚缘线的内侧线为灰色波浪形细线，与前缘线平行，由前缘微波浪形内斜至臀角，外侧线由顶角后缘黑色内斜明显，其后伴衬在内侧线外侧至臀角；外缘线黑色；饰毛的颜色多为底色与黑色相间；环状纹为具有黑色边框的灰白色小圆斑或不规则斑块；肾状纹为灰白色细小点斑或分裂成 2～3 个不规则点斑，有些个体模糊或不显；多数个体内横线区至基部色深，极少个体散布棕红色。后翅白色；缘暗带仅在顶角至 Cu$_2$ 脉间呈暗灰色或灰褐色窄带；外缘在 Cu$_2$ 脉和 2A 脉之间凹陷；饰毛白色。

分布：黑龙江、吉林、辽宁、陕西；朝鲜、韩国、俄罗斯远东地区。

（13）日雾波纹蛾 *Achlya jezoensis* (Matsumura, 1927)（图版 XIX：2）

形态特征：翅展 28～32 mm。头部灰色至灰白色，掺杂黑色，散布青色；胸部灰色至灰褐色，背部中央具有纵向黑色条带，后胸后缘具有灰白色长毛；腹部灰色至黑青色。前翅狭长，青灰色；基线黑色短弧形，略模糊；亚基线黑色，波浪形外向弯曲，在中室后缘和 2A 脉之间内凹明显；内横线为黑色双线，二线间距较宽，由前缘弧形外斜至中室后缘，其后略内向弧形弯曲至后缘；中横线黑色，非常模糊，有一些个体不显，由前缘外向弧形弯曲至 Cu$_2$ 脉近基部，再内向弧形弯曲至 2A 脉，然后内斜至后缘；外横线为黑色双线，外侧线非常模糊或仅在前缘可见，由前缘内斜至 M$_1$ 脉基部，再外斜至 M$_3$ 脉，其后略内向弧形弯曲至 2A 脉前，再弯折地内斜至后缘；前缘线黑色至烟黑色，非常模糊，有些个体不显，由前缘外斜至 M_2 脉，再内斜至后缘近臀角，在 Cu_2 脉处略内凹；亚缘线的内侧线为灰色细线，由前缘微波浪形内斜至臀角，Cu_2 脉处内凹明显，外侧线黑色，由顶角后缘内斜，其后紧密伴衬在内侧线外侧；外缘线黑色；饰毛的颜色为灰白色与深灰色或灰色相间；环状纹为灰色小圆斑，有些个体不显；肾状纹肾形，非常模糊，有些个体不显；有些个体内横线区域色深，呈条带状。后翅灰白色；横带不显；缘暗带暗灰色；饰毛灰白色或深灰色与灰白色相间。

分布：黑龙江、内蒙古；朝鲜、韩国、俄罗斯远东地区、日本。

（14）长雾波纹蛾 *Achlya longipennis* Inoue, 1972 （图版 XIX：3）

形态特征：翅展约 42 mm。头部灰色至灰白色；胸部灰色至灰褐色，领片前缘黑色，背部中央具纵向黑色条带，后胸后缘具灰白色长毛；腹部灰色，有些个体具黑色毛簇。前翅狭长，灰褐色至灰色；基线黑色，短弧形，有些个体模糊；亚基线黑色，外向弧形弯曲，在 2A 脉处呈外突角；内横线为黑色双线，由前缘弧形外斜至中室后缘，其后内向弧形弯曲至后缘；中横线黑色，有些个体非常模糊，由前缘弧形外斜至 M_3 脉基部，再沿中室端脉内斜至 Cu_2 脉基部，其后波浪形弯曲至后缘；外横线黑色双线，由前缘内向弧形弯曲至 M_3 脉，再内斜至 Cu_2 脉后侧，其后略外向弧形弯曲至后缘；前缘线黑色，由前缘内斜至 R_5 脉基部，再外向弧形弯曲至 Cu_2 脉，其后外斜至后缘近臀角；亚缘线的内侧线灰色，波浪形弯曲地内斜至臀角，外侧线烟黑色，在顶角后缘内斜隐约可见，其后伴衬在内侧线外部；有些个体仅在翅脉上黑色明显；外缘线黑色；饰毛的颜色为灰白色与黑色相间；中基斑在有些个体为灰白色的小点斑，多数个体模糊或不显；环状纹灰白色，具有黑色边框的"8"字形；肾状纹灰白色，具有黑色边框，为由前至后逐渐变大的念珠形，有些个体与环状纹相连呈一大斑。后翅灰白色；横带深灰色；缘暗带暗灰色；饰毛灰白色或深灰色与灰白色相间。

分布：黑龙江；俄罗斯、日本。

（15）点狭新波纹蛾 *Neoploca arctipennis* (Butler, 1878)（图版 XIX：4）

形态特征：翅展 34～39 mm。头部灰色至灰褐色；胸部灰色至灰褐色，领片后缘黑色，胸部中央多黑色纵纹；腹部灰色，1～4 腹节背部多具有黑色毛簇。前翅狭长，褐色至灰褐色，散布青色；基线为烟黑色短线；亚基线为烟褐色至烟黑色双线，双线间多呈灰色，由前缘外向弧形弯曲至后缘，在中室后缘和 2A 脉间略内凹；内横线为双线，内侧线烟黑色，模糊，外侧线黑色，明显，双线由前缘外斜至中室前缘，再内向弧形地内斜至中室后缘和 2A 脉之间，其后微内向弧形弯曲至后缘；中横线烟黑色，可见或模糊，由前缘内斜至 Sc 脉，再外斜至中室内近 Cu_1 脉基部，其后内斜至中室后缘和 2A 脉之间，然后外向弯折至后缘；外横线为烟黑色双线，多模糊，由前缘内向弧形地外斜至 M_3 脉基部，再内斜弧形地内斜至 2A 脉，其后内斜至后缘；前缘线为淡烟黑色双线，多模糊，与外横线近似平行；亚缘线的内侧线灰色至淡灰褐色，由前缘外向弧形弯曲地内斜至臀角，外侧线黑色，由顶角后缘内斜至 M_1 脉，再伴衬在内侧线的外侧，且多在翅脉上呈黑色点斑；外缘线黑色，多在翅脉上呈小点斑；饰毛的颜色为灰褐色和黑色相间；环状纹为黑色小点斑；肾状纹仅后端显黑色点斑；亚基线外侧线至基部色较浅；

亚基线外侧线至内横线外侧线间色较深，呈弧形条带。后翅浅灰色至灰白色，翅脉可见；缘暗带褐色；中线隐约可见；饰毛灰色；外缘在 M_1 至 M_2 脉间略凹陷。

分布：黑龙江、吉林、辽宁、内蒙古、陕西、江苏；俄罗斯远东地区、朝鲜、韩国、日本。

寄主：麻栎和枹树。

7.11　尺蛾科 Geometridae

（1）秋黄尺蛾 *Ennomos autumnaria* (Werneburg, 1859)（图版 XIX：5）

形态特征：翅展 38～43 mm。头部具棕黄色，有毛隆，下唇须上翘；胸部密被棕黄色长鳞毛，领片处金黄色较浓；腹部棕黄色至棕红色，具短鳞毛。前翅棕黄色至灰黄色；各横线棕红色，内横线明显、完整，其他横线多断裂或略显；外缘齿状，前大半部翅脉端黑色饰毛可见，M_2 脉外凸明显。后翅底色同前翅底色，散步云状棕色至棕红色小淡斑；外缘中部翅脉端黑色饰毛可见，且齿状，M_2 脉外凸明显。

分布：黑龙江、吉林、辽宁、陕西、甘肃；韩国、朝鲜、俄罗斯、日本。

（2）青辐射尺蛾 *Iotaphora admirahilis* (Oberthür, 1883)（图版 XIX：6）

形态特征：翅展 28～31 mm。全身青灰色，翅面淡绿色，翅上有杏黄色及白色纹，前翅前缘绿白色，基部有一黑点，黑点至内线黄色，内线弧形，内黄外白，中点黑色月牙形。外横线外侧色较底色淡，排列成辐射状黑纹。后翅外线较直，前后翅缘线黑色，缘毛白色。

分布：黑龙江、吉林、辽宁、北京、河北、山西、河南、甘肃、陕西、江西、浙江、湖北、福建、广西、四川、云南；俄罗斯、朝鲜、韩国、日本、越南。

寄主：杨柳科、胡桃科、紫葳科、桦木科植物。

（3）四点波翅青尺蛾 *Thalera laceralaria* Graeser, 1889（图版 XIX：7）

形态特征：翅展 27～33 mm。头部白色至浅绿色；额和下唇须黄绿色；雄性触角双栉齿形，雌性触角短双栉齿形。胸部草绿色至黄绿色。腹部灰绿色，散布草绿色。前翅翠绿色至黄绿色，前缘向外黑色渐深，且明显；内横线烟黑色，多模糊，中、后半部隐约可见，且外斜；外横线烟黑色，由前缘外向弧形弯曲至后缘，在翅脉上呈很小的外凸；外缘深黑色，且粗壮，翅脉端呈角状突出，其饰毛黑色，翅脉间饰毛灰绿色，致外缘呈锯齿形；肾状纹为黑色小圆点斑。后翅底色同前翅底色，新月纹呈黑色大圆斑；外横线、外缘和饰毛均同前翅的，前者较模糊，M_3 和 Cu_1 脉角形突明显。

分布：黑龙江、吉林、北京、陕西、山东、湖北、四川、云南、西藏；俄罗斯、朝鲜、韩国、日本。

（4）菊四目绿尺蛾 *Thetidia albocostaria* (Bremer, 1864)（图版 XIX：8）

形态特征：翅展 26～30 mm。雄性触角双栉齿形，雌性触角锯齿形。下唇须中等长，鳞毛粗糙。额和胸部背面淡绿色，头顶白色。翅绿色，前翅前缘白色，内外线均白色波状；前后翅中室端各有一个圆形大白斑，其周缘有黄褐色边（后翅较显著）；白斑内中点黄褐至深褐色，在前翅较小，在后翅细长；缘线深黄褐色；缘毛白色，在翅脉端褐色，十分清晰。后翅外缘圆，后缘略延长，无翅缰。

    分布：黑龙江、吉林、内蒙古、陕西、湖南、安徽；日本、朝鲜、俄罗斯。

    寄主：菊科植物。

（5）蝶青尺蛾 *Geometra papilionaria* (Linnaeus, 1758)（图版 XX：1）

    形态特征：前翅长 27 ~ 30 mm。头、胸部翠绿色；腹部向末端渐变灰白色。前翅翠绿色或草黄色；内横线灰白色波浪形；外横线灰白色，略锯齿状；肾状纹仅显一褐色点斑。在后翅底色同前翅底色，中横线灰白色，略锯齿状；新月纹为褐色条斑，外缘略齿状。

    分布：黑龙江、吉林、辽宁、内蒙古、北京；朝鲜、韩国、日本，欧洲。

    寄主：桦树、杨树。

（6）白脉青尺蛾 *Geometra albovenaria* Bremer, 1864（图版 XX：2）

    形态特征：翅展 58 ~ 60 mm。头、胸、腹部淡绿色，散布白色。前翅淡绿色；内横线绿色，略平直，内侧伴衬白色；外横线绿色，平直内斜，外侧伴衬白色；亚缘线纤细，白色；外缘锯齿形；肾状纹为绿色点斑；翅脉白色。后翅底色同前翅底色；外横线绿色，外侧散布，白色，亚缘线纤细，白色，外缘锯齿形；新月纹为绿色小条斑。

    分布：黑龙江、吉林、内蒙古、北京、甘肃、江苏、四川、云南、台湾；朝鲜、韩国、日本，东南亚。

    寄主：阔叶树。

（7）榛金星尺蛾 *Abraxas sylvata* (Scopoli, 1763)（图版 XX：3）

    形态特征：翅展 31 ~ 38 mm。个体变异很大。头顶橙黄色，额黑色，下唇须褐色，触角棕褐色。腹部橙黄色，中央具有 2 排 6 个黑点斑，还有黑色毛簇，两侧各有一黑色点斑。前翅乳白色，基部橙黄色；内横线为暗棕红色宽带，2A 脉前内角凹陷明显；中横线仅在前缘和近后缘可见烟黑色点斑；外横线的内侧线由烟黑色圆斑组成，圆斑中央翅脉上棕褐色明显，近后缘与外侧线在臀角区合成一暗棕红色大块斑；外横线的外侧线由烟黑色圆斑组成；外横线亮白色，内侧在 R_5 至 2A 脉间具有烟黑色块斑；肾状纹为烟黑色大圆斑，中央具有暗棕褐色眼斑。后翅底色同前翅底色；基部具有一烟黑色块斑；新月纹为烟黑色圆斑的颜色；中横线烟黑色，仅在前缘和 Rs 脉上可见 2 个斑；外横线由烟黑色圆斑组成，后缘呈一大暗棕红色块斑；外缘和饰毛同前翅的颜色，在 Rs 至 Cu_2 脉前可见 3 ~ 4 个烟黑色点斑。

    分布：黑龙江、吉林、甘肃、山东、江苏、江西；俄罗斯、朝鲜、韩国、日本。

（8）日金星尺蛾 *Abraxas niphonibia* Wehrli, 1935（图版 XX：4）

    形态特征：翅展 30 ~ 36 mm。头顶黑色，额和下唇须棕褐色，触角棕色。胸部橘红色，中央具有 2 条黑色纵纹；翅基片前缘具有 1 个黑色点斑。腹部黄色，中央具有黑色斑列，两侧各有一小黑色点斑列，末端黑色。前翅乳白色至白色；基部棕红色；内横线为暗棕红色双线，内侧线近后缘黑色明显；

中横线为烟黑色双线，内侧线仅在前缘和中室后缘后侧分别可见一大一小 2 个斑，外侧线由烟黑色斑列组成，前粗后细，不同个体斑列变化较大；外横线为烟黑色双线，由斑列组成，在后缘近臀角组成暗棕红色大圆斑；外缘烟黑色，在 M_2 至 Cu_1 脉间呈内凸块斑；肾状纹为棕褐色环斑；前缘向端部烟黑色渐粗。后翅乳白色至白色，基部具有烟黑色块斑；中横线为烟黑色，在前、后缘可见；外横线为双线，由烟黑色圆斑组成，在中脉区双线合一，在后缘成一暗棕褐色块斑；外缘颜色同前翅外缘颜色。

分布：东北、华东；俄罗斯远东地区、朝鲜、韩国、日本。

（9）雪尾尺蛾 *Ourapteryx nivea* Butler, 1883（图版 XX：5）

形态特征：翅展 48～55 mm。体和翅白色。前翅仅显内、外横线，淡灰白色，外斜；肾状纹为灰白色条斑；整个前翅散布灰白色裂纹。后翅中横线灰白色，外斜，仅中段明显；外缘区散布密小的灰白色条带；外缘线棕色；外缘 M_3，Cu_1 脉具有长短尖突，其内侧具有黑色点斑。

分布：黑龙江、吉林、湖南、湖北、浙江、四川、贵州、台湾；朝鲜、韩国、日本。

（10）绣纹折线尺蛾 *Ecliptopera umbrosaria* (Motschulsky, 1861)（图版 XX：6）

形态特征：翅展 25～30 mm。头顶棕灰色；下唇须暗灰色；触角棕灰色。胸部灰褐色，领片棕灰色；翅基片棕褐色，中央散布棕褐色。腹部灰褐色，中央具一深棕色纵线。前翅黑褐色；亚基线黑色；内横线为灰白色双线，外侧线在褶脉处呈尖锐角突，双线间灰色；中横线黑色，多模糊；外横线为双线，内侧线白色，在后半部的翅脉上内凹，可见，前半部缓弧形，外侧线灰黄色，双线间烟灰色；亚缘线为白色双线，双线间棕灰色，内侧线由前缘出发，其后波浪形弯曲，外侧线由顶角内斜至 M_2 脉，其后波浪形弯曲，且模糊；外缘灰黄色；饰毛的颜色为褐色和灰黄色相间；内横线和亚基线区，中、外横线区黑褐色明显；肾状纹为可见的黑色晕纹。后翅灰色，基部中室后缘和 2A 脉可见棕黑色；中横线隐约可见，后半部较明显；外横线为灰白色双线，由前至后渐窄，内侧伴衬烟黑色；外缘棕褐色；新月纹为灰褐色晕斑。

分布：黑龙江、吉林、北京、河北、山东、湖南、四川、台湾；俄罗斯、蒙古、朝鲜、韩国、日本。

寄主：葡萄科、莎草科植物。

（11）李尺蛾 *Angerona prunaria* (Linnaeus, 1758)（图版 XX：7）

形态特征：翅展 26～51 mm。个体变异非常大。头部土黄色；喙黄褐色；下唇须不发达，黄白色；雄性触角双栉齿形，雌性丝触角状。翅大，从浅灰色到橙黄色、暗褐色；翅面上满布暗褐色横向碎细条纹；前翅外缘细直，金黄色；饰毛较短，黄白色，翅脉端饰毛褐色；肾状纹为一条较粗的黑褐色至烟褐色条形横纹。后翅外缘波浪状，金黄色；饰毛黄白色，翅脉端饰毛褐色；新月纹为黑褐色至烟灰色条形横纹，较前翅肾状纹细短。本种有些黑化类型，通体和翅多棕褐色、黑褐色等，散布棕黄色或棕黄色块斑。

分布：黑龙江、吉林、辽宁、内蒙古、北京、河北、山东；朝鲜、韩国、日本，欧洲。

寄主：李、桦、落叶松、山楂、榛、稠李、千金榆、乌荆子等。

（12）朝鲜线尺蛾 *Polymixinia appositaria* (Leech, 1891)（图版 XX：8）

形态特征：翅展 27～35 mm。头顶和触角棕灰色；下唇须褐色。胸部灰褐色；领片棕灰色，后缘黑色；翅基片棕褐色，中央暗褐色。腹部灰色，节间灰黄色。前翅棕灰色，散布暗褐色鳞片，前缘密布黑色横纹列；内横线淡棕色，较模糊；中横线暗棕褐色，前缘略粗，且黑色明显，褶脉处凹陷可见；外横线淡棕色，在翅脉上略呈短角突，前缘黑色；亚缘线暗褐色，波浪形弯曲至臀角，前缘内斜；外缘线由翅脉间暗褐色短条斑组成；肾状纹为黑色弧形斑。后翅底色同前翅底色；中、外横线棕褐色，后者较细，且在翅脉上隐约可见角状外凸；亚缘线淡棕色，较模糊；外缘和饰毛的颜色同前翅的颜色。

分布：东北、华北、华东、华中、华南；朝鲜、韩国。

寄主：垂柳。

（13）金盅尺蛾 *Calicha nooraria* (Bremer, 1864)（图版 XXI：1）

形态特征：翅展 32～41 mm。头顶灰白色至灰黄色；下唇须褐色；触角灰色至灰褐色，雄性双栉齿形，雌性丝状。胸部棕黄色至灰黄色；领片棕褐色至黑褐色。腹部棕褐色，散布棕红色。前翅棕褐色至灰黄色或浑黄色，散布黑色鳞片；内横线棕色，弧形弯曲；中横线棕褐色，较模糊；外横线黑色，仅在翅脉上显黑色小点斑，前大后小；亚缘线棕黄色，略呈波纹状，前缘区具有 2 个相连的尖角斑，M_2 和 M_3 脉可见两个大的相连斑；外缘线由黑色点斑列组成；亚缘线区色较淡，具内斜的条带。后翅底色同前翅底色；中、外横线黑色，且平行，后者在翅脉上可见小黑斑；亚缘线棕黄色，前缘、M_2 脉后和后缘黑色斑可见；外缘线的颜色同前缘颜色；外缘翅脉端外突、翅脉间内凹呈齿状；外缘线区和外横线区黑色分布较浓。

分布：黑龙江、北京、陕西、山东、江苏、浙江、湖南、四川、广东、云南；俄罗斯、朝鲜、韩国、日本。

（14）刺槐外斑尺蛾 *Ectropis excellens* (Butler, 1884)（图版 XXI：2）

形态特征：翅展 32～51 mm。头顶和触角灰色，雄性触角双栉齿形，雌性触角丝状；下唇须灰褐色。胸部棕灰色，领片棕色；后胸末端具有棕褐色毛簇。腹部灰色，掺杂灰黄色。前翅灰色；基线隐约可见棕褐色小点斑；内横线棕褐色弧形弯曲，前缘、中室前后缘和后缘色深；中横线褐色，前部 1/3 较明显，其余模糊；外横线为棕褐色至黑褐色内斜线，在翅脉上小点斑较明显；亚缘线浅灰色至灰白色，波浪形弯曲；外缘线由黑褐色点斑组成；外缘线区和前缘区烟褐色明显。后翅底色同前翅底色；内、外横线不显；外横线淡棕褐色，翅脉上具极小角状外突；亚缘线浅灰色或较底色淡，波浪形弯曲；外缘线由黑褐色点斑组成；外缘线区烟褐色明显。

分布：黑龙江、吉林、辽宁、北京、河南、山东、广东、四川、台湾；俄罗斯、朝鲜、韩国、日本。

寄主：刺槐、榆、杨、柳、栎、苹果、梨、花生、绿豆等。

（15）尘尺蛾 *Hypomecis punctinalis* (Scopoli, 1763)（图版 XXI：3）

形态特征：翅展 45～50 mm。头顶灰褐色，散布青色；下唇须黑褐色至灰褐色；雄性触角灰褐色、双栉齿形，雌性触角丝状。胸部灰褐色，散布棕色；领片后缘黑色；翅基片棕色较浓，中央具棕红色至暗褐色毛簇。腹部灰褐色，各节具有黑色毛簇。前翅灰褐色，散布棕红色；内横线外向弧形弯曲，前、后缘黑色明显，其余部分棕红色；中横线前缘为黑色长方形斑块，其后在中室前、后缘和后缘区明显可见，其余部分棕褐色；外横线黑色，在各翅脉上齿状外突，后缘区为内向弧形，外侧伴衬棕红色至棕褐色；亚缘线双线，前半部黑色，后半部棕褐色，双线间灰色，前半部在翅脉上呈外向齿状小突起；外缘线由翅脉间的黑色点斑组成；肾状纹具有黑色外框，中央青白色。后翅底色同前翅底色；中横线棕褐色，晕状，后缘上黑色斑明显；新月纹为具有黑色边框的眼斑，中央青白色；外横线黑色，在翅脉上呈锯齿状，外侧伴衬棕红色；亚缘线棕褐色至棕红色，与外横线平行；外缘线黑色，翅脉间具黑色点斑；外缘在翅脉间凹陷，呈波浪形。

分布：黑龙江、吉林、辽宁、内蒙古、北京、山东、安徽、福建、浙江、湖北、湖南、广西、四川、贵州；俄罗斯、朝鲜、韩国、日本。

寄主：柳、栎、板栗、樟、杨、苹果。

（16）掌尺蛾 *Amraica superans* (Butler, 1878)（图版 XXI：4）

形态特征：翅展 44～77 mm。个体变化较大。头顶灰白色；触角灰色至青灰色，雄性双栉齿形，雌性丝状；下唇须灰褐色。胸部灰褐色；领片后缘和翅基片外缘棕色。腹部灰色，前半部棕褐色较深。前翅青灰色至暗灰色，散布棕红色和黑褐色；内横线黑色，在中室后半部明显；中横线模糊，有些个体隐约可见；外横线在 M_1 脉前、后缘黑色，其余部分浅灰色，在翅脉上隐约可见小纵斑；亚缘线灰白色，波浪形弯曲，中部多模糊；外缘线由翅脉间的褐色至黑褐色点斑组成；内横线区后半部和其外侧的后缘、外横线外侧后缘上、顶角前缘侧棕红色明显可见；肾状纹为烟褐色晕斑。后翅底色同前翅底色；内横线烟黑色；新月纹为烟黑色晕状眼斑；中横线多模糊，仅在后缘可见黑色条斑，其外侧伴衬棕褐色块斑；外横线多模糊不显，也有隐约可见的个体；亚缘线灰白色，翅脉上内凸呈角状；外缘齿状，散布棕色。

分布：黑龙江、吉林、辽宁、北京、河北、河南、甘肃、陕西、山西、山东、安徽、江苏、上海、福建、浙江、湖北、湖南、四川、重庆、贵州、云南、台湾；俄罗斯、朝鲜、韩国、日本。

寄主：大叶黄杨、卫矛。

（17）焦边尺蛾 *Bizia aexaria* Walker, 1860（图版 XXI：5）

形态特征：翅展 37～45 mm。头、胸、腹部黄色。前翅黄色至枯黄色；前缘散布焦褐色；内横线在前缘呈焦褐色至黑褐色点斑，其后蛋黄色，内斜；内横线仅在前缘呈焦褐色至黑褐色点斑；外横线在前缘呈焦褐色至黑褐色点斑，其后蛋黄色，与内横线近似平行；亚缘线仅在 M_1 脉、M 脉 3、Cu_1 脉上略显小点斑；顶角尖锐；外缘区焦褐色。肾状纹为淡黄色小圆斑。后翅底色同前翅底色，中横线灰黄色；外缘锯齿形。

分布：黑龙江、吉林、辽宁、北京、河北、山东、湖北、福建；朝鲜、韩国、日本。

寄主：桑树。

7.12　蚕蛾科 Bombycidae

（1）野蚕蛾 *Bombyx mandarina* (Moore, 1872)（图版 XXI：6）

形态特征：翅展 26～38 mm。头部短小，头顶棕灰色；下唇须灰褐色；触角双栉齿形。胸部棕灰色。腹部较胸部色深。前翅棕灰色至灰白色；内横线棕褐色，由前缘外斜至 Cu_2 脉后弧形内斜至后缘；中横线与内横线近似平行；外横线为棕褐色内斜双线，内侧线清晰，外侧线晕状；亚缘线为纤细的棕褐色细线，M_3 脉至 Cu_2 脉间外凸明显，M_3 脉前的外侧伴衬灰白色；外缘顶角至 M_3 脉内凹，致顶角呈弯钩状；外缘区 Cu_1 脉前暗褐色明显；肾状纹为棕褐色的月牙形眼斑。后翅暗棕褐色，由前向后渐浅；外横线灰色，较模糊；后缘黑色，中部具有一弧形白条斑。

分布：黑龙江、吉林、辽宁、内蒙古、北京、河北、河南、甘肃、陕西、山西、山东、安徽、江苏、浙江、湖北、湖南、江西、广东、广西、云南、西藏、台湾；朝鲜、韩国、日本。

寄主：桑树。

（2）黄波花蚕蛾 *Oberthueria caeca* Oberthür, 1880（图版 XXII：1）

形态特征：翅展 38～45 mm。头部较小，头顶棕红色；下唇须棕褐色；腹部灰白色；触角棕色至棕褐色。胸部密布棕红色长鳞毛；后胸后缘黑色。腹部灰黄色，背板密布黑色至黑褐色。前翅棕黄色至黄褐色，散布黑色；内横线黑色，波浪形弯曲，中室后缘至后缘可见；中横线不显；外横线黑色，波浪形弯曲，在翅脉上齿状外伸；亚缘线黑色，由前缘外斜至 M_1 脉后内斜至后缘，外侧伴衬棕灰色细线，M_1 脉至 Cu_1 脉间具有烟黑褐色块斑；顶角外向延伸，Cu_1 脉角突状外伸在外缘呈弧形凹陷，致顶角呈弯钩状；外缘区在 M_1 脉至 Cu_2 脉间为暗棕褐色块斑；环状纹呈一黑色条斑；肾状纹外框为黑色，中央为红色的圆点斑。后翅底色同前翅底色；中横线黑色，波浪形弯曲；外横线由黑色点斑组成，外侧伴衬棕黄色，M_3 脉至后缘伴衬黑色点斑；Cu_1 脉端在外缘角状突起明显；外缘区大半部棕黄色至棕红色；后缘区底色为灰黄色，密布黑色鳞片。

分布：黑龙江、吉林、辽宁、北京、河北、甘肃、陕西、山东、福建、四川、云南；俄罗斯、朝鲜、韩国。

寄主：鸡爪枫。

7.13　大蚕蛾科 Saturniidae

（1）　绿尾大蚕蛾 *Actias ningpoana* C. Felder et R. Felder, 1862（图版 XXI：7）

形态特征：翅展 115～126 mm。头顶白色至乳白色；下唇须白色；触角黄绿色，羽毛状。胸部乳白色；翅基片中部具有红褐色横带。腹部白色至乳白色，粗壮。前翅淡绿色，前缘红褐色，翅脉棕绿色；外横线和亚缘线为淡灰褐色平行的内斜线；外缘线黄绿色；外缘翅脉端略外凸，略小波浪形；肾状纹为圆斑，内侧黑色月牙形，其外侧伴衬纤细白色，外半部黄绿色。后翅底色同前翅，基半部白色更浓；亚缘线为淡灰褐色内斜线；新月纹同前翅的肾状纹；外缘线同前翅的外缘线；外缘 M_3 脉至后缘狭长延伸成长尾突，近末端后缘有褶皱。

分布：黑龙江、吉林、辽宁、北京、河北、河南、甘肃、陕西、山东、江苏、福建、浙江、湖北、湖南、江西、广东、海南、四川、云南、西藏、台湾、香港；俄罗斯。

寄主：柳、枫杨、栗、火炬树、核桃、苹果、梨等。

（2）　银杏大蚕蛾 *Caligula japonica* (Moore, 1862)（图版 XXII：2）

形态特征：翅展 90～150 mm。头顶灰褐色至棕褐色；下唇须褐色；触角黄褐色，雄性羽毛状、雌性栉齿形。胸部棕褐色至灰褐色；领片棕灰色，后缘紫褐色。腹部棕灰色至紫褐色，节间色深。前翅棕褐色至棕黄色；内横线棕红色弧形弯曲地内斜；外横线棕红色弧形弯曲地内斜，在后缘近内横线；亚缘线为齿状波浪形双线，在翅脉上内凹，翅脉间外凸，有些个体均为黑色，有些个体外侧线黑色、内侧线棕红色；外缘线棕褐色至棕黄色，内侧伴有白色至灰白色；肾状纹外框黑褐色至黑色，中央烟黑色和青白色相间；顶角斑为黑白相间的不规则形状，因个体不同形状多样；内横线至基部密布棕黄色至棕灰色长鳞片；外横线区较底色色亮；亚缘线区棕褐色较深。后翅底色同前翅底色；中横线黑色，在翅脉端内凹可见；亚缘线为灰色双线，波浪形弯曲；外缘线褐色，内侧伴衬灰白色，近臀角具有黑白相间的条斑；新月纹为同肾状纹，但通常新月纹为肾状纹 2 倍大，且圆形眼斑，由外至内依次为黑、绿、黑、白相间。中横线至亚缘线间棕红色浓厚。

分布：黑龙江、吉林、辽宁、河北、陕西、山东、湖北、湖南、江西、广东、广西、海南、四川、贵州、台湾；俄罗斯、朝鲜、韩国、日本。

寄主：银杏、栗、麻栗、柳、樟、胡桃、楸、榛、蒙古栎、李、梨、桑、苹果、红瑞木、野漆、柿、白杨、赤松、刺楸、千丈树等植物。

（3）　曲线透目大蚕蛾 *Rhodinia jankowskii* (Oberthür, 1880)（图版 XXII：3）

形态特征：翅长 40～43 mm。头黄褐色；触角棕黄色，雄性长双栉形，雌性栉齿形；颈板及肩板棕褐色，胸部及腹部色黄色。前翅灰褐色，外缘直，翅基部黄色，内线棕色弯曲，外线紫粉较细，亚外线长齿形，外缘灰褐色，亚外缘线与外缘间呈扭曲的黄带；中室端有一弯曲的透明斑，斑的外围镶有锈红色细边；后翅灰褐色，翅基有黄色长绒毛，内线黄色弯曲，外线紫粉色弧形，外缘有污黄色波浪形线纹，中室端的透明斑呈元宝形，外围有白色及锈红色镶边。前、后翅反面的颜色均为黄褐色，翅基部锈红色，内线不显，外线模糊不清，亚外缘线至外缘间为黄色宽带；中室透明斑，前、后翅均元宝形，而且前翅斑大于后翅斑，斑的外围镶有黄色宽边。

分布：黑龙江、辽宁。

寄主：青冈树、悬铃木。

7.14　枯叶蛾科 Lasiocampidae

（1）杨褐枯叶蛾 *Gastropacha populifolia angustipennis* **(Walker, 1855)**（图版 XXII：4）

形态特征：翅展雌性 54～96 mm、雄性 38～63 mm。头顶棕灰色至灰黄色；下唇须黄褐色；触角灰黄色。前翅黄褐色至灰黄色；后缘短；外缘弧形波状较长；内横线为淡褐色双线，呈弧状波状纹；外横线为淡褐色双线，呈弧状波状纹，前缘的略宽；亚缘线淡褐色至烟黑色，不连续的断裂；肾状纹为深褐色点。后翅底色同前翅底色；外横线为淡褐色至烟黑色双线，外侧线不明显；亚缘线仅在前、后缘明显；外缘波浪形锯齿状。

分布：黑龙江、吉林、辽宁、内蒙古、北京、河北、河南、青海、甘肃、陕西、山西、山东、安徽、江苏、浙江、湖北、湖南、江西、广西、四川、云南；俄罗斯远东地区、朝鲜、韩国、日本，欧洲。

寄主：杨、旱柳、苹果、梨、桃、樱桃、李、杏、栎、柏、核桃等。

（2）北李褐枯叶蛾 *Gastropacha quercifolia cerridifolia* **Felder et Felder, 1862**（图版 XXII：5）

形态特征：翅展雌性 50～92 mm、雄性 40～68 mm，个体变异较大。头顶棕黄色至橙黄色；触角双栉状；下唇须黑蓝色。胸、腹部棕红色至橙黄色。前翅黄褐色、褐色、赤褐色等；内横线波浪形弯曲，紫褐色至棕红色；外横线同内横线，但内斜强烈；亚缘线近似外横线，紫红色至棕褐色，近后缘靠近外横线；外缘波浪线锯齿状；前缘多暗棕红色，基部密布棕红色至棕黄色长鳞片；外缘区鳞片短，多数色略淡。后翅近似前翅，基半部橙黄色至棕红色；外横线和亚缘线棕红色，前半部明显；外缘线区粉红色至灰红色。

分布：黑龙江、吉林、辽宁、内蒙古、北京、河北、河南、新疆、青海、宁夏、甘肃、山西、山东、安徽、湖北、云南；俄罗斯、朝鲜、韩国、日本。

寄主：杨、柳、核桃、梨、桃、苹果、花红、李、梅等。

（3）落叶松毛虫 *Dendrolimus superans* (Butler, 1877)（图版 XXII：6）

形态特征：翅展 69～110 mm。成虫体色变化较大，由灰白色到棕褐色。前翅外缘倾斜度较小，中横线与外横线深褐色的间隔距离较外横线与亚外缘线的间隔距离为阔；外横线呈锯齿状，亚缘线由 8～9 个黑斑组成，排列成"3"字形，内侧色较浅。

分布：黑龙江、吉林、辽宁、内蒙古、北京、河北、山东、新疆；俄罗斯、朝鲜、韩国、日本。

寄主：红松、兴安落叶松、黄花落叶松、臭冷杉、红皮云杉、长白鱼鳞松、樟子松。

（4）黄褐幕枯叶蛾 *Malacosoma neustria testacea* (Motschulsky, [1861])（图版 XXII：7、图版 XXIII 1）

形态特征：翅展雌性 29～39 mm、雄性 24～32 mm。雌雄异型。雄性头部和触角灰黄色至黄褐色，后者栉支色深；下唇须黄褐色至褐色。胸部灰黄色至黄褐色；领片色深，翅基片色略浅；中央棕褐色较深。腹部棕褐色。前翅黄褐色至灰黄色，中横线棕褐色至棕红色，中室后外突较明显；外横线棕褐色至棕红色，Cu_1 脉略内凹；外缘线纤细，棕色；饰毛 R_5 脉和 M_1 脉间、M_3 脉和 Cu_1 脉间及 Cu_2 脉处棕褐色至深褐色明显，其余部分黄灰色至黄色；外缘线区棕褐色较深。后翅底色同前翅底色；中横线烟褐色，具晕状纹；饰毛多棕褐色至褐色。雌性与雄性基本上相似，但是前翅外横线区密布棕褐色至灰褐色，呈一宽带；饰毛多棕灰色。后翅基半部棕褐色至灰褐色。

分布：黑龙江、吉林、辽宁、内蒙古、北京、河北、河南、青海、甘肃、陕西、山西、山东、安徽、江苏、浙江、湖北、湖南、江西、四川、台湾；俄罗斯、朝鲜、韩国、日本。

寄主：山楂、苹果、梨、杏、李、桃、海棠、樱桃、花红、杨、柳、梅、榆、栎类、落叶松、黄檗、核桃等。

7.15　天蛾科 Sphingidae

（1）松天蛾 *Hyloicus morio* (Rothschild & Jordan, 1903)（图版 XXIII：2）

形态特征：翅展 64～69 mm。头顶青灰色至青白色；下唇须灰褐色；触角青白色，雄性的较雌性的粗壮。胸部青灰色至青白色，散布黑褐色；领片后缘黑色；翅基片外缘烟黑色。腹部黑褐色，中央具有黑色纵纹；各节密布青白色，节间黑色。前翅黑褐色，散布青白色至灰白色，基半部较浓；外横线黑褐色至黑色，由前缘弧形弯曲至后缘近基部，翅脉上色更深；亚基线为淡棕褐色宽带，在后翅与中横线相交；外缘线仅在顶角区可见黑色内斜线段；亚基线黑色。后翅暗褐色，较前翅色淡，无明显斑纹。

分布：黑龙江、吉林、辽宁、山东；俄罗斯、朝鲜、韩国、日本。

寄主：樟子松、红松、云杉、冷杉。

(2) 红节天蛾 *Sphinx ligustri amurensis* Oberthur, 1886（图版 XXIII：3）

形态特征：翅展 79～95 mm。头和胸部黑色，有些个体在中后胸散布青白色。腹部青灰色至棕灰色，中央具有一细纵线，各节红色，节间黑色。前翅灰黑色；各横线仅在后半部隐约可见；亚缘线相对明显；翅基部沿中室向外至顶角呈灰白色至灰色纵带。后翅黑色，基部和外缘区深红灰色；外横线红灰色。

分布：黑龙江、吉林、辽宁、北京、河北、河南、山东、新疆、陕西；朝鲜、韩国、日本，欧洲。

寄主：水蜡树、丁香、白蜡树、山梅、女贞等。

(3) 绒星天蛾 *Dolbina tancrei* Staudinger, 1887（图版 XXIII：4）

形态特征：翅展 50～80 mm。个体变异较大。头顶灰白色至灰褐色；下唇须褐色至灰褐色。前翅烟褐色至黑褐色；内横线烟黑色，波浪形，较模糊；中横线黑色，在翅脉上具有外凸；外横线为黑色双线，波浪形弯曲，外侧线较内侧线色淡，Cu_1 脉和 Cu_2 脉间的内伸斑明显；亚缘线为双线，内侧线多烟黑色至烟灰色，外侧线多灰白色，波浪形弯曲；外缘区在翅脉上具有纵条斑；肾状纹仅为一白的圆点斑；翅基部有些个体散布棕绿色，由内向外色淡。后翅烟褐色至烟黑色，由内至外渐深；臀角区色淡。

分布：黑龙江、吉林、辽宁、北京、山东、河北；俄罗斯、朝鲜、韩国、日本。

寄主：女贞、榛、白蜡。

(4) 核桃鹰翅天蛾 *Ambulyx schauffelbergeri* (Bremer & Grey, 1853)（图版 XXIII：5）

形态特征：翅展 88～94 mm。头顶灰白色，额棕灰色；下唇须棕灰色至灰白色；触角棕色。胸部青灰色至灰色；领片后缘色深；翅基片具有深棕褐色条斑；中胸两侧具有深棕褐色斑，与后胸相连的二斑形成"U"形。腹部青灰色至灰色，末端两侧具有小三角形褐色毛簇，中央具有黑色毛簇。前翅棕灰色，基斑黑色；内横线在前缘和 2A 脉后呈深棕褐色圆斑，中间有灰色细线相连；中横线为烟褐色至烟黑色双线，在中室后角处向外角状突起明显；外横线为棕褐色宽带，在后缘可见黑褐色块斑；亚缘线棕色，由顶角弧形弯曲至臀角；顶角钩状；外缘线区深棕褐色；肾状纹仅显一小点斑。后翅底色较前翅底色淡；中横线为棕褐色外斜线；外横线由棕褐色散布的斑列组成，近后缘与中横线相连；亚缘线棕褐色，近后缘黑色；外缘线区具棕褐色条带；外缘略齿状，近后缘凹陷明显。

分布：黑龙江、吉林、辽宁、北京、河南、甘肃、山东、浙江、福建、湖南、广西、四川、云南；朝鲜、韩国、日本。

寄主：枫杨、核桃、栎树。

(5) 豆天蛾 *Clanis bilineata* (Walker, 1866)（图版 XXIII：6）

形态特征：翅展 94～106 mm。个体间色泽变异较大。头顶棕灰色，中央具有黑色纵线；下唇须棕色至褐色；触角棕黄色。胸部棕灰色至棕黄色；中央具有一纵线。腹部棕灰色至棕黄色；末端棕褐色。前翅棕灰色至棕褐色；内横线棕绿色至棕色，波浪形弯曲地外斜；中横线棕绿色至棕色弧形内斜的双线，波浪形弯曲；外横线为棕绿色双线；顶角尖锐，前缘区可见具黑色端纹的三角斑；中室端部具有外向弯曲的弧形淡黄色斜斑。后翅底色红色至红褐色；中室后缘具有黑色浓斜斑；后缘和臀角灰黄色。

分布：除西藏外的全国各地；朝鲜、韩国、日本、印度。

寄主：大豆、洋槐、刺槐、藤萝、苪属及黎豆属植物。

（6）栗六点天蛾 *Marumba sperchius* (Ménétriés, 1857)（图版 XXIII：7）

形态特征：翅展 95～110 mm。个体间色泽变异较大。头顶灰色至棕灰色，中央具有棕褐色纵线；下唇须棕色至褐色；触角棕色至棕黄色。胸部棕灰色，中央具有一棕褐色纵线。腹部棕灰色，中央具有棕褐色纵条纹。前翅棕灰色至深棕色；内横线为棕褐色双线，且远离，内侧线平直，外侧线略弯曲；中横线为棕褐色双线；外侧线较粗，与内侧线相近，有些个体显示成内斜宽条带；外横线为棕褐色双线，合并成宽条形；亚缘线为棕褐色细双线，在 2A 脉上外凸角形明显，且近似平行；外侧线前半部外侧伴衬纤细淡棕灰色条；外缘线区 M_2 脉至 Cu_1 脉间暗棕褐色；肾状纹仅显一黑色点斑；臀角区散布青白色，在 Cu_2 脉和后缘具有暗棕褐色点斑，前圆后细；顶角尖锐且弯曲；外缘锯齿状。后翅底色棕褐色，散布红色，基半部后面密布烟黑色纵条斑；外横线淡棕红色，较模糊；臀角区灰色，Cu_2 脉和臀角具有暗棕红色椭圆形斑，外缘缓波浪形。

分布：黑龙江、吉林、辽宁、北京、河北、河南、陕西、山东、福建、浙江、湖北、湖南、广东、广西、海南、台湾；俄罗斯、朝鲜、韩国、日本、印度，东南亚。

寄主：栗、栎、核桃、槠树。

（7）枣桃六点天蛾 *Marumba gaschkewitschi* (Bremer & Grey, [1852])（图版 XXIII：8）

形态特征：翅展 77～86 mm。个体间色泽变异较大。头顶灰色至棕灰色；下唇须棕色；触角棕色至棕黄色。胸部棕灰色，中央具一棕褐色纵线，在后胸变宽。腹部棕灰色，中央散布棕褐色鳞毛。前翅棕灰色至深棕色；内横线为棕褐色双线，在中室后缘内凹可见；中横线为棕褐色双线，外侧线较深，内侧线较淡，内斜至后缘与内横线相交；外横线为棕褐色双线；内侧线明显，外侧线较淡，且晕染状；亚缘线为棕褐色至棕黑色细双线；内侧线在 Cu_1 脉后外向突角形明显，外侧线弧形弯曲；外缘线在顶角至 M_3 脉间呈暗棕褐色；臀角区在 Cu_2 脉前和后缘具有黑色小圆斑和细条斑；顶角弯曲；外缘锯齿状，近臀角色深。后翅底色棕褐色，散布红色；外横线淡棕红色，较模糊；臀角区色较淡，具有 2 个紧邻的黑色块斑，外缘缓波浪形。

分布：黑龙江、吉林、辽宁、内蒙古、北京、河北、河南、山西、山东、福建、湖南、广东、广西、海南、台湾；俄罗斯、蒙古、朝鲜、韩国、日本、印度。

寄主：栗、栎、核桃、槠树。

（8）榆绿天蛾 *Callambulyx tatarinovi* (Bremer & Grey, 1853)（图版 XXIV：1）

形态特征：翅展 62～81 mm。头顶褐绿色；下唇须褐色；触角棕色至棕黄色。胸部灰绿色；领片后缘黑色，其余部分绿色；前、中胸具有褐绿色倒三角形斑；后胸具有横向的褐绿色横斑。腹部灰绿色，节间灰白色。前翅绿色至深绿色；内横线为褐色细线，近后缘内向弯折强烈；中横线为黑色条带，由前缘外斜至近 2A 脉，再强内弯折至后缘近内横线，弯折内侧伴衬灰白色；外横线为墨绿色条带，在中部内凹明显；亚缘线淡绿色，与外横线近似平行；顶角区具内斜的灰白色条斑，在近 M_1 脉处与亚缘线相连，并围成三角形斑；外缘 M_1 脉至 Cu_2 脉间略外凸；臀角区亚缘线外侧伴衬黑色条斑；后缘中部散布红色。后翅底色红色，后缘褶脉黑色，其后侧灰色；亚缘线前半部暗红色，后半部逐渐变黑色。

分布：黑龙江、吉林、辽宁、内蒙古、北京、河北、河南、新疆、宁夏、甘肃、陕西、山西、山东、上海、浙江、福建、湖北、湖南、江西、四川、西藏；俄罗斯、蒙古、朝鲜、韩国、日本。

寄主：榆、刺榆、柳。

（9）蓝目天蛾 *Smerinthus planus* Walker, 1856（图版 XXIV：2）

形态特征：翅展 75 ~ 80 mm。头顶灰色；下唇须褐色；触角灰黄色。胸部灰色，中央具有棕褐色宽条斑。腹部棕灰色。前翅灰色至灰褐色；内横线褐色，在中室前缘外凸明显；中横线为黑色条带，在 2A 脉附近断裂宽；外横线褐色，在 2A 脉附近断裂中等；亚缘线为棕绿色双线，在 2A 脉附近断裂窄；外缘区在顶角至 Cu_1 脉间暗棕褐色；中横线至亚缘线内侧线间深棕褐色明显；前缘区色淡；2A 脉在亚缘线处呈黑色条斑；肾状纹灰黄色。后翅底色灰色至灰褐色，中后部具有一黑色外框，内部散布白色的眼斑；眼斑前红色；外缘线黑色。

分布：国内广泛分布；俄罗斯、朝鲜、韩国、日本。

寄主：柳、杨、桃、樱桃、苹果、花红、海棠、梅、李。

（10）盾天蛾 *Phyllosphingia dissimilis* (Bremer, 1861)（图版 XXIV：3）

形态特征：翅展 96 ~ 118 mm。头顶灰褐色至黑褐色，中央具有一黑条纹；下唇须黑褐色；触角青黑色。胸部褐色，领片和胸部中央具有黑色条纹。腹部暗褐色，中央具有黑色细条纹，节间可见黑色鳞毛。前翅灰褐色，前缘和外缘散布紫色；内横线为双线，内侧线灰褐色，外向弧形弯曲，外侧线黑色仅外斜至 Cu_2 脉；中横线为黑色双线，外斜伴衬青白色，内斜至 Cu_2 脉，后部黑色浓，且合并后与内横线的外侧线相交；外横线为褐色双线；亚缘线褐色，波浪形弯曲，内侧伴衬青白色至紫白色；外横线外侧线外缘翅脉间伴衬深黑色，外缘波浪线齿状。后翅底色灰褐色；内、中、外横线深褐色，近似平行；外横线外侧散布青紫色；基部和臀角区色深。

分布：黑龙江、吉林、辽宁、内蒙古、北京、河北、河南、青海、山西、山东、浙江、福建、湖北、湖南、江西、广东、广西、海南、贵州；俄罗斯、朝鲜、韩国、日本。

寄主：核桃、山核桃、柳。

（11）黄脉天蛾 *Laothoe amurensis* (Staudinger, 1892)（图版 XXIV：4）

形态特征：翅长 40~45 mm。体翅灰褐色；翅上斑纹不明显，内横线、外横线棕黑色波状，外缘自顶角到中部有棕黑色斑，翅脉被黄褐色鳞毛，较明显；外缘线为波浪线，顶角突出明显，其后外缘凹陷较大；臀角突出，其后缘凹陷明显。后翅颜色与前翅的相同，横脉黄褐色明显；顶角突出，前缘近顶角凹陷，外缘近顶角具有一凹齿，其后略呈齿状。

分布：东北、华北、西北、西南；俄罗斯、朝鲜、韩国、日本。

寄主：马氏杨、小叶杨、山杨、桦树、椴树。

（12）葡萄昼天蛾 *Sphecodina caudata* (Bremer & Grey, 1853)（图版 XXIV：5）

形态特征：翅展 62～67 mm。头顶、下唇须棕褐色；触角棕黄色。胸部黑褐色，散布粉红色；领片前、后缘黑色；翅基片和后胸后缘密布深红色。腹部黑褐色，散布红色和粉红色，节间灰色。前翅红褐色至黑褐色；内横线为黑色双线，后半部较明显；中横线黑色，与内横线近似平行；外横线为黑色双线，在 M_3 脉处内弯明显；亚缘线黑色，较粗，与外横线近似平行；臀角尖锐角突。后翅底色大部分黄色；翅脉和外缘区黑色；2A 脉在外缘外凸明显；在臀角区可见外横线的黑色条斑，根据个体不同差异较大。

分布：黑龙江、吉林、辽宁、北京、河北、河南、山东、湖北、广东、贵州；俄罗斯、朝鲜、韩国。

寄主：葡萄、山葡萄、爬山虎。

（13）葡萄天蛾 *Ampelophaga rubiginosa* Bremer & Grey, 1853（图版 XXIV：6）

形态特征：翅展 84～88 mm。头顶棕褐色，中央和两侧具有白色纵纹；下唇须棕褐色；触角棕灰色。胸部金褐色至褐绿色，中央和两侧具有白色纵纹；翅基片烟黑色。腹部较胸部色淡，节间白色。前翅棕褐色至棕色，基部灰白色，散布烟黑色；内横线暗棕褐色；中横线较内横线粗，平行；外横线为暗棕褐色双线；内侧线粗壮，外侧线纤细；亚缘线烟黑色，在顶角至 M_1 脉内斜，其余部分仅在翅脉上略显；顶角尖锐，前缘区棕褐色，具角形斑。后翅底色黑褐色，外缘区和前缘区粉灰色，外缘在 2A 脉前内凹明显。

分布：黑龙江、吉林、辽宁、北京、河北、河南、宁夏、山西、山东、安徽、江苏、浙江、湖北、湖南、江西、广东、四川、云南、台湾；俄罗斯、朝鲜、韩国、日本、尼泊尔、印度。

寄主：葡萄、山葡萄、爬山虎、黄荆、乌蔹莓。

（14）红天蛾 *Deilephila elpenor* (Linnaeus, 1758)（图版 XXIV：7）

形态特征：翅展 57～63 mm。头顶棕黄色；下唇须棕褐色；触角灰色。胸部大部粉红色；领片棕黄色；翅基片具有 2 条棕黄色纵纹。腹部粉灰色，中央具有 2 条棕黄色纵纹；节间棕黄色。前翅粉灰色至淡红色；基部灰白色，散布烟黑色；外横线为棕绿色至棕黄色粗线；亚缘线棕绿色至棕黄色，前细后粗，基部至近顶角密布棕绿色至棕黄色鳞片；后缘灰白色。后翅基半部黑褐色，外半部粉红色至红色，外缘在 2A 脉前内凹明显。

分布：黑龙江、吉林、辽宁、北京、河北、河南、新疆、青海、山东、江苏、福建、浙江、江西、四川、云南、西藏、台湾；俄罗斯远东地区、朝鲜、韩国、日本，中亚至欧洲。

寄主：凤仙花、千屈草、蓬子菜、柳兰、葡萄、茜草、忍冬。

（15）雀纹天蛾 *Theretra japonica* **(Boisduval, 1869)**（图版 XXIV：8）

形态特征：翅展 57～63 mm。头顶棕褐色，两侧具有白色纵纹；下唇须棕褐色；触角黄灰色。胸部棕褐色，两侧具有 2 条白色纵纹，中央具有棕灰色纵纹。腹部中央具有棕灰色纵纹，两侧金黄色至金灰色。前翅棕褐色；外横线暗棕褐色，由前缘近顶角内斜至后缘近中部，后部外侧伴衬白色；亚缘线为暗棕褐色双线，在顶角合并，其外侧伴衬一棕色斜线；外横线和亚缘线间棕黄色明显；肾状纹为一黑色小点斑，外缘外半部略内凹。后翅大部分暗褐色，后缘棕黄色；亚缘线为暗褐色细线，前大半部明显。

分布：全国广布种；俄罗斯、朝鲜、韩国、日本。

寄主：葡萄、山葡萄、常春藤、白粉藤、爬山虎、虎耳草、绣球花。

（16）白肩天蛾 *Rhagastis mongoliana* **(Butler, 1875)**（图版 XXV：1）

形态特征：翅展 47～62 mm。头顶暗棕褐色，两侧具有白色纵纹；下唇须棕褐色；触角灰色。胸部暗棕褐色，散布黑色，两侧具有 2 条白色纵纹；后胸两侧具有橙黄色至棕黄色小毛簇。腹部灰色，中央具有 2 列黑褐色斑点列。前翅暗棕褐色，由内向外渐淡，散布黑色；内横线为黑色双线；中横线在前缘区可见棕色斑；外横线为黑色纤细三线，在翅脉上较明显，在 M_1 脉和 M_2 脉间黑褐色点斑明显，在臀角区黑斑明显；亚缘线仅在顶角呈一小内斜的黑色条斑；外缘线由黑色点斑组成，基部具有一外斜的短白色纵条纹。后翅暗棕褐色；外横线后半部棕黄色明显；后缘区灰色；外缘 Cu_2 和 2A 脉间内凹；饰毛颜色为褐色与白色相间。

分布：黑龙江、吉林、辽宁、北京、河北、青海、山西、山东、安徽、上海、浙江、湖北、湖南、江西、广东、广西、海南、四川、贵州、台湾；朝鲜、韩国、日本、蒙古。

寄主：葡萄、乌蔹莓、凤仙花、虎刺、绣球花。

（17）深色白眉天蛾 *Hyles gallii* **(Rottemburg, 1775)**（图版 XXV：2）

形态特征：翅长 35～43 mm。体翅墨绿色，头及肩板两侧有白色绒毛；触角棕黑色，端部灰白色。胸部背面褐绿色。腹部背面两侧有黑白色斑，腹部腹面墨绿色，节间白色。前翅前缘墨绿色，翅基有白色鳞毛，自顶角至后缘接近基部有污黄色斜带，亚外缘线至外缘呈灰褐色带；后翅基部黑色，中部有污黄色横带，横带外侧黑色，外缘线黄褐色，缘毛黄色，后角内有白斑，斑的内侧有暗红色斑；前、后翅反面灰褐色，前翅中室、后翅中部横线及后角呈黑色，翅中部有污黄色近长三角形大斑。

分布：黑龙江、吉林、内蒙古、北京、河北；俄罗斯远东地区、朝鲜、韩国、日本、印度，欧洲。

寄主：耳叶大戟。

7.16　舟蛾科 Notodontidae

（1）黄二星舟蛾 *Euhampsonia cristata* (Butler, 1877)（图版 XXV：3）

形态特征：翅展 70～82 mm。个体色泽变异较大。头顶白色，下唇须黄白色，触角棕黄色。胸部灰黄色至棕黄色，中央具有橙色块斑；领片后缘橙色。腹部橙黄色，第一至三节具白色小毛簇。前翅棕黄色至灰黄色；内横线不显；中横线深橙色，略平直地外斜；外横线橙色，粗壮，内斜；亚缘线为深橙色内斜的直线；外缘线深橙色，外缘锯齿状；肾状纹为 2 个黄色小点斑。后翅黄色，略带橙色，由前缘至后渐深。

分布：黑龙江、吉林、辽宁、内蒙古、北京、河北、河南、甘肃、陕西、山东、安徽、江苏、浙江、湖北、湖南、江西、海南、四川、云南、台湾；俄罗斯、朝鲜、韩国、日本、老挝、缅甸、泰国。

寄主：蒙古栎。

（2）碧燕尾舟蛾 *Furcula bicuspis* (Borkhausen, 1790)（图版 XXV：4）

形态特征：翅展 36～42 mm。头和颈板灰黄白色。翅基片灰白色，基部有 1 个三角形黑斑。胸部背面黑色，有 2 条赭黄色横纹。腹部背面黑色，每节后缘衬灰白色横线。前翅灰白色；基部有 2 个黑点；亚基线由四五黑点组成，排列拱形；内横带黑色，中间收缩，两侧饰赭黄色纹，带内缘在亚中褶处呈深角形内曲，带外侧有一不清晰的黑线，通常只在前、后缘和 Cu_2 脉基部三点可见；外线黑色，从前缘近翅顶伸至 M_3 脉呈斑形，随后由脉间月牙形线组成，内衬灰白色边，在外线内侧有 2 条黑线组成的锯片状横纹，纹的内侧较直，纹的外齿较小；横脉纹为一黑点；端线由 1 列脉间黑点组成。后翅灰白色，外带模糊、松散，近臀角较暗；横脉纹黑色；端线颜色同前翅颜色。

分布：黑龙江、吉林、北京、陕西、山西；朝鲜、韩国、日本，欧洲、北美。

（3）栎枝背舟蛾 *Harpyia umbrosa* (Staudinger, 1872)（图版 XXV：5）

形态特征：翅展 45～51 mm。头顶黑褐色；下唇须黑色；触角黑褐色。胸部灰色至棕灰色，中央具 2 条黑色纵线。腹部灰色至淡黑灰色，中央具有淡烟黑色纵线。前翅灰色，散布烟黑色；各横线不明显，仅亚缘线为灰白色波浪形细线；翅脉黑色；由基部开始向外至中部具有纵向灰白色区域，其余部分烟黑色或黑褐色。后翅灰白色，前缘烟灰色；臀角具有黑色块斑；饰毛颜色为黑白相间。

分布：黑龙江、北京、山西、山东、江苏、浙江、湖北、湖南、四川、云南、台湾；俄罗斯、朝鲜、韩国、日本。

寄主：日本栗、麻栎、板栗、柞栎。

（4）栎纷舟蛾 *Fentonia ocypete* (Bremer, 1816)（图版 XXV：6）

形态特征：翅展 40～45 mm。个体变异较大。头顶灰色至灰白色；下唇须灰褐色；触角灰褐色。

胸部灰白色至灰色，散布黑色；后胸具有黑色横条斑。腹部棕灰色，中央具有淡黑色纵条或无，个体差异较大。前翅灰褐色至褐色；基部沿中室后缘具棕黑色细纵条；内横线为烟褐色波浪形双线，双线间灰白色；外横线为黑色双线；内侧线前半部较明显，外侧线较明显，外侧伴衬灰白色；亚缘线为烟褐色双线，后半部合并，在近后缘呈棕褐色至棕红色块斑，有些个体呈烟黑色等；外缘线黑色，前淡后浓；外缘线区密布灰白色至青白色；肾状纹棕灰色至灰黄色。后翅浓灰色，臀角具有一明显黑斑，外缘线区较深。

分布：黑龙江、吉林、北京、甘肃、陕西、山西、山东、江苏、浙江、福建、湖北、湖南、江西、广西、四川、重庆、贵州、云南；俄罗斯、朝鲜、韩国、日本。

寄主：日本栗、麻栎、枹树、蒙古栎。

（5）梨威舟蛾 指名亚种 *Wilemanus bidentatus bidentatus* (Wileman, 1911)（图版 XXV：7）

形态特征：翅展 33～36 mm。头顶灰色；下唇须灰褐色；触角基半部灰色，外半部棕色。胸部灰色；领片后缘和翅基片外、后侧黑色。腹部灰色，散布棕色，中央具有淡棕色纵条。前翅灰色至灰白色；内横线深黑色；中横线为黑色双线，后半部较明显；外横线为灰白色双线，波浪形弯曲；亚缘线白色，外向弧形弯曲；内横线至中室端黑色，基部向后延伸到 2A 脉呈方形突，外后端沿 Cu_2 脉外伸至外横线外侧线，再弯折至后缘，且此段色淡；亚缘线和外横线间前缘区具有不规则扁条斑；外缘线黑色，波浪形弯曲；饰毛颜色为烟褐色和灰黄色相间。后翅灰褐色，中横线隐约可见，仅后缘呈黑色，外侧灰白色；外缘线仅臀角区黑色明显。

分布：黑龙江、吉林、辽宁、北京、山西、山东、江苏、浙江、安徽、福建、湖北、湖南、江西、广东、广西、四川、贵州、云南；俄罗斯、朝鲜、韩国、日本。

寄主：梨、苹果。

（6）锈玫舟蛾 *Rosama ornata* (Oberthür, 1884)（图版 XXV：8）

形态特征：翅展 32～38 mm。头顶和触角棕红色。胸部棕红色至橙黄色；领片灰色，后缘黑色。腹部棕灰色。前翅棕黄色至橙黄色，前缘灰色，由基部向外渐淡；中室后缘具有棕黑色条斑；中横线黑色，隐约可见；外横线为黑色双线，内侧线可见，外侧线仅在翅脉上呈点斑；亚缘线 M_1 脉前黑色，其后棕褐色，由翅脉间条斑组成，后缘在中横线处具有三角形毛簇；基半部中室后缘之后散布火红色；顶角区棕红色。后翅深灰色至淡褐色。

分布：黑龙江、辽宁、北京、山东、江苏、上海、浙江、湖北、湖南、广东、台湾；俄罗斯、朝鲜、韩国、日本。

寄主：胡枝子。

（7）苹掌舟蛾 *Phalera flavescens* (Bremer & Grey, 1852)（图版 XXVI：1）

形态特征：翅展 42～56 mm。头顶黄白色；触角灰褐色。胸部黄白色。腹部棕黄色，末端黄白色。

前翅黄白色；基线黑色，小弧形；内横线灰色，小波浪形；中横线为灰色双线，波浪形内斜；外横线在 M_3 脉前灰色，双线间同底色，M_3 脉后黑色，双线间红色，且内侧线大而明显；亚缘线纤，颜色细同底色，后半部可见；内横线内侧、中室后缘具有一黑色块斑，大部分晕状；外缘线区、亚缘线区的翅脉间由前至后黑斑渐大。后翅底色较前翅淡，亚缘线区烟黑色。

分布：黑龙江、吉林、辽宁、北京、河北、河南、甘肃、陕西、山西、山东、上海、江苏、浙江、福建、湖北、湖南、江西、广东、广西、海南、贵州、云南；俄罗斯、朝鲜、韩国、日本、缅甸。

寄主：苹果、杏、梨、桃、海棠、榆叶梅、榆。

（8）榆白边舟蛾 *Nerice davidi* Oberthür, 1881 （图版 XXVI：2）

形态特征：翅展 32~45 mm。头和胸部背面暗褐色，翅基片灰白色。腹部灰褐色。前翅前半部暗灰褐色带棕色，其后方边缘黑色，沿中室下缘纵伸在 Cu_2 脉中央稍下方呈一大齿形曲；后半部灰褐色蒙有一层灰白色，尤以与前半部分界处白色显著；前缘外半部有一灰白色纺锤形影状斑；内、外线黑色，内线只有后半段较可见，并在中室中央下方膨大成一近圆形的斑点；外线锯齿形，只有前、后段可见，前段横过前缘灰白斑中央，后段紧接分界线齿形曲的尖端内侧；外线内侧隐约可见一模糊的暗褐色横带；前缘近翅顶处有 2~3 个黑色小斜点；端线细，暗褐色。后翅灰褐色，具 1 条模糊的暗色外带。

分布：黑龙江、吉林、内蒙古、北京、河北、山东、山西、江苏、江西、陕西、甘肃；朝鲜、韩国、俄罗斯。

寄主：榆树。

（9）角翅舟蛾 *Gonoclostera timoniorum* (Bremer, 1861) （图版 XXVI：3）

形态特征：翅展 25~27 mm。头顶暗棕色；触角灰色，栉支褐色。胸部暗棕色；翅基片外侧黑色。腹部棕灰色。前翅棕灰色；亚基线暗棕色，晕状；内横线棕灰色外斜；中横线暗棕色，晕状；外横线棕灰色；亚基线亮棕色，模糊；外缘 M_2 脉外凸明显；外缘线区散布灰色；Cu_2 脉基部黑色明显；内横线至外横线间前大部分暗棕色。后翅较前翅色淡。

分布：黑龙江、吉林、辽宁、北京、河南、甘肃、陕西、山东、安徽、上海、江苏、浙江、湖北、湖南、江西；俄罗斯、朝鲜、韩国、日本。

寄主：多种柳树。

（10）杨扇舟蛾 *Clostera anachoreta* (Fabricius,1787) （图版 XXVI：4）

形态特征：翅展 31~35 mm。个体间存在色泽差异。头顶灰褐色至灰色；触角黑褐色至褐色。胸部灰褐色至棕灰色，中央和翅基片外侧缘具有黑色纵条。腹部棕灰色至灰褐色，中央具有黑色小毛簇。前翅棕灰色至灰色，亚基线灰白色，外斜；内横线灰白色，外斜，外侧伴衬淡棕褐色至淡青黑色；中横线灰白色，模糊；外横线灰白色，内斜；亚缘线由翅脉间的黑色点斑组成，Cu_1 和 Cu_2 脉间斑纹最大；外缘 Cu_2 脉和顶角间至中室端为止密布棕褐色至青黑色扇形板，其中在外横线外侧伴衬橙黄色点斑列。

后翅灰色至米灰色，中横线淡褐色可见。

分布：除广东、广西、海南和贵州外的各地；朝鲜、韩国、日本、越南、印度尼西亚，欧洲。

寄主：多种杨、柳树。

（11）杨小舟蛾 *Micromelalopha troglodyta* (Graeser, 1890)（图版 XXVI：5）

形态特征：翅展 22 ~ 26 mm。个体间存在色泽差异。头顶灰褐色至深褐色；触角棕褐色。胸部棕褐色，中央具有黑褐色至暗褐色条斑。腹部暗棕褐色。前翅棕褐色；亚基线灰白色，波浪形弯曲；内横线灰白色，在 Cu_2 脉后分叉明显，外侧伴衬暗棕褐色；外横线灰白色，波浪形内斜；亚缘线由翅脉间褐色点斑组成。后翅较前翅色淡，后缘烟黑色；新月纹暗棕色。

分布：黑龙江、吉林、北京、山西、山东、安徽、江苏、浙江、湖北、湖南、江西、四川、云南、西藏；俄罗斯、朝鲜、韩国、日本。

寄主：杨树、柳树。

7.17　毒蛾科 Lymantriidae

（1）丽毒蛾 *Calliteara pudibunda* (Linnaeus, 1758)（图版 XXVI：6）

形态特征：翅展 35 ~ 60 mm。头顶和下唇须灰白色；触角灰白色，栉支黄褐色。胸部灰白色。腹部灰褐色。前翅中横线至基部多灰白色，至外缘灰褐色；内横线褐色，波浪形弯曲；中横线为烟黑色双线；外横线为烟黑色双线，前部明显，后部较淡，模糊，前缘区黑色；亚缘线为烟黑色双线，且不连续的弯曲；环状纹亮白色小圆点斑；肾状纹弧形斜斑。后翅黄色，外缘区散布烟黑色；新月纹烟黑色，为晕斑。

分布：黑龙江、吉林、辽宁、北京、河北、河南、陕西、山东、台湾；俄罗斯、朝鲜、韩国、日本，欧洲。

寄主：桦、鹅耳枥、山毛榉、栎、栗、橡、榛、槭、椴、杨、柳、悬钩子、蔷薇、李、山楂、苹果、梨、樱桃、沙针和多种草本植物。

（2）角斑台毒蛾 *Orgyia recens* (Hübner, 1819)（图版 XXVI：7）

形态特征：翅展 27 ~ 32 mm。头顶和下唇须棕红色；触角白色，栉支黄褐色。胸、腹部灰褐色，散布棕红色。前翅橙黄色至橙色；内横线黑色，模糊，条块状；中横线黑色；外横线黑色，在 M_2 脉处强弯折；亚缘线灰白色，在顶角和臀角区较明显；肾状纹黑色，腰果形。后翅黑色至烟黑色，翅脉黑色。

分布：黑龙江、吉林、辽宁、内蒙古、北京、河北、河南、宁夏、甘肃、陕西、山东、江苏、浙江、湖北、湖南、贵州；朝鲜、韩国、日本，欧洲。

寄主：苹果、梨、桃。

（3）肾毒蛾 *Cifuna locuples* Walker, 1855（图版 XXVI：8）

形态特征：翅展 30 ～ 50 mm。头部棕黄色；触角褐色。胸部棕黄色。腹部淡棕黄色，中央具有一烟黑色纵纹。前翅棕黄色至棕色，基半部深黄色或棕红色；亚缘线棕褐色至棕红色，大波浪形弯曲地内斜；外缘内侧伴衬青白色，有些个体较淡；肾状纹可见。后翅灰黄色至淡黄色；新月纹为褐色晕斑。

分布：黑龙江、吉林、辽宁、内蒙古、北京、河北、河南、青海、宁夏、甘肃、陕西、山西、山东、安徽、江苏、浙江、福建、湖北、湖南、江西、广东、广西、四川、贵州、云南、西藏；俄罗斯、朝鲜、韩国、日本、越南、印度。

寄主：大豆、赤豆、绿豆、芦苇、苜蓿、棉花、紫藤、樱桃、海棠、柿、柳、榉、榆、茶等。

（4）舞毒蛾 *Lymantria dispar* (Linnaeus, 1758)（图版 XXVII：1）

形态特征：翅展 40 ～ 75 mm。雌雄异型。雄性头部棕褐色；触角双栉齿形，棕灰色。胸部棕褐色，翅基片外缘棕红色。腹部棕色，中央具有黑色纵条。前翅褐色；基线黑色弧形；亚基线黑色，波浪形弯曲，近后部不明显；内横线黑色，波浪形弯曲；中横线黑色，与内横线近似平行；外缘线黑色，前缘区明显，其余部分纤细的齿状弯曲，模糊；亚缘线烟黑色，齿状弯曲，较模糊。后翅棕褐色；外缘区色深；中横线黑色，前半部可见，后半部模糊。雌性头、胸、腹部白色，触角黑色丝状。前翅亮白色至灰白色；基半部色略深；基线黑色线段；内横线黑色，前半部明显，后半部较淡；外横线极淡；亚缘线烟褐色至黑色，在翅脉上成角突，有些个体模糊；外缘由翅脉间黑色点斑组成。后翅较前翅色淡；新月纹为烟黑色晕斑；外缘较前翅色淡。

分布：黑龙江、吉林、辽宁、内蒙古、北京、河北、河南、新疆、青海、宁夏、陕西、山西、山东、湖北、湖南；朝鲜、韩国、日本，欧洲。

寄主：栎、槭、椴、鹅耳枥、黄檀、山毛榉、核桃、山杨、柳、桦、榆、鼠李、苹果、樱桃、山楂、柿、桑、红松、樟子松、云杉、水稻、麦类等 500 余种植物。

（5）栎毒蛾 *Lymantria mathura* Moore, 1865（图版 XXVII：2）

形态特征：翅展 45 ～ 80 mm。雌雄异型。雄性头部黑褐色；触角灰褐色，双栉齿形，基部后端有橙黄色毛簇。胸部领片黑褐色；翅基片灰色，前、外缘灰褐色；前、中胸橙黄色和褐色相间；后胸灰白色。基部橙黄色至黄色；末节灰色和黑色相间。前翅黑褐色，基部橙黄色至灰黄色，基线为 2 个黑色点斑；亚基线灰白色；内横线黑褐色；中横线黑褐色，大波浪形弯曲；外横线黑褐色，较模糊；亚缘线为灰白色双线，波浪形弯曲较强；环状纹为黑褐色小点斑；肾状纹为黑褐色半圆斑。后翅橙黄色；新月纹为黑褐色晕斑；外缘区各翅脉间有纵行条斑；后缘黄色较浓。雌性头、胸、腹部多灰白色至棕灰色；触角丝状；腹部肥胖。前翅灰白色至棕灰色；内横线褐色，前缘区粗壮，明显，其余部分纤细且多模糊；中、外横线褐色，在中室后相交，并内伸到近内横线；亚缘线褐色，前缘区呈大尖锐角形，M_3 脉和 Cu_1 脉呈小角形，后缘区有 2 斑，外缘由翅脉间褐色点斑组成，由前至后渐小。后翅较前翅色深，有些个体散布粉红色；亚缘线由黑褐色点斑组成，外缘较前翅淡。

分布：黑龙江、吉林、辽宁、河北、河南、陕西、山西、山东、江苏、浙江、湖北、湖南、广东、四川、云南；俄罗斯、朝鲜、韩国、日本、印度。

寄主：栎、苹果、梨、槠、栗、野漆、榉、青冈等。

（6）茶白毒蛾 *Arctornis album* (Bremer, 1861)（图版 XXVII：3）

形态特征：翅展 31 ~ 45 mm。头、胸、腹部白色；足白色，略带浅黄色。前翅宽大，白色；肾状纹在近中室端部，仅呈黑色小点斑。后翅白色，无斑纹。

分布：黑龙江、吉林、辽宁、河北、河南、陕西、山东、安徽、江苏、浙江、福建、湖北、湖南、江西、广东、广西、四川、贵州、云南、台湾；俄罗斯、朝鲜、韩国、日本、越南、缅甸、泰国。

寄主：茶、油茶、蒙古栎、榛。

（7）豆盗毒蛾 *Euproctis piperita* Oberthür, 1880（图版 XXVII：4）

形态特征：翅展 25 ~ 35 mm。头、胸、腹部黄色。前翅黄色，基线至内横线间中部区域散布黑色至灰褐色，呈不规则梯形块斑；中横线至外横线间散布黑色至灰褐色，在 M_1 脉、M_3 脉与 Cu_1 脉间和 2A 脉处呈外向角状突起，中间者最大；亚缘线仅在 R_5 脉和 M_1 脉间、M_2 脉与 Cu_1 脉间可见 3 个黑褐色至灰褐色小点斑。后翅淡黄色。

分布：黑龙江、吉林、辽宁、内蒙古、北京、河北、河南、陕西、山东、安徽、江苏、浙江、福建、湖北、湖南、江西、广东、四川；俄罗斯、朝鲜、韩国、日本。

寄主：茶、楸、豆类。

（8）盗毒蛾 *Euproctis similis* (Fuessly, 1775)（图版 XXVII：5）

形态特征：翅展 30 ~ 45 mm。头顶白色；触角干白色，栉支棕灰色。胸、腹部白色，后者末端橙黄色。前、后翅白色；有些个体亚缘线仅在后缘近臀角呈 2 ~ 3 个黑褐色点斑，或仅留痕迹，或无；其余斑纹不显。

分布：黑龙江、吉林、辽宁、内蒙古、北京、河北、青海、陕西、山东、江苏、浙江、福建、湖北、湖南、江西、广西、台湾；俄罗斯远东地区、朝鲜、韩国、日本，欧洲。

寄主：杨、柳、桦、白桦、榛、桤木、山毛榉、栎、蔷薇、李、山楂、苹果、梨、花楸、桑、石楠、黄檗、忍冬、马甲子、樱桃、洋槐、桃、梅、梧桐、杏泡桐等。

7.18 灯蛾科 Arctiidae

（1）美苔蛾 *Miltochrista miniata* (Forster, 1771)（图版 XXVII：6）

形态特征：翅展 22～30 mm。头部橙黄色。胸部橙黄色。腹部黄色。前翅昏黄色，散布玫红色，基线为一黑色小点斑；内横线黑色，仅前缘可见；中横线黑色，前缘可见；外横线黑色，强烈弯折曲形，前、后端不显；亚缘线仅在翅脉上显黑色点斑；前缘基部至内横线黑色；前缘和外缘区玫红色。后翅黑褐色。

分布：黑龙江、吉林、辽宁、内蒙古、河北、山西、四川；朝鲜、韩国、日本，欧洲。

（2）优美苔蛾 *Miltochrista striata* (Bremer et Grey, 1852)（图版 XXVII：7）

形态特征：翅展 28～50 mm。头顶和触角橙黄色。胸部橙黄色；领片后缘和翅基片外缘褐色，组成倒 U 形；翅基片前部具有一黑色点斑。腹部橙黄色至橙红色。前翅橙黄色，各横线区翅脉或翅脉间具有纵条纹；基斑为黑色点斑；内横线由翅脉间的黑色点斑组成；中横线由翅脉间的黑色点斑组成，与内横线近似平行，点斑略小；外横线黑色，由前缘外斜至 M_1 脉内向弯折后内斜至后缘；亚缘线黑色，由近顶角内斜至 M_1 脉后与外横线相交，其后仅在翅脉间可见大小不一的褐红色点斑。后翅较前翅色淡，无明显斑纹。

分布：黑龙江、吉林、北京、河北、甘肃、陕西、山西、山东、江苏、浙江、福建、湖北、湖南、江西、广东、广西、海南、四川、云南、台湾；朝鲜、韩国、日本。

寄主：地衣、大豆。

（3）明痣苔蛾 *Stigmatophora micans* (Bremer et Grey, 1852)（图版 XXVIII：1）

形态特征：翅展 32～42 mm。头顶和触角棕褐色。胸部白色至黄白色；翅基片前部具有一烟黑色点斑。腹部黄白色至橙黄色。前翅白黄色至乳白色；基斑仅显一黑的点斑；内横线由前、中、后 3 个黑色点斑组成；外横线由翅脉上的 7 个黑色小点斑组成；亚缘线由翅脉间 8 个黑色点斑组成；前缘和饰毛黄色。后翅较前翅色淡，基部黄色较浓；亚缘线由 7～8 个黑色点斑组成；饰毛黄色。

分布：黑龙江、吉林、辽宁、内蒙古、北京、河北、河南、陕西、山西、山东、江苏、湖北；朝鲜、韩国、日本。

（4）白雪灯蛾 *Chionarctia niveus* (Ménétriès, 1859)（图版 XXVIII：2）

形态特征：翅展 55～80 mm。头、胸、腹部白色，后者中央具有纵向黑色点斑列；两侧各有一红色点斑列。前翅白色，翅脉色略深，无明显斑纹，后翅白色，可见黑色条斑状新月纹，其他斑纹不显。

分布：黑龙江、吉林、辽宁、内蒙古、北京、河北、河南、青海、陕西、山东、浙江、福建、湖北、湖南、江西、广西、四川、贵州、云南；俄罗斯、朝鲜、韩国、日本。

寄主：高粱、大豆、小麦、黍、车前、蒲公英。

（5）肖浑黄灯蛾 *Rhyparioides amurensis* (Bremer, 1861)（图版 XXVIII：3）

形态特征：翅展 43～60 mm。个体间变异较大。头顶黄色至橙黄色；触角褐色至棕褐色。胸部黄色至橙黄色，中央具 4 条纵线；后胸后缘具红色鳞毛。腹部橙红色至红色；中央具纵向黑色点斑列。前翅黄色至褐黄色；基斑仅在前缘略见或不显；中横线多在前后缘可见黑色点斑，其余部分模糊或仅显阴影状；外横线和亚缘线仅显阴影状黑斑；2A 脉前通常可见阴影状纵条纹。后翅红色；内横线可见黑色点斑；肾状纹为黑色弯钩斑；外横线由黑色点斑组成，前部较长。

分布：黑龙江、吉林、辽宁、内蒙古、北京、河北、河南、陕西、山西、山东、江苏、浙江、福建、湖北、湖南、江西、广西、四川、云南；俄罗斯、朝鲜、韩国、日本。

寄主：栎、柳、榆、蒲公英、染料木。

（6）红星雪灯蛾 *Spilosoma punctaria* Stoll, 1782（图版 XXVIII：4）

形态特征：翅展 33～30 mm。头部、胸部白色。腹部红色，节间黄色至橙黄色。前翅白色；基线仅显一小点斑；内横线黑色，由 4 个小斑组成；中横线黑色，由 5 个小斑组成；外横线黑色，弯曲，由 6~7 个小斑组成；亚缘线黑色，由 9～12 个小斑组成；顶角有内斜的 5～6 个点斑列；肾状纹仅显 2 个黑色点斑；外缘线由黑色点斑组成。后翅较前翅淡；外横线黑色，由 6 个大小不一的点斑组成；新月纹为黑色圆斑。

分布：黑龙江、吉林、辽宁、北京、陕西、江苏、安徽、浙江、江西、湖北、湖南、四川、贵州、云南、台湾；日本、俄罗斯西伯利亚。

（7）黄臀灯蛾 *Epatolmis caesarea* Goeze, 1781（图版 XXVIII：5）

形态特征：翅展 36～40 mm。头、胸及腹部第一节黑褐色，腹部其余各节背面橙黄色，背面、侧面各有 1 列黑点，下胸及腹部腹面黑褐色；翅黑褐色，翅脉色深，后翅臀角有橙黄色斑，翅面鳞片稀薄。幼虫黑色，刚毛暗褐色，背线橙红色。

分布：黑龙江、吉林、辽宁、河北、内蒙古、山西、山东、陕西、河南、江苏、湖南、四川、云南；韩国、俄罗斯远东地区、日本，欧洲。

寄主：柳、蒲公英、车前、珍珠菜。

7.19 瘤蛾科 Nolidae

（1）斑洛瘤蛾 *Meganola gigas* (Butler, 1884)（图版 XXVIII：6）

形态特征：翅展 23～30 mm。头、胸、腹部灰色。前翅灰色至灰白色，大部散布黑褐色鳞片；基线黑色，模糊，仅在前缘略显不规则楔形斑；内横线黑色，外向弧形弯曲，翅脉上可见小弯折；

中横线黑色，模糊，弧形弯曲到 Cu_2 脉后内凹斜到后缘；中横线褐色，多模糊或不显；外横线黑色，波浪形弯曲，外向弧形地弯曲到 2A 脉后弯折至后缘；亚缘线黑色至黑褐色，由前缘波浪形弯曲到后缘；中横线区在前缘处呈一黑紫色大斑。后翅较前翅色深，散布褐色小鳞片，似颗粒状；新月纹雾状，模糊。

　　分布：黑龙江、山东、广西、云南；俄罗斯、朝鲜、韩国、日本。

　　寄出：胡桃楸。

（2）褐白洛瘤蛾 *Meganola albula* ([Denis & Schiffermüller], 1775)（图版 XXVIII：7）

　　形态特征：翅展 15～21 mm。头、胸部灰白色至白色，胸部中央两侧有灰黄色纵纹；腹部灰色掺杂赭色。前翅底色为浅灰黄色，基线和内横线较底色略暗，且略弯曲；中横线黑色，由前缘外伸到中室端，再内折且略弯曲到后缘；外横线和亚缘线灰白色，前者在前缘区分叉，外斜到 R 脉，然后弧形弯曲到后缘，后者在前缘区分叉，外斜到 R 脉，然后弧形弯曲到 M_2 脉，再弧形弯曲到 Cu_2 脉，小弧形到后缘；外缘线为灰白色细线，在翅脉端呈黑色至暗褐色点斑；顶角前缘区灰白色；饰毛颜色同底色。后翅较前翅略暗，色泽单一，仅中横线略显。

　　分布：黑龙江、山东、江西，台湾；高加索地区，蒙古、朝鲜、韩国、日本、俄罗斯其他地区。

　　寄主：草莓属、委陵菜属、百脉根属、车轴草属、薄荷属植物。

（3）美杂瘤蛾 *Casminola pulchella* (Leech, 1889)（图版 XXVIII：8）

　　形态特征：翅展 15～19 mm。头、胸、腹部白色。前翅白色；内横线黑色，由前缘向后逐渐变细，有些个体仅在前半部可见；中横线黑紫色，仅在前缘处呈一圆斑，内侧散布银白色；外横线黑色，在前缘区不明显，在 M_1 脉后可见弧形弯曲；亚缘线白色，波浪形弯曲；外缘线白色；外缘区棕红色；亚缘线区黑色，散布棕红色。后翅白色，仅顶角区黑雾状。

　　分布：黑龙江、吉林、山东、广西；俄罗斯、朝鲜、韩国、日本。

（4）栎点瘤蛾 *Nola confusalis* (Herrich-Schäffer, [1851])（图版 XXIX：1）

　　形态特征：翅展 15～22 mm。头、胸、腹部灰白色。前翅灰白色掺杂褐色；内横线黑褐色，由前缘外斜到中室后再内折到后缘；中横线浅黑色，前缘处有一豆形斑，其后弯曲、内斜到后缘；外横线黑色，明显，在翅脉上有一小突起；亚缘线由翅脉上的浅黑色条斑组成；环状纹烟色雾状，后翅较前翅色浅，伴有金属光泽，新月纹可见。

　　分布：黑龙江、吉林、辽宁、山东、四川、西藏，华北；俄罗斯、朝鲜、韩国、日本。

　　寄主：栎属、鹅耳枥属、椴树属、李属、越橘属、薄荷属植物。

（5）锈点瘤蛾 *Nola aerugula* (Hübner, 1793)（图版 XXIX：2）

　　形态特征：翅展 15～18 mm。头、胸、腹部白色。前翅白色，基线棕红色，前缘区明显；内横线棕红色，前缘区明显外斜，其后不明显；中横线为非常模糊的细线，棕红色；外横线在前缘区明显分叉到中室后方，其上有黑色点列；亚缘线棕色，由前缘波浪形弯曲到后缘。后翅暗褐色，伴有金属光泽，新月纹可见，由基部向外逐渐变深。

分布：黑龙江、北京、山东；俄罗斯、朝鲜、韩国、日本。

寄主：蒙古栎、悬钩子属、桦树属、百脉根属、三叶草属、草莓属、车前属植物等。

（6）稻螟蛉 *Naranga aenescens* Moore, 1881（图版 XXIX：3）

形态特征：翅展 16～18 mm。头部黄色至深黄色；下唇须棕黄色；触角丝状。胸部黄色至黄棕色，领片深黄色带棕色。腹部黄色至棕色。前翅底色黄色至赭黄色，基线不显；内横线不显；中横线不显；外横线赭色至棕色，宽大，明显，由前缘斜向内呈等宽或渐宽大向后缘延伸，并于中室处及 2A 脉处向外呈齿状突起；亚缘线赭色或棕色，自顶角内斜至 2A 脉处外弯，连续或不连续；外缘线不明显；饰毛黄色或棕黄色；环状纹不明显，或为一黑色小点；肾状纹常与外线合并，隐约可见一不规则眼斑及 3～4 个小黑点。后翅底色土黄色或棕色；新月纹不明显或隐约可见；外缘区略带棕褐色；饰毛灰黑色或棕黑色。

分布：河北、陕西、山东、江苏、福建、湖南、江西、广西、云南、台湾；朝鲜、韩国、日本、缅甸、印度尼西亚。

寄主：稻、高粱、玉米、稗、茅草、茭白等。

（7）粉缘钻夜蛾 *Earias pudicana* Staudinger, 1887（图版 XXIX：4）

形态特征：翅展 20～21 mm。头部淡黄绿色至粉绿色；下唇须粉褐色；触角丝状。胸部黄绿色，部分个体其上染有淡粉红色鳞片。腹部黄绿色。前翅黄绿色，前缘基部至 2/3 处具一粉白色条纹，翅中央具一褐色不规则圆形斑，部分个体圆斑淡化或消失；基线、内横线、中横线、外横线及亚缘线均不显；外缘线为一深黄绿色或浅棕色细线；饰毛明显，褐色或红棕色；环状纹、肾状纹均不显。后翅底色亮白色或略带浅黄色；新月纹不显；外缘区具黄色窄带；饰毛黄白色至黄色。

分布：黑龙江、北京、河北、山东、江苏、浙江、江西、四川；日本、印度。

寄主：柳、杨等。

（8）玫缘钻夜蛾 *Earias roseifera* Butler, 1881（图版 XXIX：5）

形态特征：翅展 18～21 mm。头部浅黄色至黄绿色；下唇须棕色至棕黑色；触角丝状；触角、下唇须及前中足常染有玫红色。胸部黄绿色，部分个体其上染有淡玫红色鳞片。腹部黄绿色。前翅黄绿色，翅中央可见一玫红色区域，部分个体形成一玫红色大圆斑，或只有少许玫红色鳞片覆盖；基线、内横线、中横线、外横线及亚缘线均不显，外缘线为一深黄绿色细线；饰毛明显，深玫红色或红棕色；环状纹、肾状纹均不显。后翅底色白色或黄白色；新月纹不显；外缘区为黄色窄带；饰毛黄白色至黄色。

分布：北京、黑龙江、河北、山东、江苏、江西、湖北、四川、台湾；俄罗斯、日本、印度。

寄主：杜鹃等。

（9）胡桃豹夜蛾 *Sinna extrema* (Walker, 1854)（图版 XXIX：6）

形态特征：翅展 32 ~ 40 mm。头部白色；下唇须棕黑色至黑色；触角丝状。胸部白色至黄白色，其上具一橙色或绿色斑块，领片橙黄色或淡绿色。腹部灰白色至黄白色。前翅底色为白色；基线橙黄色或淡绿色，粗大，明显，自前缘外斜延伸至后缘；内横线棕黄色或淡绿色，粗大，明显，宽度不均匀，由前缘外斜延伸至后缘；中横线与内横线近似，为宽度不均匀的棕黄色或淡绿色粗线，由前缘呈与内横线近平行状外斜至后缘，并在近前缘及近中室处与内横线相接，在中横线区形成三处白色斑块；外横线棕黄色或淡绿色，由前缘外斜至 2A 脉处与中横线合并，并在中室前后与中横线相接，形成白色斑块若干；亚缘线橙色或淡绿色粗大明显，自前缘外斜至 M_1 脉处后呈与外缘平行延伸至 2A 脉处再内斜，向后延伸至后缘并渐模糊；外缘线由 5 个黑色、粗大的点状斑组成；饰毛颜色较底色略深；环状纹及肾状纹不显；顶角靠近亚缘线位置具两短条状黑色斑块。后翅底色亮白色或略带浅黄色；新月纹不显；外缘区略带黄色；饰毛黄白色。

分布：黑龙江、辽宁、北京、河南、陕西、山东、江苏、浙江、湖南、湖北、江西、四川；日本。

寄主：核桃、山核桃、水胡桃、麻柳等。

（10）姬夜蛾 *Phyllophila obliterata* (Rambur, 1833)（图版 XXIX：7）

形态特征：翅展 19 ~ 21 mm。头部灰白色带淡褐色；下唇须棕褐色；触角丝状。胸部淡灰褐色，领片灰色带褐色。腹部灰白色。前翅底色为淡灰褐色；基线淡褐色，不明显，自前缘外斜延伸至后缘；内横线淡褐色，由前缘先向外折后向后延伸至后缘；中横线淡褐色，不明显，由前缘呈与内横线近平行外斜至后缘；外横线棕色明显，由前缘稍外斜后折角向后延伸，至 M_2 脉处呈与外缘近平行的状态向后缘延伸，并渐宽大；亚缘线棕色，宽大，明显，自顶角内斜至 2A 脉处向外弯；外缘线由翅脉间的黑点组成；饰毛棕色；环状纹不显；肾状纹为一黑色楔形或不规则斑块；顶角及近顶角区域颜色较深。后翅底色为浅土黄色；新月纹隐约可见；外缘区略带灰色；饰毛黄灰色。

分布：黑龙江、河北、新疆、山东、江西、福建、湖北；伊朗，欧洲。

寄主：除虫菊、蒿等。

（11）旋夜蛾 *Eligma narcissus* (Cramer, [1775])（图版 XXIX：8）

形态特征：翅展 66 ~ 72 mm。头部浅棕色至浅灰褐色，略带紫色，额区黄色，其上具小黑点；下唇须棕色，外侧具黑条；触角线状。胸部棕色，其上具 3 对黑点；领片上具两对黑点；翅基片基部及端部具黑点。腹部亮黄色，每个腹节上具一黑色斑块。前翅底色为棕色，一白色纹由基部近前缘处略弧形延伸至顶角，由宽渐细，并于亚缘线区形成复杂网状淡色纹；基线不明显，仅可见 4 ~ 5 个黑点；内横线不明显，由 5 个互相分离的黑点组成；中横线不明显，仅在前缘具一黑点；外横线黑色，明显，由前缘波浪形弯曲至后缘；亚缘线由一列黑色长点组成，由前缘与外缘近平行弯曲至后缘；外缘线由翅脉间的小黑点组成；饰毛棕色；环状纹及肾状纹不显。后翅底色杏黄色，顶角及周围蓝黑色，约占整个翅面的 2/5，与翅面底色分界明显；新月纹不显；外缘区有一列粉蓝色条状斑；饰毛灰白色。

分布：辽宁、河北、山东、浙江、福建、湖北、湖南、四川、云南；日本、印度、马来西亚、菲律宾、印度尼西亚。

寄主：臭椿。

7.20 目夜蛾科 Erebidae

（1）桃红猎夜蛾 *Eublemma amasina* (Eversmann, 1842)（图版 XXX：1）

形态特征：翅展 17~25 mm。头部淡黄色；触角黄色，线状；下唇须外侧桃红色。胸部淡黄色，各足径节外侧桃红色。腹部深褐色。前翅内横线以内黄白色，内横线至亚缘线之间大部分桃红色；内横线黄色，在中室后内凹；外横线不明显，暗褐色，自前缘脉外弯至 M_1 脉处内斜，前段处有一淡白色的红斑；亚缘线白色，布有白色齿状斑，外侧有一灰黄色带，M_3 脉处外凸；缘毛桃红色；后翅褐色，缘毛黄色，顶角处褐色。

分布：黑龙江、吉林、河北、陕西、江苏、湖北；朝鲜、韩国、日本、俄罗斯，中亚。

（2）残夜蛾 *Colobochyla salicalis* (Denis & Schiffermüller, 1775)（图版 XXX：2）

形态特征：翅展 24~26 mm。头部灰色带黑色；下唇须灰黑色；触角线状，灰白色。胸部灰色，领片灰黑色。腹部灰色。前翅底色为暗灰色；基线不显；内横线棕色明显，由前缘略外折形成一折角，再向后平直延伸至后缘；中横线不显；外横线棕色，明显，由前缘近平直延伸至后缘；亚缘线棕色，明显，由顶角呈圆弧形内曲延伸至后缘；外缘线由翅脉上的黑色小长斑组成；饰毛灰黑色；环状纹及肾状纹不显；顶角靠近亚缘线一侧颜色略黑。后翅底色灰色；新月纹不明显；外缘区部分带黑色；饰毛灰黑色。

分布：黑龙江、吉林、辽宁、北京、河北、山东、新疆；朝鲜、韩国、日本、伊朗，欧洲。

寄主：杨柳科植物。

（3）白斑孔夜蛾 *Corgatha costimacula* (Staudinger, 1892)（图版 XXX：3）

形态特征：翅展 22~24 mm。头部黄褐色带灰色；下唇须黄褐色；触角丝状，灰白色。胸部黄褐色，领片褐色。腹部黄褐色。前翅底色为赭黄色带淡紫色；基线棕色明显，于前缘形成一小折角，并在基线外侧具一白色小斑块；内横线棕色，由前缘外斜后内折再向后缘延伸，并在前缘内侧具一白色小斑块；中横线不明显，仅在内横线与外横线之间具一深色暗影区；外横线棕色，明显，由前缘圆弧形外曲后延伸至后缘，并在前缘外侧具一明显白色大斑块；亚缘线赭黄色，隐约可见，由前缘近波浪形弯曲延伸至后缘；外缘线由翅脉间的黑色小点组成；饰毛紫红色；环状纹不显；肾状纹为一隐约可见的深色长形斑；顶角略带白色。后翅底色为赭黄色；新月纹隐约可见；外缘区部分带紫色；饰毛紫红色。

分布：黑龙江、北京、山东；俄罗斯、朝鲜、韩国、日本。

（4）土孔夜蛾 *Corgatha argillacea* (Butler, 1879)（图版 XXX：4）

形态特征：翅展 19～20 mm。头部赤褐色；下唇须褐色，向前伸；触角褐色，基部白色。胸部赤褐色；腹部深褐色。前翅赤褐色。基线暗褐色，仅现一斑，基线外有一白斑；内横线暗褐色，内侧有一白纹；外横线暗褐色，外斜，中室后内斜，末端微向外凸，前端外侧有一白斑，其外方有一列白点；近顶角有一白纹；缘毛红褐色。后翅赤褐色；外横线暗褐色，外衬白色；饰毛红褐色。

分布：黑龙江、吉林、河北、河南；朝鲜、韩国、日本。

（5）奇巧夜蛾 *Oruza mira* (Butler, 1879)（图版 XXX：5）

形态特征：翅展 18～19 mm。头部黄褐色，杂红色，下唇须向前伸。胸棕色，前足、中足褐色，后足白色；腹部棕色，连接处呈白色环带。前翅棕色，前缘区有一浅棕色带，自翅基部到端部；内横线、外横线黄白色，直线内斜；亚缘线黄色，前半部弧形内弯，至 M_3 脉成一尖角，其后锯齿形；外缘线黑色，间断；缘毛黄褐色；肾状纹为一黄色短纹；后翅深棕色；外横线黄白色，前段微外凸，其后直线内斜；亚缘线黄色，波浪锯齿形，自前缘脉内斜到 R_5 脉，然后外斜，M_2 脉处折角内斜；外缘线、缘毛与前翅的相同；新月纹为黄色短纹。

分布：黑龙江、吉林、安徽、湖北；朝鲜、韩国、日本、俄罗斯。

（6）燕夜蛾 *Aventiola pusilla* (Butler, 1879)（图版 XXX：6）

形态特征：翅展 15～17 mm。头部褐色带黑色；下唇须黑褐色；触角丝状，灰褐色。胸部褐色，领片灰褐色。腹部灰褐色。前翅底色为黑褐色，在前缘亚缘线区具一棕黑色大型斑块；基线灰黑色，不明显，仅在前缘近基部处具一小点；内横线灰黑色，由前缘波浪形延伸至后缘，并于前缘形成一明显黑色小点；中横线黑色，宽大，明显，与中室处外折形成一明显折角；外横线灰黑色，明显，由前缘圆弧形外曲延伸至 Cu_2 脉处外折至后缘；亚缘线灰褐色隐约可见，由前缘近波浪形弯曲延伸至后缘；外缘线由翅脉间的黑色长斑组成；饰毛棕黑色；环状纹不显；肾状纹为双瞳黑色圆斑，相连或分离，中心分别具一黑色不规则小点。后翅底色为黑褐色；新月纹隐约可见；外缘区部分带灰色；饰毛棕黑色。

分布：黑龙江、河北、山东、江苏、四川；日本。

寄主：地衣。

（7）熏夜蛾 *Hypostrotia cinerea* (Butler, 1878)（图版 XXX：7）

形态特征：翅展 24～27 mm。头部黑色，下唇须黑色，向上伸；领片黑色；触角线状。胸部褐色，后胸基部黄色，翅基片端部黑色。腹部黑灰色，相连部分颜色较浅。前翅灰黑色，前缘内半部黄白色，内横线黑色，波浪形；外横线黑色，仅前缘区可见，外衬白色；亚缘线自前缘脉外斜至 M_3 脉，内斜；外缘线黑色；环状纹黄白色，中央黑色；肾状纹白色，中央有一黑色楔形纹，其前端扩伸至前缘脉；后翅黑灰色；内横线黑色，仅后半部分可见；中横线不规则波浪形，在中室后内斜；新月纹黑色，外侧有一白点；外横线粗而模糊，黑色，微波浪形，自前缘外斜至 M_3 脉折角内弯；亚缘线黑色，自前缘外斜至 M_3 脉端部折角内斜；外缘线棕色。

分布：黑龙江、吉林、辽宁；朝鲜、韩国、日本、俄罗斯。

（8）红尺夜蛾 *Naganoella timandra* (Alphéraky, 1897)（图版 XXX：8）

形态特征：翅展 26～28 mm。头部白色带有桃红色，触角暗褐色，下唇须灰黄色杂黑褐色，向前伸超过头部。胸部桃红色。腹部与足外侧黑灰色，中足胫节一对距，后足胫节两对距。前翅桃红色，布有黑色细点；内横线黄灰色，中有白线，略向内弯曲；前翅顶角处有一灰黄色区域，区域前缘脉有白点；一灰黄斜带自顶角直线内斜至翅后缘近中部，其中有一白线；亚缘线白灰色，微曲内斜；外缘线黄灰色；缘毛桃红色；肾状纹窄，黄灰色。后翅桃红色，布有黑色细点，前缘脉区灰黄色；前缘脉近中部到内缘近中部有一灰黄带，展翅后与前翅自顶角发出的灰黄带相连；亚缘线灰黄色，波浪形，自前缘脉外斜至 M_2 脉处内斜；外缘线、缘毛颜色同前翅的演的。

分布：黑龙江、吉林、河北、河南、浙江、湖南；朝鲜、韩国、日本、俄罗斯。

注：《中国动物志（夜蛾科）》中引用的是其属的同物异名"*Dierna*, Walker, 1858"。

（9）星狄夜蛾 *Diomea cremata* (Butler, 1878)（图版 XXXI：1）

形态特征：翅展 22～26 mm。头部灰褐色带黑色；下唇须黑色；触角线状，棕黑色。胸部灰褐色，领片灰黑色。腹部黑色。前翅底色灰黑色带褐色，外缘区部分颜色略浅；基线不明显，仅在前缘基部可见一黑色点斑；内横线黑色隐约可见，由前缘波浪形外曲延伸至后缘；中横线隐约可见，由前缘波浪形外曲延伸至后缘；外横线黑色明显，由前缘圆弧形外曲后于 Cu_2 脉处外折，再向后缘延伸，并在翅前缘外侧具一赭黄色小斑块；亚缘线模糊不明显，由前缘近弧形弯曲延伸至后缘；外缘线由翅脉间的黑点组成；饰毛黑灰色；环状纹不显或略可见一黑色小点；肾状纹黑色，明显，为一近月牙形黑色斑。后翅底色灰褐色带黑色；新月纹隐约可见；外缘区部分褐色；饰毛灰褐色。

分布：黑龙江、河北、山东、云南；朝鲜、韩国、日本、印度。

（10）点眉夜蛾 *Pangrapta vasava* (Butler, 1881)（图版 XXXI：2）

形态特征：翅展 21～23 mm。头部灰褐色，下唇须向前伸。胸部黑褐色杂灰色，各足跗节有白斑。腹部褐色。前翅外横线以外褐色，以内暗褐色，内横线和中横线之间颜色较浅；基线黑褐色，外侧衬白色；内横线黑褐色，内侧衬白色；中横线黑色，波浪形，隐约可见，在中室处外凸；外横线黑色，自前缘脉外斜至 M_1 脉、M_2 脉之间折角波浪形内弯，后段在 2A 脉处外凸，外横线前段外方有一灰白色三角形斑，外横线以外的前缘脉布有白斑；亚缘线灰白色，模糊；外缘线灰褐色；环状纹、肾状纹褐色，不明显。后翅近外缘脉处褐色，内横线不明显；外横线黑色，锯齿形，外侧衬一黑色带，黑色带在 M_2 脉处外凸；亚缘线、外缘线颜色同前翅的颜色；新月纹由四个黑边圆形小白斑组成。

分布：黑龙江、辽宁、山东、河南、江苏、湖北；朝鲜、韩国、日本、俄罗斯。

（11）纱眉夜蛾 *Pangrapta textilis* (Leech, 1889)（图版 XXXI：3）

形态特征：翅展 26～27 mm。头部与胸部褐色杂白色，各足跗节有白斑。腹部浅黄色。前翅黄白色，布有黑点；基线褐色自前缘脉外斜，在中室前内斜；内横线暗褐色，自前缘脉外斜，在中室处内凹，后段内斜；中横线自前缘脉外斜，在肾状纹处内凹，后内斜；外横线为褐色双线，自前缘脉外斜至 M_2 脉，后内斜，在 2A 脉处微外凸，前段外侧有一三角形灰白色斑；亚缘线黄白色，在 M_2 脉、M_3 脉间有一黑褐色纵窄纹；外横线及亚缘线达翅外缘；外缘线黑色；环状纹小，近圆形，有模糊褐边；肾状纹白色，中间有一窄黑色楔形纹。后翅黄白色，有棕黑色细点；内横线与外横线黑棕色，外横线在 M_2 脉、M_3 脉之间外凸；亚缘线黄白色，锯齿形，自前缘脉内斜呈弧形外弯，在 M_2 脉后内斜微弧形；外缘线褐色；新月纹白色，中间有一窄黑色楔形纹。

分布：黑龙江、辽宁、河北、山东、浙江、福建；朝鲜、韩国。

（12）苹眉夜蛾 *Pangrapta obscurata* (Butler, 1879)（图版 XXXI：4）

形态特征：翅展 23～25 mm。头部灰褐色带赭色；下唇须灰褐色；触角线状，棕褐色。胸部棕褐色，领片棕黑色。腹部棕黑色。前翅底色棕褐色带紫色；基线不明显，仅在前缘基部可见一棕褐色点斑；内横线棕褐色明显，由前缘近波浪形延伸至后缘，外侧边界较模糊；中横线棕褐色，宽大，明显，由前缘外折至中室后内折，形成一明显宽大折角，再向后延伸至后缘；外横线黑色，宽大，明显，由前缘外折后内折，与中横线合并后继续向后延伸，并在前缘区形成一淡紫红色不规则斑块；亚缘线淡紫红色，明显，由前缘波浪形弯曲延伸至后缘；外缘线为 1 条黑色细线；饰毛棕黑色；环状纹及肾状纹不显；顶角可见一淡紫粉色小斑块。后翅底色灰褐色带黑色；新月纹隐约可见；亚缘线区部分黑色，外缘区部分带黄色；饰毛黑色。

分布：黑龙江、北京、河北、山东、湖南、台湾；俄罗斯、朝鲜、韩国、日本。

寄主：苹果、梨、海棠等。

（13）隐眉夜蛾 *Pangrapta suaveola* Staudinger, 1888（图版 XXXI：5）

形态特征：翅展 31～34 mm。头部棕褐色；下唇须黑褐色；触角线状，棕褐色。胸部棕褐色，领片棕黑色。腹部棕褐色。前翅底色褐色带灰色，前缘近顶角处具一紫灰色近半圆形斑块，外侧边界较模糊；基线棕黑色不明显；内横线棕黑色略明显，由前缘圆弧形外曲至后缘；中横线棕黑色，不明显，仅可见一条暗色带由前缘呈圆弧形外曲至后缘；外横线黑色，明显，由前缘斜向后呈圆弧形弯曲，至 Cu_2 脉处近平直向后延伸；亚缘线褐色略明显，由前缘波浪形弯曲延伸至后缘；外缘线为一条棕黑色细线；饰毛棕褐色；环状纹模糊不明显；肾状纹不明显，隐约可见一椭圆形棕褐色斑；顶角可见一长条形淡紫灰色小斑块。后翅底色为褐色带棕色；新月纹黑色，明显；亚缘线区部分黑色，外缘区部分带褐色；饰毛棕色。

分布：黑龙江、山东；俄罗斯西伯利亚、朝鲜、韩国、日本。

（14）黑点贫夜蛾 *Simplicia rectails* (Eversmann, [1842])（图版 XXXI：6）

形态特征：翅展 27～32 mm。头部灰褐色带棕色；下唇须褐色；触角线状褐色。胸部灰褐色，领片黑褐色。腹部淡灰褐色。前翅狭长，底色黄褐色；基线不显，仅在前缘基部可见一棕褐色小点；内横线棕褐色，明显，由前缘呈波浪状圆弧形外曲至后缘；中横线不明显；外横线棕褐色，明显，由前缘呈波浪状近圆弧形外曲至后缘；亚缘线黄色，明显，由前缘平直延伸至后缘；外缘线为一条黄褐色细线；饰毛黑褐色；环状纹不明显；肾状纹为一黑色小点。后翅底色为灰色；新月纹隐约可见；外缘区部分灰黑色，亚缘线由前缘近平直延伸后与翅缘成一折角后紧贴翅缘延伸；饰毛灰黑色。

分布：黑龙江、吉林、北京、山东、江苏；俄罗斯远东地区、日本，欧洲。

（15）镰须夜蛾 *Zanclognatha lunalis* (Scopoli, 1763)（图版 XXXI：7）

形态特征：翅展 31～34 mm。头部褐色带棕色；下唇须褐色；触角线状，褐色。胸部暗褐色，领片黑褐色。腹部淡褐色。前翅近三角形，底色褐色带黑色，外缘区颜色稍淡呈黄褐色；基线黑褐色，明显，在前缘基部可见一细线；内横线黑褐色，明显，由前缘略呈波浪状圆弧形外曲至后缘；中横线不明显，仅可见一棕褐色暗影带，由前缘近圆弧形外曲至后缘；外横线棕褐色，明显，由前缘斜向后呈波浪状圆弧形弯曲，至 Cu$_2$ 脉处近平直向后延伸；亚缘线黄褐色，明显，由前缘平直延伸至后缘；外缘线由翅脉末端的黑色小长斑组成；饰毛黄褐色；环状纹不明显；肾状纹为一黑褐色近月牙形斑。后翅底色为灰褐色；新月纹明显；外缘区部分灰黑色；饰毛灰褐色。

分布：黑龙江、河北、新疆、山东、浙江；俄罗斯、朝鲜、韩国、日本，欧洲。

（16）洁口夜蛾 *Rhynchina cramboides* (Butler, 1879)（图版 XXXI：8）

形态特征：翅展 25～29 mm。头部灰色，杂有褐色；下唇须斜向前伸，第一节与第二节基部黄白色，其余灰色杂黑褐色及褐色，第二节上缘饰长而致密的鳞毛，第三节较短，端部尖；雄性触角单栉形。胸部灰褐色带金色，前足与中足胫节外侧带有褐色；腹部淡褐黄色带灰色。前翅底色为褐黄色，略带灰色；基线、内横线及中横线均不显现；外横线白色，明显，自顶角近平直延伸至后缘中部，线外方颜色较暗；亚缘线金黄色，微波曲；外缘线为一列暗褐点；环状纹为一褐色小点；肾状纹不明显，略呈一褐色小块斑；饰毛暗褐色。后翅浅褐黄色；新月纹不显现；外缘区颜色较深；饰毛暗褐色。前后翅均有辐射状灰白色纹。

分布：黑龙江、吉林、辽宁、北京、山东、湖北、湖南、四川、西藏；朝鲜、韩国、日本、印度。

寄主：短梗胡枝子。

（17）豆髯须夜蛾 *Hypena tristalis* Lederer, 1853（图版 XXXII：1）

形态特征：翅展 28～38 mm。头部黑褐色，杂有少许黑色，下唇须第二节上下缘均饰密鳞，第三节短，深灰色，端部尖；触角丝状。胸部背面黑褐色，前足与中足胫节外侧暗褐色，前足跗节外侧黑褐色，各节间有灰色斑。腹部褐色，雄性腹部末端具有长鳞毛包被。前翅黑褐色，布有棕黑色细点及细纹；

基横线黑色，自前缘外斜至中室后缘，不清晰；内横线黑色，自前缘外斜至中室后缘折角波曲内斜，线外方有一斜方形黑斑，其中可见前缘区一列黑点及黑色环状纹和肾状纹，斑后缘两端较尖，其后有一黑线；外横线侧微白，波浪形有间断；亚缘线为一列黑点，一黑褐纹自顶角内斜；外缘线由翅脉间大小不等的近三角形小黑斑连接组成，缘毛褐色。后翅褐色，新月纹小且模糊、深褐色；缘毛浅褐色。雄性前翅斑纹不及雌性的明显，后翅色较暗。

分布：黑龙江、吉林、内蒙古、新疆、河北、山西、湖北、福建、云南、西藏、台湾；朝鲜、韩国、日本、俄罗斯。

寄主：大豆。

（18）中桥夜蛾 *Anomis mesogona* (Walker, [1858])（图版 XXXII：2）

形态特征：翅展 36～40 mm。头部黄褐色；下唇褐色；触角线状，褐色。胸部褐色，领片深褐色。腹部褐色。前翅底色为褐色；基线不明显；内横线褐色，略明显，由前缘略圆弧形弯曲至 2A 脉处后外伸，后平直向后缘延伸；中横线褐色，略明显，由前缘延伸至 M 脉后外伸，后平直向后缘延伸；外横线褐色，明显，由前缘略斜向后延伸内折，至 M 脉处后内折，形成一不规则状突起，其后平直向后缘延伸；亚缘线淡黑褐色，略明显，由前缘与外缘近平行延伸至后缘，线内侧淡黑褐色；外缘线为一条暗褐色线；饰毛黑褐色；环状纹略明显，为一黑褐色暗影区，中间可见一白色微点；肾状纹略明显，为一黑褐色不规则眼斑。后翅底色为黄褐色；新月纹隐约可见；外缘区部分颜色略深；饰毛黄褐色。

分布：黑龙江、河北、山东、浙江、福建、湖南、海南、贵州、云南；朝鲜、韩国、日本、印度、斯里兰卡、马来西亚。

寄主：红悬钩子、醋栗。

（19）棘翅夜蛾 *Scoliopteryx libatrix* (Linnaeus, 1758)（图版 XXXII：3）

形态特征：翅展 34～35 mm。头、胸部棕灰色至棕色。腹部棕褐色，散布棕灰色。前翅烟褐色至烟黑色；基线在基部仅显白色点斑；内横线纤细，灰白色，不显；外横线为灰白色双线，仅前缘具有强弯折；亚缘线灰白色，模糊，顶角区清晰；外缘线黑色，顶角尖锐，外缘锯齿状，M_3 脉前凹陷明显；环状纹中央为白色点斑，外围棕褐色；肾状纹仅显前后 2 个小点斑；基部至外横线棕红色至橙红色，明显。后翅基半部灰黄色，外半部烟黑色；中横线深烟黑色。

分布：黑龙江、吉林、辽宁、北京、陕西、河南、云南；朝鲜、韩国、日本，欧洲。

寄主：杨、柳。

（20）壶夜蛾 *Calyptra thalictri* (Borkhausen, 1790)（图版 XXXII：4）

形态特征：翅展 42～48 mm。头部黄褐色；下唇须黄褐色；触角短栉形，褐色。胸部黄褐色，领片褐色。腹部灰褐色。前翅底色为黄褐色带淡紫红色，翅面散布细裂纹，顶角外凸；基线褐色，明显，由前缘斜向内平直延伸至后缘；内横线褐色，明显，由前缘斜向内平直延伸至后缘；中横线褐色，略明显，为一深褐色暗影带，由前缘斜向内平直延伸至后缘；外横线褐色，明显，由前缘向外呈圆弧形外曲，再斜向内延伸至后缘；亚缘线黑褐色，明显，由顶角与外缘近平行地延伸至后缘；外缘线为一条褐色细线；饰毛棕褐色；环状纹不明显；肾状纹略明显；顶角一褐色线略弯曲延伸至后缘中部。后翅底色黄褐色；新月纹隐约可见；外缘区部分黑色；饰毛黄褐色。

分布：黑龙江、辽宁、新疆、山东、河南、浙江、福建、四川、云南；朝鲜、韩国、日本，欧洲。

寄主：唐松草。

（21）平嘴壶夜蛾 *Calyptra lata* (Butler, 1881)（图版 XXXII：5）

形态特征：翅展 45 ~ 50 mm。头部灰褐色；下唇须土黄色，端部平截状；触角线状褐色。胸部灰褐色，领片褐色。腹部灰褐色。前翅底色黄褐色带淡紫红色，翅面散布细裂纹，顶角外凸；基线褐色，明显，由前缘斜向内平直延伸至后缘；内横线褐色明显，由前缘斜向内平直延伸至后缘；中横线褐色，略明显，为一暗褐色暗影带，由前缘斜向内平直延伸至后缘；外横线褐色明显，由前缘向外呈圆弧形外曲，再斜向内延伸至后缘；亚缘线黑褐色，明显，由顶角与外缘近平行地延伸至后缘；外缘线为一条褐色细线；饰毛棕褐色；环状纹不明显；肾状纹略明显，为一对小黑点，分别位于中室末端上下角；顶角有 1 条褐色线略弯曲延伸至后缘中部。后翅底色为黄褐色；新月纹隐约可见；外缘区部分黑色；饰毛黄褐色。

分布：黑龙江、吉林、辽宁、河北、北京、内蒙古、山东、福建、云南；俄罗斯、朝鲜、韩国、日本。

寄主：紫堇、唐松草、柑橘。

（22）纯肖金夜蛾 *Plusiodonta casta* (Butler, 1878)（图版 XXXII：6）

形态特征：翅展 23 ~ 27 mm。头部黄色带金色；下唇须黄色；触角线状，黄褐色。胸部灰黄色，领片黄褐色。腹部灰褐色。前翅底色为金黄色，翅面散布金黄色斑块，顶角外凸；基线棕黄色，明显，在基部形成一小圆弧形外曲；内横线棕色，明显，由前缘轻微外折后斜向内近平直延伸至后缘；中横线褐色，略明显，可见一棕褐色暗影带，由前缘斜向内延伸至后缘；外横线褐色，明显，由前缘先斜向外伸出，后内折形成两突起，再斜向内延伸至后缘；亚缘线褐色，明显，由前缘与外缘近平行延伸至后缘；外缘线为一条棕褐色细线；饰毛棕褐色；环状纹不明显；肾状纹为一椭圆形灰白色斑。后翅底色为黄褐色；新月纹隐约可见；外缘区部分黑色；饰毛黄褐色。

分布：黑龙江、河北、北京、山东、湖北；俄罗斯、朝鲜、韩国、日本。

寄主：蝙蝠葛。

（23）客来夜蛾 *Chrysorithrum amatum* (Bremer & Grey, 1853)（图版 XXXII：7）

形态特征：翅展 46 ~ 67 mm。头部棕褐色；下唇须褐色；触角线状棕褐色。胸部灰褐色，领片棕色。腹部棕褐色。前翅底色为褐色；基线棕黑色，明显，由前缘斜向内延伸；内横线深棕色，明显，由前缘近平直延伸，后向内形成一折角至后缘；中横线棕褐色，明显，由前缘呈近圆弧形外曲延伸至后缘；外横线棕褐色，明显，由前缘先向外形成一强烈外凸后内凹，后与中横线合并；亚缘线褐色，明显，由前缘呈不规则波浪形延伸至后缘；外缘线为一条波浪形外曲黑色细线；饰毛棕褐色；环状纹不明显，或可见一小点；肾状纹隐约可见，为一不规则暗色斑。后翅底色为浓黄色；新月纹不显；内横线区及外横线区可见 2 条黑色带；饰毛黄色带黑色。

分布：黑龙江、吉林、辽宁、河北、内蒙古、山东、湖北、云南；俄罗斯、朝鲜、韩国、日本。

寄主：胡枝子。

（24）庸肖毛翅夜蛾 *Thyas juno* (Dalman, 1823)（图版 XXXII：8）

形态特征：翅展 82～88 mm。头部棕褐色；下唇须褐色；触角丝状，黑褐色。胸部暗褐色，领片棕褐色。腹部灰褐色带赭红色。前翅底色为棕褐色；基线棕褐色，明显，由前缘斜向外延伸；内横线棕褐色，明显，由前缘斜向外延伸至后缘；中横线不明显；外横线棕褐色，明显，由前缘近平直延伸至后缘；亚缘线棕褐色，明显，由顶角呈圆弧形内曲延伸至后缘；外缘线为一条褐色细线；饰毛棕褐色；环状纹不明显，仅可见一深褐色小点；肾状纹黑褐色，明显，为一不规则近肾形斑块。后翅底色为黑色，中心部分可见一亮蓝色镰刀形斑，顶角及外缘橙红色；新月纹不显；外缘区部分略带细小黑色鳞片；饰毛橙黄色。

分布：黑龙江、辽宁、河北、河南、山东、安徽、浙江、湖北、湖南、福建、江西、海南、四川、贵州、云南；俄罗斯、朝鲜、韩国、日本、印度。

寄主：桦、李、木槿。

（25）齿恭夜蛾 *Euclidia dentata* Staudinger, 1871（图版 XXXIII：1）

形态特征：翅展 31～40 mm。头至腹部黑色至深褐色。前翅烟黑色至烟褐色，由基部向外渐淡；内横线为黑色外斜条带，仅在中室后缘前可见黑褐色条斑；外横线棕色至棕黄色，纤细，波浪形弯曲；亚缘线为棕黄色条带；外缘线黑褐色。后翅颜色同前翅的颜色；外横线为黑色条带，达外缘臀角前；外横线区和外缘线区棕黄色至橙黄色；基半部黑色。

分布：黑龙江、吉林、内蒙古；俄罗斯、朝鲜、韩国、日本。

（26）椴裳夜蛾 *Catocala lara* Bremer, 1861（图版 XXXIII：2）

形态特征：翅展 67～70 mm。头青灰色，领片黑色。胸部棕褐色至暗金色。前翅青灰色；基线黑色，短小；内横线黑色，波浪形弯曲；中横线黑色，在前缘区可见；外横线黑色，在中室端外凸明显，中室后弯折明显；亚缘线烟黑色，与外横线相平行；外缘线由黑色小条斑组成；肾状纹凤眼形，烟黑色，晕状；亚肾状纹略三角形，亮青灰色；内横线外侧为黑色条纹，由前缘外斜至中室后侧外横线上；中横线区前半部和外横线区中室端亮青白色。后翅白色，中横线为白色条带；顶角呈白色条斑；外缘饰毛颜色黑白相间；基半部色渐淡。

分布：黑龙江、吉林、辽宁、河北；俄罗斯、朝鲜、韩国、日本。

寄主：紫椴、糠椴。

(27) 裳夜蛾 *Catocala nupta* (Linnaeus, 1767)（图版 XXXIII：3）

形态特征：翅展 67～71 mm。头、胸部青黑色。腹部深灰色，散布青色。前翅深灰色至烟灰色，密布青色；基线黑色，短小；内横线黑色，内侧伴衬青灰色；中横线黑色，前缘区可见；外横线黑色，中室端外凸明显，在 2A 脉处弯折明显；亚缘线青白色；外缘线由黑色小条斑组成；肾状纹半圆形，中央黑褐色；亚肾状纹圆形，淡灰色。后翅红色；中横线为黑色宽带纹，仅伸达褶脉；外横线区黑色；外缘饰毛颜色黑白相间。

分布：黑龙江、吉林、河北、新疆；朝鲜、韩国、日本。

(28) 柳裳夜蛾 *Catocala electa* (Vieweg, 1790)（图版 XXXIII：4）

形态特征：翅展 54～57 mm。头、腹部棕褐色；胸部黑灰色。前翅黑灰色，基线褐色；内横线为褐色双线，波浪形；中横线在前缘区可见；外横线黑褐色，中室端外凸明显，锯齿形，中室后弯折大而明显；亚缘线褐色，略模糊，小波浪形；外缘线由黑色点列组成；外缘波浪形；肾状纹大圆形，具有棕色外框；亚肾状纹为小圆斑；中横线区色淡。后翅红色；中横线为黑色条带，末端较淡，与后缘相连处模糊；外缘线区黑色；臀角显红色小条斑；饰毛淡红色。

分布：黑龙江、新疆、山东、河南、湖北；日本、朝鲜、韩国，欧洲。

寄主：杨、柳。

(29) 栎刺裳夜蛾 *Catocala dula* Bremer, 1861（图版 XXXIII：5）

形态特征：翅展 58～61 mm。头、胸部黑色，散布棕色；腹部棕褐色。前翅棕黑色，散布青白色；内横线黑色，短小；中横线黑色，前缘区可见；外横线黑色，前半部较粗，后半部纤细，中室端外凸成角；亚缘线白色，外侧伴衬黑色；外缘线为黑色点斑列；亚肾状纹卵形，具黑色外框。后翅红色；中横线黑色，具有弯折，末端不达后缘，内折至近基部；外缘区黑色；外缘颜色黑白相间。

分布：黑龙江、吉林、辽宁、内蒙古、河南；俄罗斯、朝鲜、韩国、日本。

寄主：蒙古栎、槲。

(30) 光裳夜蛾 *Catocala fulminea* (Scopoli, 1763)（图版 XXXIII：6）

形态特征：翅展 47～53 mm。头、胸青灰色；腹部暗金色。前翅内横线至基部黑色至烟黑色，内横线至外缘灰白色至灰色；基线黑色；内横线黑色，内侧伴衬黑色带；中横线在前缘呈烟色晕状；外横线黑色，中室端外凸呈齿状，中室后缘弯折强烈；亚缘线灰白色，极细，有些个体模糊不显；肾状纹扁腰果形，具有黑框，外侧呈黑斑；亚肾状纹小圆形；外缘区淡灰色。后翅黄色；中横线黑色，宽大，由前缘弯折至基部；外缘区黑色；顶角为黄色斑块。

分布：黑龙江、吉林、浙江；蒙古、朝鲜、韩国、日本，欧洲。

（31）茂裳夜蛾 *Catocala doerriesi* Staudinger, 1888（图版 XXXIII：7）

形态特征：翅展 59～61 mm。头、胸部青黑色；腹部棕褐色至暗金色。前翅黑色，散布淡紫色；基线黑色，短小；内横线为黑色双线，双线间棕色；中横线黑色，烟雾状，前缘区可见；外横线黑色，中室端外凸成角状，在 2A 脉上内凹明显；亚缘线灰白色，纤细；肾状纹黑色，半月形；亚肾状纹为棕灰色圆斑；中横线区前半部和外横线区中部棕灰色。后翅橙黄色；中横线为黑色条带，由前缘弯折至基部，在外凸后角具有晕状黑色与后缘相连；外缘线区具黑色宽带，顶角黄白色，外缘黑色和黄白色相间，后缘黑色。

分布：黑龙江、吉林、河南、湖北；俄罗斯、朝鲜、韩国。

（32）苹刺裳夜蛾 *Catocala bella* Butler, 1877（图版 XXXIII：8）

形态特征：翅展 54～57 mm。头、胸部深灰色，领片后缘黑色；腹部棕色至暗金色。前翅暗灰色；基线黑色，短小弧形；内横线黑色，波浪形；中横线中室后缘前晕染状；外横线黑色，中室端外凸明显；亚缘线灰色，小波浪形弧状弯曲；外缘线灰色和灰白色相间，环状纹不显；肾状纹腰果形，具有灰色边框；亚肾状纹灰白色，为近圆形斑，紧邻中室后缘。后翅橘红色至橙色；中横线宽黑带，伸至褶脉，不与后缘区黑色条带相连；外缘线区黑色，不与后缘区黑色条带相连；顶角仅显黄色小条斑；饰毛颜色黄黑相间。

分布：黑龙江、吉林；俄罗斯、朝鲜、韩国、日本。

寄主：苹果。

（33）兴光裳夜蛾 *Catocala eminens* Staudinger, 1892（图版 XXXIV：1）

形态特征：翅展 52～54 mm。头部棕灰色。胸部棕褐色，散布青灰色。腹部淡棕褐色至暗金色。前翅大部分黑色，散布青白色至青灰色条纹；基线黑褐色，短小；内横线黑色，大波浪形弯曲，内侧半侧棕色；中横线黑色，仅在前缘略见；外横线深黑色，在中室端外凸明显，中室近端部后缘内向弯折强烈，后半部外侧伴衬灰白色至青白色；亚缘线为灰白色至青白色圆滑的弧形弯曲，外侧伴衬黑色；外缘线黑色，内侧伴衬棕灰色，自中横线区前缘至外横线区 2A 脉前呈现青白色至灰白色斜条带。后翅橙黄色；中横线为黑色宽带，由前缘强弯曲后弯折到基部；外缘线区和后缘区黑色且相连；顶角橙色斑较小；饰毛黑色和橙黄色相间。

分布：黑龙江、吉林、浙江、湖南；俄罗斯、朝鲜、韩国。

（34）柞光裳夜蛾 *Catocala streckeri* Staudinger, 1888（图版 XXXIV：2）

形态特征：翅展 52～54 mm。这是本属中个体变异较大的种之一。头部暗灰色。胸部褐色，散布棕褐色和黑色。腹部棕褐色，背部中央散布黑色。前翅黑色，散布青白色；基线模糊；内横线黑色，平直外斜，后缘处弯折较强；中横线在中室后缘前可见，伴衬黑色晕斑；外横线黑色，在中室端外凸明显；

亚缘线青白色，较淡；外缘线颜色黑白相间；饰毛黑色和褐色相间；环状纹模糊；肾状纹后端呈小白斑，其他部分有些个体略显棕褐色小点斑和伴衬的黑色内边框。后翅黄色，中横线为黑色宽带，由前缘强弧形弯折后与后缘黑色宽带相交；外缘线区黑色，与后缘黑带相连；顶角区呈底色斑块；外缘线颜色同底色。

分布：黑龙江、吉林；俄罗斯、朝鲜、韩国、日本。

寄主：蒙古栎。

（35）珀光裳夜蛾 *Catocala helena* Eversmann, 1856（图版 XXXIV：3）

形态特征：翅展 60～63 mm。头、胸部青黑色，后者散布棕褐色；腹部淡棕褐色至暗金色。前翅烟黑色；基线黑色；内横线为黑色双线，波浪形弯曲，较模糊；中横线黑色，前缘区可见；外横线黑色，外侧伴衬棕灰色，在中室端部外凸明显，中室后强弯折；亚缘线灰色，晕染状弧形弯曲；外缘线黑色；环状纹为一黑点斑；肾状纹宽腰果形，较模糊；中横线区在中部呈亮斜斑；褶脉在基部可见黑色。后翅橙色至橙黄色；中横线黑色，中室端较窄；外缘线区黑色；顶角具一颜色同底色的块斑；近臀角外缘可见同底色的窄条斑。

分布：黑龙江、吉林、内蒙古、河北、江苏；俄罗斯、朝鲜、韩国、蒙古。

（36）栎光裳夜蛾 *Catocala dissimilis* Bremer, 1861（图版 XXXIV：4）

形态特征：翅展 45～53 mm。这是本属中个体变异较大的种之一。头、胸部黑色，散布棕褐色；腹部黑褐色。前翅棕褐色，散布灰白色、褐绿色，青白色；基线黑色，短粗；内横线为黑色宽带，略平直；中横线黑色，较模糊，前缘区较粗，其后渐细至无；外横线黑色，弯曲较大，前半部锯齿形，其后大波浪形，在中室端外伸强烈；亚缘线黑色，很弱，略见，在翅脉上成角或齿状，弧形弯曲；外缘线黑色，模糊；饰毛颜色略黑白相间；内横线区和亚缘线区多灰白色；内横线至基部色最深；环状纹和肾状纹模糊。后翅烟褐色至烟黑色；新月纹为黑色大晕斑；顶角为白色椭圆斑；中横线颜色较底色略淡，略显；外横线为纤细的白线。

分布：黑龙江、陕西、河南、湖北、云南；俄罗斯、朝鲜、韩国、日本。

寄主：蒙古栎。

7.21　夜蛾科 Noctuidae

（1）白条夜蛾 *Ctenoplusia albostriata* (Bremer & Grey, 1853)（图版 XXXIV：5）

形态特征：翅展 31～34 mm。雌雄异形，雌虫黑褐色；雄虫黄褐色。头部黑褐色，额上及头顶鳞毛灰褐色，末端黑色；下唇须短，第三节长与第二节宽相等；触角黄褐色。胸部灰褐色，领片黄褐色，中部有一黑色条纹，肩板及背毛簇灰褐色。腹部黄褐色，腹部第一、二、三节背毛簇黑褐色。前翅底色为深灰褐色；基线黑色；内横线银白色带粉红色；外横线为波状双线，淡褐色带粉色，在 2A 脉褶处内凹较明显；亚缘线褐色，锯齿状；外缘线黄白色；饰毛灰黑色；环状纹灰褐色，边缘线银白色；肾状纹灰褐色，边缘线黑色；楔形纹为白色斜条纹止于2A脉褶处；臀角齿呈三角形。后翅黑褐色；外缘线黄白色；饰毛灰黑色。

分布：黑龙江、河北、陕西、山东、安徽、江苏、湖北、湖南、福建、广东、台湾、香港；俄罗斯、朝鲜、韩国、日本、印度、印度尼西亚，大洋洲。

寄主：菊科植物。

（2）碧金翅夜蛾 *Diachrysia nadeja* (Oberthür, 1880)（图版 XXXIV：6）

形态特征：翅展 36～41 mm。头部棕灰色至棕黄色，胸部棕褐色至棕绿色相杂，领片棕绿色。腹部棕灰色。前翅碧绿色；基线深褐色，纤细；内横线褐色，波浪形弯曲；中横线褐色，不连续，仅在中室后缘前和后缘区可见；外横线褐色，不连续，在中室端后角之前较明显；亚缘线褐色，近似由翅脉上的点斑组成；外缘线褐色，内侧伴衬碧绿色细线；环状纹为环形斑，中央略显碧绿色点斑；肾状纹类似"8"字形，具有褐色边框；内横线至基部褐色，掺杂绿色；外横线区在中室后缘前呈一褐色碗状大斑，后缘区有一半圆形小褐色斑；外缘线区前半部碧绿色较淡。后翅淡黄色，密布烟黑色，翅脉黑色可见；外缘区色较深；饰毛黄色。

分布：黑龙江、吉林、辽宁、河南、陕西、山西；俄罗斯远东地区、朝鲜、韩国、日本、蒙古，欧洲。

（3）银纹夜蛾 *Ctenoplusia agnata* (Staudinger, 1892)（图版 XXXIV：7）

形态特征：翅展 32～35 mm。头部黄褐色；下唇须外侧鳞毛棕褐色，第三节黄褐色，到达头顶；触角黑褐色。胸部黄褐色，领片黄褐色，肩板及胸部背毛簇黄褐色。腹部黄褐色，第一、三节背毛簇深黄褐色；雄蛾腹部第七节两侧具长毛簇；腹末毛簇暗色，发达。前翅底色黄褐色，翅面布有黑色或褐色小点；基线银色，内侧有2个黑点，外侧端半部有1条黑褐色斑纹；内横线银白色，内侧缘线烈褐色，较直；外横线为银白色双线，线两侧褐色，在 Cu$_2$ 脉处强烈内凹，呈三角形，余下部分微显，较直；亚缘线强度波状，褐色；外缘线褐色；饰毛褐色；翅中部 Cu$_2$ 脉下方及外横线、缘线间具强烈金属光泽。环状纹斜长形明显，淡褐色，边缘线银白色；肾状纹褐色，明显，边缘线银白色，中部略缢缩；楔形纹由一"U"字形银纹和一卵圆形银斑组成。后翅暗褐色；新月纹隐约可见；缘线黄色；饰毛灰白色。

分布：全国各地；俄罗斯、朝鲜、韩国、日本、印度、尼泊尔、菲律宾、印度尼西亚、越南。

寄主：大豆、十字花科蔬菜。

（4）银锭夜蛾 *Macdunnoughia crassisigna* (Warren, 1913)（图版 XXXIV：8）

形态特征：翅展 30～34 mm。头部黑褐色，额上及头顶鳞毛暗褐色；触角暗褐色。胸部黑褐色，领片暗褐色，肩板略带灰色。腹部褐色。前翅底色为黑褐色，中部带金棕色；基线褐色，明显，由前缘圆弧形延伸至后缘；内横线为灰白色细线，由前缘呈波浪状延伸至后缘；外横线淡褐色，由前缘近平行延伸至后缘；亚缘线黑褐色，锯齿状，略明显，由前缘呈与外缘近平行的状态延伸至后缘；外缘线棕色带灰色；饰毛灰黑色；环状纹灰褐色，边缘线略带银白色；肾状纹灰褐色，略明显，边缘线黑色；楔形纹为银白色斜条纹，止于2A脉褶处；臀角齿呈三角形。后翅黑褐色；外缘线棕色；饰毛灰黑色。

分布：黑龙江、吉林、辽宁、北京、河北、陕西、山东、湖北、江西、四川、贵州；俄罗斯、朝鲜、韩国、日本、印度。

寄主：大豆、菊、牛蒡、胡萝卜等。

（5）稻金翅夜蛾 *Plusia putnami* Grote, 1873（图版 XXXV：1）

形态特征：翅展 32~37 mm。头部至领片和前胸棕黄色，中后胸褐红色至棕褐色，腹部淡灰黄色。前翅金色；基线为棕褐色双线，外侧线纤细；内横线为棕褐色双线，在中室内凹明显；中横线较模糊，在中室处弧状外凸，前半部烟黑色，后半部棕红色；外横线为棕褐色细线，中室端略凹陷；亚缘线由前缘波浪形弯曲、弧形内斜；顶角处具有一内斜的黑条纹至 M_2 脉，与亚缘线相交，其内侧由前至后翅脉间具有小至大的黄色至白色斑块；外缘线为淡棕褐色双线；环状纹不显；肾状纹仅见一小黑色点斑，有些个体模糊；中、外横线区在中室后缘至褶脉间具有一撮子形白色大斑；前缘区中部暗褐色至深棕褐色。后翅灰黄色，密布烟黑色；外缘和后缘的饰毛昏黄色。

分布：全国各稻区；亚洲、欧洲、北美。

寄主：水稻、小麦、三棱草、稗草等。

（6）木俚夜蛾 *Deltote nemorum* (Oberthür, 1880)（图版 XXXV：2）

形态特征：翅展 19~21 mm。头部黑色；下唇须黑褐色；触角丝状黑色。胸部深黑色，领片黑褐色。腹部黑褐色。前翅底色为深黑色，亚缘线区纯白色；基线黑色，略明显，仅在翅基部可见一黑色细线；内横线黑色，明显，由前缘波浪形延伸至后缘；中横线不明显；外横线黑褐色，明显，波浪形，由前缘近平直延伸至后缘；亚缘线黑色，略明显，可见一明暗分界带；外缘线由一列黑色细长斑组成；饰毛黑褐色；环状纹不显；肾状纹不明显，仅可见一灰色暗影区。后翅底色为灰色；新月纹隐约可见；外缘区部分颜色略深；饰毛灰黑色。

分布：黑龙江、山东、新疆、山西、江西；俄罗斯、朝鲜、韩国、日本。

（7）大斑蕊夜蛾 *Cymatophoropsis unca* (Houlbert, 1921)（图版 XXXV：3）

形态特征：翅展 30~34 mm。头部黑褐色；触角黑褐色。胸部淡棕黄色，领片白色，肩板棕黄色。腹部浅褐色。前翅底色为黑褐色，翅面可见 3 个大型不完整圆斑；基线不显；翅基半部可见一大型不完整椭圆形斑，中心黄褐色，边缘白色；中横线不显；外横线不显；亚缘线不显；翅顶角为一椭圆形黄褐色斑，内侧边缘白色；饰毛黄褐色；臀角为一近半圆形黄褐色斑，边缘具白色带；环状纹不明显；肾状纹略明显，隐约可见一暗色肾形斑。后翅浅褐色；外缘区部分颜色较深；饰毛灰褐色。

分布：黑龙江、吉林、山东、浙江、湖北、江西、四川、云南、西藏；俄罗斯、朝鲜、韩国、日本。

（8）缤夜蛾 *Moma alpium* (Osbeck, 1778)（图版 XXXV：4）

　　形态特征：翅展 33～38 mm。头部淡绿色；触角褐色。胸部淡绿色，领片黑色，肩板绿色带黑色。腹部淡褐色。前翅底色为淡绿色，翅面散布黑色不规则斑；基线黑色不明显，仅在翅脉处可见一黑色小斑块；内横线黑色，明显，较粗大；中横线黑色，明显，由前缘近平直延伸至后缘或不连续；外横线黑色，明显，由前缘斜向外延伸呈两突起后至 Cu$_2$ 脉处内折，平直向后缘延伸，线外侧黑褐色；亚缘线不明显；外缘线由 1 列近三角形小黑斑组成，黑斑内侧浅绿色；饰毛浅绿色带黑色；环状纹不明显；肾状纹明显，为一近月牙形黑色斑，边缘白色。后翅褐色；外缘区部分颜色较深；饰毛灰褐色带浅绿色。

　　分布：黑龙江、吉林、山东、湖北、福建、江西、四川、云南；朝鲜、韩国、日本，欧洲。

　　寄主：山毛榉、桦、栎属植物。

（9）　绿孔雀夜蛾 *Nacna malachitis* (Oberthür, 1881)（图版 XXXV：5）

　　形态特征：翅展 34～35 mm。头部白色。胸部前半部白色，中、后胸中央黑色，周边棕褐色；腹部棕褐色至褐绿色，第四腹节背部具有一黑色毛簇。前翅翠绿色至玉绿色；基半部具一圆斑，内部颜色较底色浅，外侧套有褐色带；外横线为乳白色细线，波浪形弯曲；亚缘线绿色；外缘线由黑色小点斑组成；外缘线区在顶角和近臀角区可见乳白色条斑和三角形斑；肾状纹白色，晕状，卵形。后翅灰白色至白色，近顶角处黑褐色；外缘线由 5 个黑色小线条。

　　分布：黑龙江、吉林、辽宁、山西、河南、福建、四川、云南、西藏、台湾；俄罗斯、朝鲜、韩国、日本。

（10）天目东夜蛾 *Euromoia mixta* Staudinger, 1892（图版 XXXV：6）

　　形态特征：翅展 39～45 mm。头部灰黄色；触角丝状。胸部褐绿色，散布红色；腹部棕红色，掺杂黄色。前翅灰褐色与黄绿色相杂；基线黑色，短小；内横线黑色与红色相间；中横线黑色，前、后缘处较明显；外横线黑色，较模糊；亚缘线为黑色粗线；外缘线黄色，内侧在翅脉间具有黑色箭状纹；环状纹中部棕红色，具有黑色外框；肾状纹中部黄白色，不规则圆形，较模糊，具有黑色外框；各横线区和外缘线区、亚缘线区均有橙色、棕红色等密布区域。后翅黄色，前缘、中室、后缘具有纵向黑色宽带；外缘区深黑色；饰毛黄色。

　　分布：黑龙江、吉林、浙江、湖南、福建、四川、云南；俄罗斯、朝鲜、韩国。

（11）白斑剑纹夜蛾 *Acronicta catocaloida* (Graeser, 1889)（图版 XXXV：7）

　　形态特征：翅展 39～43 mm。头部灰黑色；触角褐色。胸部灰黑色，领片灰黑色。腹部灰褐色。前翅底色为黑色，散布灰白色鳞片；基线黑色不明显，仅在翅基部可见一黑色波状纹；内横线黑色，略明显，呈波浪形弯曲状由前缘斜向后延伸；中横线不明显，仅在前缘部分可见一黑色波曲状短带；外横线黑色，略明显，似双线状，由前缘斜向外呈圆弧形弯曲至后缘；亚缘线隐约可见，为一白色细线，呈锯齿状由前缘延伸至后缘，渐模糊；外缘线由 1 列翅脉间的黑色近三角形斑组成；饰毛黑色；

环状纹为一灰色圆斑，边缘黑色；肾状纹略明显，为一近肾形灰色斑，边缘黑色。后翅底色为深黄色；新月纹粗大，明显；外缘区部分浓黑色；饰毛黄色带黑色。

分布： 黑龙江、河北、山西、山东、浙江；俄罗斯、朝鲜、韩国、日本。

寄主： 向日葵。

（12）光剑纹夜蛾 *Acronicta adaucta* (Warren, 1909)（图版 XXXV：8）

形态特征： 翅展 30～34 mm。头部灰黑色；触角褐色。胸部灰黑色，领片灰黑色，肩板黑色。腹部灰色。前翅底色为灰黑色；基线黑色，不明显，仅在翅基部可见一黑色波状纹；内横线黑色，明显，呈波曲状由前缘斜向后延伸；中横线不明显，仅在前缘部分可见一黑色波曲状短带；外横线黑色，明显，锯齿状，线内侧白色，由前缘向外呈圆弧形弯曲，至 Cu_2 脉处强烈内凹；亚缘线不明显；外缘线由一列翅脉间的黑色小短带组成；饰毛灰黑色；环状纹为一灰色圆斑，边缘黑色；肾状纹明显，为一近肾形灰色斑，边缘黑色。后翅浅灰褐色；新月纹隐约可见；外缘区部分颜色较深；饰毛灰黑色。

分布： 黑龙江、吉林、辽宁、北京、山东；俄罗斯、朝鲜、韩国、日本。

（13）榆剑纹夜蛾 *Acronicta hercules* (Felder & Rogenhofer, 1874)（图版 XXXVI：1）

形态特征： 翅展 42～53 mm。头部灰黑色；触角黑褐色。胸部灰黑色，领片灰黑色。腹部灰黑色。前翅底色为暗灰色；基线黑色，明显，在翅前缘可见一黑色小短带；内横线黑色，略明显，呈波曲状由前缘斜向后延伸至后缘或不连续；中横线不明显，仅在前缘部分可见一黑色暗影带；外横线黑色，略明显，由前缘斜向外呈圆弧形弯曲，至 Cu_2 脉处明显内凹；亚缘线不明显；外缘线由 1 列翅脉间的小黑点组成；饰毛黑灰色；环状纹略明显，为一灰色圆斑，边缘黑色；肾状纹略明显，为一近肾形灰黑色斑。后翅底色为灰黑色；新月纹明显；外缘区部分深黑色；饰毛灰黑色。

分布： 黑龙江、北京、河北、甘肃、山东、福建、台湾；俄罗斯、朝鲜、韩国、日本。

寄主： 榆。

（14）梨剑纹夜蛾 *Acronicta rumicis* (Linnaeus, 1758)（图版 XXXVI：2）

形态特征： 翅展 32～46 mm。头部灰黑色；触角黑褐色。胸部灰黑色，领片灰黑色。腹部灰黑色。前翅底色为黑色带灰色；基线黑色，略明显，在翅前缘可见一黑色小短带；内横线黑色，略明显，呈波曲状由前缘斜向后延伸至后缘或不连续；中横线不明显，仅可见一黑色暗影带；外横线黑色，略明显，由前缘斜向外呈圆弧形弯曲，至 Cu_2 脉处明显内凹；亚缘线不明显；外缘线由 1 列翅脉间的小黑点组成；饰毛黑灰色；环状纹明显，为一灰黑色圆斑，边缘黑色；肾状纹略明显，为一近肾形深灰黑色斑。后翅底色为灰色；新月纹明显；外缘区部分颜色略深；饰毛灰黑色。

分布： 黑龙江、北京、河南、新疆、山东、湖北、四川、贵州；俄罗斯远东地区、朝鲜、韩国、日本、西亚、欧洲、北非。

寄主： 梨、苹果、桃、山楂、蓼、悬钩子、草莓等。

（15）桑剑纹夜蛾 *Acronicta major* (Bremer, 1861)（图版 XXXVI：3）

形态特征：翅展 62～69 mm。头部灰黑色；触角灰黑色。胸部灰黑色，领片灰黑色。腹部灰黑色。前翅底色为暗灰色，亚中褶黑色，剑状纹明显；基线黑色，明显，在翅前缘可见一黑色小短带；内横线黑色，略明显，呈波曲状由前缘斜向后延伸至后缘或不连续；中横线不明显，仅在前缘部分可见一黑色暗影带；外横线黑色，略明显，锯齿状，由前缘斜向外呈圆弧形弯曲，至 Cu$_2$ 脉处明显内凹，并可见一黑色短剑纹；亚缘线不明显；外缘线由 1 列翅脉间的小黑点组成；饰毛黑灰色；环状纹略明显，为一灰色圆斑，边缘黑色；肾状纹略明显，为一近肾形灰色斑。后翅底色为灰黄色；新月纹明显；外缘区部分黑色；饰毛灰黄色。

分布：黑龙江、河南、陕西、山东、湖北、湖南、四川、云南；俄罗斯、朝鲜、韩国、日本。

寄主：桑、桃、梅、李、柑橘类。

（16）暗钝夜蛾 *Anacronicta caliginea* (Butler, 1881)（图版 XXXVI：4）

形态特征：翅展 42～47 mm。头部黑色，额上及头顶鳞毛黑褐色；触角黑褐色。胸部黑褐色，领片黑褐色，肩板略带灰色。腹部褐色。前翅底色为黑褐色，翅面斑纹较模糊；基线棕黑色，不明显，仅可见一短纹；内横线黑色，略明显，由前缘圆弧形外曲延伸至后缘，渐清晰；中横线不显；外横线黑色，强烈锯齿状，由前缘先向外圆弧形外曲，后内折延伸至后缘中部；亚缘线棕褐色，明显，由 1 列黑色小椭圆形斑组成；外缘线为 1 列近三角形黑色斑；饰毛灰褐色；环状纹黑色，明显，为一小型圆形斑，内部黄褐色；肾状纹明显，为一近肾形的椭圆形斑，内部黄褐色。后翅褐色；外缘区部分颜色较深；饰毛灰褐色。

分布：黑龙江、河南、山西、陕西、山东、浙江、湖北、湖南、江西、四川、贵州、云南；俄罗斯、朝鲜、韩国、日本。

（17）污后夜蛾 *Xanthomantis contaminate* (Draudt, 1937)（图版 XXXVI：5）

形态特征：翅展 44～46 mm。头部淡黑色。胸部和腹部深黑色。前翅淡黑色至深黑色；基线深黑色，短小；内横线黑色，在中室内外凸明显；中横线模糊，有些个体可见；外横线黑色，在翅脉上呈角突；亚缘线为黑色细线，波浪形弯曲；环状纹圆形，具有深黑色边框；肾状纹扁椭圆形，具有深黑色边框，其外侧伴衬淡黄白色至灰白色大斑块。后翅卵黄色，翅脉可见；外缘和饰毛黑色；新月纹仅见模糊晕斑。

分布：黑龙江、吉林、辽宁、陕西、山东、浙江、湖南、云南；俄罗斯、朝鲜、韩国。

注：《中国植物志（夜蛾科）》引用其属的同种异名"*Trisuloides*, Butter, 1881"，目前此种已移入"*Xanthomantis* Warren, 1909"中，在此予以更正。

（18）毛夜蛾 *Panthea coenobita* (Esper, 1785)（图版 XXXVI：6）

形态特征：翅展 50～55 mm。头部至领片白色；触角黑色。胸部灰白色，领片和盾片缘边具有黑色鳞毛；腹部黑色，散布白色。前翅白色；基线为黑色双线，外侧线仅显 2 个斑块；内横线黑色，波浪形弯曲；中横线黑色，较粗，与内横线相对着弯曲；外横线黑色，较细，在翅脉上呈尖角，与中横线近似平行，在后缘靠近；亚缘线为黑色宽带；饰毛颜色黑白相间；环状纹为黑的小点斑；肾状纹近似机翼形，具有黑色外框；外缘线区中、后部各有一大一小黑斑块。后翅较前翅色淡，散布烟色，具有金属光泽。外横线隐约呈宽带状；饰毛颜色黑白相间。

分布：黑龙江、吉林、北京；俄罗斯、朝鲜、韩国、日本。

寄主：松。

（19）葡萄修虎蛾 *Sarbanissa subflava* (Moore, 1877)（图版 XXXVI：7）

形态特征：翅展 47～52 mm。头部黑褐色；触角黑色。胸部黑褐色带紫色，领片黑色。腹部黑色带黄色。前翅外缘及后缘暗棕色带淡紫色，其他部分黄褐色；基线不明显；内横线明显，由前缘先斜向后折后延伸至后缘；中横线不明显；外横线明显，由前缘略斜向外延伸后强烈内曲，于 Cu_1 脉处形成 1 个突起；亚缘线为 1 列淡紫色近三角形斑；外缘线由 1 列翅脉间的近三角形深色斑组成；饰毛棕褐色；环状纹明显，为一棕褐色椭圆形斑；肾状纹棕褐色，明显，为一大型近肾形斑。后翅底色为艳黄色；新月纹黑色，明显，椭圆形；外缘区部分黑色，臀角带黄色不规则斑；饰毛黑褐色。

分布：黑龙江、辽宁、河北、山东、浙江、湖北、江西、贵州；俄罗斯、朝鲜、韩国、日本。

寄主：葡萄、爬山虎等。

（20）蒿冬夜蛾 *Cucullia fraudatrix* Eversmann, 1837（图版 XXXVI：8）

形态特征：翅展 34～36 mm。头部青灰色，散布棕黄色；胸部青灰色；腹部棕黄色至棕灰色。前翅青灰色，散布灰白色；基部具有一黑色短纵纹；内横线黑色，在褶脉处弯折明显；中横线黑色，前半部明显；外横线模糊；亚缘线灰黄色；顶角、M_{2-3} 脉、M_3 脉后各具有一黑色条斑。后翅基半部黄色，外半部散布烟黑色；外缘饰毛黄色。

分布：黑龙江、吉林、辽宁、浙江；朝鲜、韩国、日本，欧洲。

寄主：莴苣。

（21）冶冬夜蛾 *Callierges ramosula* (Staudinger, 1888)（图版 XXXVII：1）

形态特征：翅展 32～33 mm。头部灰色。胸部中央黑色，周边灰色。腹部灰色。前翅灰色；各横线均不连续；基部黑色；中横线、外横线在前缘区深黑色明显，前者在中室内呈一外斜线纹；亚缘线区和外缘线区翅脉黑色明显；中室后侧密布深烟黑色；肾状纹依稀可见。后翅灰色，翅脉黑色；新月纹深烟黑色。

分布：黑龙江、吉林；朝鲜、韩国、俄罗斯。

寄主：忍冬属。

（22）紫黑杂夜蛾 *Amphipyra livida* ([Denis & Schiffermuller], 1775)（图版 XXXVII：2）

形态特征：翅展 42～47 mm。头部和领片绒黑色；胸部黑色，散布青灰色至青白色；腹部烟褐色。

前翅黑色、烟黑色至深黑色，掺杂棕红色，无明显的斑、纹。后翅棕红色，前缘烟黑色。

　　分布：黑龙江、吉林、新疆、河南、江苏、湖北、贵州、云南；朝鲜、韩国、俄罗斯、日本、印度，欧洲。

　　寄主：蒲公英。

（23）桦杂夜蛾 *Amphipyra schrenckii* Menetries, 1859（图版 XXXVII：3）

　　形态特征：翅展 52～68 mm。头、胸部深黑色；腹部多灰色至烟灰色，后 3～4 节暗褐色。前翅多黑色至深黑色；内横线深黑色，波浪形弯曲；中横线模糊，在前缘略可见；外横线灰黄色，较模糊；亚缘线模糊；顶角区具有一灰黄色至灰白色块斑。后翅烟灰色至烟褐色。

　　分布：黑龙江、陕西、河南、湖北；朝鲜、韩国、日本。

　　寄主：棘皮桦。

（24）窄毛夜蛾 *Brachionycha nubeculosa* (Esper, 1785)（图版 XXXVII：4）

　　形态特征：翅展 45～49 mm。头部至胸部青褐色；腹部棕褐色。雄性触角栉齿形，雌性触角丝状。前翅窄条形，青褐色，散布烟黑色；基线黑色，隐约可见；内横线黑色，波浪形弯曲，较模糊；中横线非常模糊；外横线和亚缘线由翅脉上黑色点斑组成，后者较弱；环状纹圆形，外框烟黑色；肾状纹斜卵形，较底色略淡；楔状纹乳突状，外框烟黑色；中室顶端后侧可见灰黄色条斑。后翅烟灰色，翅脉褐色可见；外缘 M_2 脉略内凹，新月纹烟黑色。

　　分布：黑龙江、内蒙古；朝鲜、韩国、俄罗斯、日本。

　　寄主：多种树木。

（25）远东巨冬夜蛾 *Meganephria kononenkoi* Poole, 1989（图版 XXXVII：5）

　　形态特征：翅展 53～54 mm。头部和胸部青灰色。前翅青灰色，散布烟褐色；内中横线模糊，多在前缘可见褐色；外横线灰色；环状纹灰白色，圆形；肾状纹灰白色，长卵形，约为环状纹 2 倍大；楔状纹模糊；外缘线区和亚缘线区色较淡，外缘线锯齿状。后翅黑灰色；外缘线锯齿状。

　　分布：黑龙江；朝鲜、韩国、俄罗斯。

（26）摊巨冬夜蛾 *Meganephria tancrei* (Graeser, 1888)（图版 XXXVII：6）

　　形态特征：翅展 47～51 mm。头部褐色。胸部棕褐色，中央两侧具有纵向黑色条斑；腹部淡棕色。前翅棕褐色，散布烟黑色；基线为黑色双线，仅前缘可见；内横线黑色，波浪形弯曲，在楔形斑内具尖锐角突；中横线淡烟黑色，模糊，前缘和中室后侧略可见；外横线黑色，外侧伴衬灰白色，近后缘灰白色，较粗；亚缘线灰白色，纤细；环状纹圆形，具有黑色边框；肾状纹长卵形，后半部具有黑色边框，约为环状纹 2 倍大；楔状纹短卵形，具有黑色边框；外缘线区和亚缘线区色较淡，外缘线区 M_3 脉之后翅脉间具有黑色纵线段；基部中室后、外缘区 Cu_2 脉之后具有明显的纵向黑色条段。后翅棕褐色；中横线黑色，模糊。

分布：黑龙江、陕西；朝鲜、韩国、俄罗斯。

（27）日巨冬夜蛾 *Meganephria cinerea*(Butler, 1881)（图版 XXXVII：7）

形态特征：翅展 39～46 mm。头部棕褐色。胸部棕褐色。腹部棕灰色。前翅灰色，散布烟黑色；基线黑色，极短；内横线黑色，在中室前缘和 2A 脉处弯折明显；中横线黑色，前缘和中室后侧较明显；外横线灰白色，纤细，在 2A 脉之后外侧伴衬白色条斑；亚缘线模糊；环状纹圆形，具有黑色边框；肾状纹大，圆形，具有黑色边框，约为环状纹 2 倍大；楔状纹长卵形，具有黑色边框；外缘线区和亚缘线区色较淡，外缘线区 M_3 脉之后翅脉间具有黑色纵线段；基部 2A 脉上、外缘区 Cu_2 脉之后具有明显的纵向黑色条段。后翅灰白色，外半部色略深；中横线模糊，后半部隐约可见。

分布：黑龙江、台湾；朝鲜、韩国、俄罗斯、日本。

寄主：榛、春榆。

（28）展巨冬夜蛾 *Meganephria extensa*(Butler, 1879)（图版 XXXVII：8）

形态特征：翅展 49～50 mm。头部棕灰色。胸部青灰色，散布棕色。腹部青褐色。前翅宽大，青灰色至淡灰色；基线黑色，短小；内横线为双线，前半部明显，内侧线黑色，外侧线灰色，模糊；中横线黑色，前半部明显；外横线为双线，在翅脉上由淡黑色小点斑组成；外横线灰色，内侧翅脉上伴衬小点列；外缘线颜色同底色，内侧翅脉间伴衬黑色小点斑；环状纹圆形，较淡；肾状纹长卵形，略有黑色边框。后翅灰褐色，外缘略锯齿状。

分布：黑龙江、吉林、台湾；朝鲜、韩国、俄罗斯、日本。

寄主：李属、榆属植物。

（29）焰夜蛾 *Pyrrhia umbra* (Hufnagel, 1766)（图版 XXXVIII：1）

形态特征：翅展 30～33 mm。头部橙色；触角丝状。胸部橙褐色。腹部亮黄色。前翅底色为橙色至棕黄色，翅脉多黑色；基线黑色至褐色，短小，弧形；内横线黑色，在中室后缘和 2A 脉上弯折强烈；中横线黑色，在中室后角弯折明显；外横线黑色，缓弧形内斜；亚缘线不连续，多由翅脉间黑色至褐色点斑组成；环状纹圆形，具有黑褐色外框；肾状纹短粗，不规则圆形；楔状纹小，模糊；外缘线区和亚缘线区灰黄色。后翅底色同前翅底色但较前翅底色淡，翅脉黑色，基半部淡烟色；外缘线区黑色；新月纹烟黑色，雾状；后缘饰毛黄色。

分布：黑龙江、吉林、新疆、陕西、河北、山东、湖北、湖南、浙江、西藏；朝鲜、韩国、日本、印度，西亚、欧洲、北美。

寄主：烟草、大豆、油菜、荞麦等。

（30）宽胫夜蛾 *Schinia scutosa* (Goeze, 1781)（图版 XXXVIII：2）

形态特征：翅展 30～34 mm。头部灰黑色；触角丝状。胸、腹部深黑色，前者鳞毛较后者长而密，后者腹节末端棕黄色。前翅底色为黄白色，翅脉多同底色；基线不显；内横线颜色较底色深，中室后缘内弯明显；中横线不显；外横线黑色，外侧伴衬暗黄白色线条；亚缘线颜色同底色，顶角和臀角区有三角形斑，其余较细；外缘线黄白色，内侧伴衬黑色；环状纹为黑色圆斑；肾状纹短粗，腰果形；楔状纹黑色，卵形；基部、内横线区、亚缘线区、前缘区、外缘区和后缘区密布烟黑色。后翅底色同前翅底色，翅脉烟黑色；外横线黑色；外横线区黑色，在 Rs 脉与 M_1 脉间具有一较淡的模糊斑，M_3 脉与 Cu_1 脉、Cu_1 脉与 Cu_2 脉间各具有一明显的黄白色块斑；外缘线颜色同底色，纤细；新月纹为黑褐色楔形斑。

分布：黑龙江、吉林、内蒙古、河北、山东；朝鲜、韩国、日本、印度，中亚、欧洲、北美。

寄主：艾属、藜属植物。

（31）棉铃虫 *Helicoverpa armigera* (Hübner, [1805]) （图版 XXXVIII：3）

形态特征：翅展 33～36 mm。头部深棕色至棕褐色；下唇须短小；头顶具有小脊；触角丝状。胸、腹部深棕色至棕褐色。前者鳞毛较腹部鳞毛长而密。前翅棕黄色至棕灰色；基线为短小的棕灰色细线，多模糊；内横线波浪形弯曲，中室后外向弧形大而明显；中横线波浪状内曲，较模糊；外横线的双线波浪形弯曲，与外缘平行；亚缘线波浪形弯曲与外缘平行；外缘线棕黄色，不连续；饰毛深棕色。后翅淡黄色，近外缘处具一黑褐色条带，略可见一不明显黄斑；新月纹黑褐色；外缘线黄色，外侧嵌有深褐色小点；饰毛浅棕黄色。

分布：全国广泛分布；世界性分布。

寄主：棉、玉米、小麦、大豆、烟草、番茄、辣椒、茄子、芝麻、向日葵、南瓜等。

（32）中赫夜蛾 *Acosmetia chinensis* (Wallengren, 1860) （图版 XXXVIII：4）

形态特征：翅展 28～31 mm。头部棕色；触角棕褐色。胸部棕色带褐色，领片棕褐色。腹部褐色。前翅底色为棕色带褐色，散布浅色细鳞片；基线褐色，略可见；内横线深褐色，略可见，波浪状由前缘向后缘延伸；中横线不明显，隐约可见一暗色带；外横线褐色，明显，细锯齿状，由前缘略向外呈圆弧形弯曲，后内折并平直地向后缘延伸；亚缘线褐色，明显，不规则弯曲，由前缘波曲状延伸至后缘；外缘线为一深褐色细线；饰毛棕褐色；环状纹灰褐色，隐约可见；肾状纹为一灰色近肾形斑。后翅底色为浅褐色；新月纹隐约可见；外缘区部分颜色较深；饰毛褐色。

分布：黑龙江、河北、山东、江西、四川；俄罗斯、朝鲜、韩国、日本、印度、巴基斯坦。

（33）乏夜蛾 *Niphonyx segregata* (Butler, 1878) （图版 XXXVIII：5）

形态特征：翅展 26～30 mm。头部黄褐色；触角黄褐色。胸部褐色，领片灰褐色。腹部褐色。前翅底色为褐色；基线黑褐色明显，在翅基部可见一波浪形条带；内横线棕褐色，波浪形，由前缘向外呈圆弧形弯曲至后缘；中横线略明显，可见一褐色宽大暗影带；外横线黑色，明显，波浪形，由前缘斜向内延伸，后半部紧贴中横线；亚缘线黑褐色，明显，波浪形弯曲；外缘线由一列翅脉间的黑色小长斑组成；饰毛褐色；环状纹不明显；肾状纹隐约可见，为一黑褐色近肾形斑；中横线区黑棕色，亚缘线区近顶角部分深棕色。后翅底色为灰褐色；新月纹隐约可见；外缘区部分颜色较深；饰毛褐色。

分布：黑龙江、内蒙古、山东、河北、河南、山西、陕西、江苏、浙江、福建、云南；俄罗斯、朝鲜、韩国、日本。

寄主：葎草、啤酒花等。

（34）希夜蛾 *Eucarta amethystina* (Hübner, [1803]) （图版 XXXVIII：6）

形态特征：翅展 29～32 mm。头部黑色；触角黑褐色。胸部褐黑色，领片灰褐色。腹部褐色。前翅底色为黑褐色，亚缘线区带淡紫色；基线黑褐色，明显，在翅基部可见一短条带；内横线黑色，由前缘斜向外延伸至后缘；中横线略明显，可见一黑褐色暗影带；外横线黑色，明显，略呈锯齿状，由前缘向外呈圆弧形外曲，后内折并平直向后缘延伸；亚缘线浅褐色，明显，波浪形；外缘线为一深褐色细线；中室部分暗黑色；饰毛黑褐色；环状纹明显，为一近椭圆形褐色斑，边缘白色；肾状纹为一不规则淡褐色斑。后翅底色灰褐色；新月纹隐约可见；外缘区部分颜色较深；饰毛褐色。

分布：黑龙江、山东、河北；俄罗斯远东地区、朝鲜、韩国、日本，欧洲。

寄主：野胡萝卜、前胡属植物。

（35）散纹夜蛾 *Callopistria juventina* (Stoll, [1782]) （图版 XXXVIII：7）

形态特征：翅展 30～34 mm。头部棕褐色带白色鳞片；触角黑褐色。胸部褐色带棕色，领片褐色。腹部褐色。前翅底色为棕褐色，散布浅色细鳞片；基线黑色，略可见，于翅基部圆弧形外曲；内横线黑色，明显，由前缘略圆弧形外曲向后缘延伸，线内外两侧淡赭色；中横线不明显；外横线为黑色双线，明显，由前缘向外略呈圆弧形外曲，至 Cu_2 脉处内折后向后缘延伸；亚缘线黄白色，较宽大，呈不规则锯齿状，于顶角处最明显，其后渐淡；外缘线为一条黑色细线；饰毛黑褐色；环状纹明显，为一楔形斑，边缘白色；肾状纹为一不规则长条形斑，边缘白色。后翅底色为褐色；新月纹隐约可见；外缘区部分颜色较深；饰毛黑褐色。

分布：黑龙江、河南、山东、江苏、浙江、福建、湖北、湖南、江西、广西、海南、四川；朝鲜、韩国、日本、印度，欧洲、美洲。

寄主：蕨类。

（36）白线散纹夜蛾 *Callopistria albolineola* (Graeser, [1889]) （图版 XXXVIII：8）

形态特征：翅展 26～30 mm。头部褐色带白色鳞片；触角黑色。胸部黑色带褐色，领片黑褐色。腹部褐色。前翅底色为黑色，散布浅色细鳞片；基线黄褐色，略可见，于翅基部圆弧形外曲；内横线黑色，明显，由前缘略圆弧形外曲向后缘延伸，线内外两侧黄白色；中横线不明显；外横线黑色，明显，由前缘向外呈圆弧形外曲，至 Cu_2 脉处内折后向后缘延伸；亚缘线黄白色，较宽大，呈不规则锯齿状，由前缘波曲状延伸至后缘；外缘线为 1 条黑色细线；饰毛黑褐色；环状纹明显，为一长楔形斑，边缘白色；肾状纹为一不规则长条形斑，边缘白色。后翅底色为褐色；新月纹隐约可见；外缘区部分颜色较深；饰毛黑褐色。

    分布：黑龙江、北京、山东、河北；俄罗斯、朝鲜、韩国、日本。

    寄主：卷柏。

（37）白斑委夜蛾 *Athetis albisignata* (Oberthür, 1879)（图版 XXXIX：1）

    形态特征：翅展 26～36 mm。头部棕褐色；触角褐色。胸部褐色带棕色，领片褐色。腹部褐色。前翅底色为棕褐色；基线黑色，略明显，在翅基部可见一波浪形条带；内横线棕褐色，波浪形，由前缘斜向外呈一圆弧状突起后延伸至后缘；中横线明显，可见一褐色暗影线；外横线黑色，明显，由前缘斜向外呈圆弧形弯曲；亚缘线褐色，明显，为一较宽暗影带；外缘线由一列翅脉间的黑色短斑组成；饰毛黄褐色；环状纹不明显；肾状纹明显，为一白色小点。后翅底色为黄褐色；新月纹隐约可见；外缘区部分颜色较深；饰毛灰褐色。

    分布：黑龙江、山东、陕西；俄罗斯、朝鲜、韩国、日本。

（38）委夜蛾 *Athetis furvula* (Hübner, [1808])（图版 XXXIX：2）

    形态特征：翅展 28～30 mm。头部黄褐色；触角褐色。胸部褐色，领片灰褐色。腹部浅褐色。前翅底色为暗褐色；基线黑色，略明显，在翅基部可见 1 条波浪形条带；内横线棕褐色，波浪形，由前缘斜波浪形延伸至后缘；中横线明显，可见一褐色宽大暗影带；外横线黑色，明显，波浪形，由前缘斜向外呈圆弧形弯曲；亚缘线褐色，明显，为一较宽暗影带；外缘线由 1 列翅脉间的黑色斑组成；饰毛黄褐色；环状纹不明显；肾状纹明显，为一黑色肾形斑块，内部颜色略浅。后翅底色为黄褐色；新月纹隐约可见；外缘区部分颜色较深；饰毛黄褐色。

    分布：黑龙江、辽宁、内蒙古、新疆、山东、河北；俄罗斯、朝鲜、韩国、日本，欧洲东部。

（39）陌夜蛾 *Trachea atriplicis* (Linnaeus, 1758)（图版 XXXIX：3）

    形态特征：翅展 48～52 mm。头部褐色；触角黑褐色。胸部黑色带黄绿色，领片黑褐色。腹部黑褐色。前翅底色为暗褐色，翅基部及外缘带黄绿色；基线黑色，明显，在翅基部可见一波浪形条带；内横线黑色，波浪形，由前缘斜向后延伸至后缘，线内侧紫褐色；中横线不明显；外横线黑色明显，由前缘斜向外呈圆弧形弯曲，线外侧紫褐色；亚缘线黄色，明显，由前缘近波浪形弯曲至 Cu_2 脉处内凹；外缘线由一列翅脉间的黑色小月牙斑组成；饰毛黑色；环状纹黑色，边缘绿褐色明显，与白色楔形纹相连；肾状纹明显，为一边缘绿褐色近肾形斑。后翅底色为灰色；新月纹隐约可见；外缘区部分黑色；饰毛灰褐色。

    分布：黑龙江、北京、河北、河南、山东、江苏、上海、福建、湖南、江西；朝鲜、韩国、日本、哈萨克斯坦，欧洲。

    寄主：蓼、酸模、地棉、二月兰等。

（40）　基点构夜蛾 *Gortyna basalipunctata* Graeser, 1888 （图版 XXXIX：4）

形态特征：翅展 40～47 mm。头部褐红色；触角丝状。胸部深褐红色。腹部灰褐色。前翅橙色；内横线为褐色直线；内横线褐红色，外向弧形弯曲；外横线为黑色至褐色双线，内侧线明显；亚缘线较模糊，由翅脉间黑色点斑列组成；顶角具有橙色斑；外缘线区和亚缘线区灰褐色，较明显；环状纹呈圆斑；肾状纹略长方形，具有褐色边框；楔状纹卵形，外半部黑色边框可见。后翅亮淡橙色，金属光泽强烈。

分布：黑龙江、陕西、四川；俄罗斯、韩国、日本、印度。

寄主：玉米。

（41）　毁秀夜蛾 *Apamea aquila* Donzel, 1837 （图版 XXXIX：5）

形态特征：翅展 41～45 mm。头部褐色；触角棕褐色。胸部赭红色，领片赭红色。腹部灰色带淡赭色。前翅底色为赭红色；基线黑色略明显，在翅前缘可见一波浪形深赭色小短带；内横线为赭色双线，呈强波状由前缘斜向后延伸至后缘；中横线不明显，仅在翅前缘部分见一赭色细线；外横线黑色，明显呈强波浪状，由前缘斜向外呈圆弧形弯曲延伸至后缘；亚缘线隐约可见；外缘线由 1 列翅脉间的深赭色小点组成；饰毛赭色；环状纹不明显；肾状纹明显，为一近肾形斑。后翅底色赭灰色；新月纹明显；外缘区部分颜色略深；饰毛赭褐色。

分布：黑龙江、山东、湖北；俄罗斯、朝鲜、韩国、日本。

（42）　日美冬夜蛾 *Tiliacea japonago* (Wileman et West, 1929) （图版 XXXIX：6）

形态特征：翅展 32～34 mm。头部至腹部多黄色，胸部散布棕色至棕黄色。前翅棕黄色至黄色；基线褐色至褐红色，弧形；内横线褐色至褐红色，在 2A 脉后外斜；中横线黑色，较直，内斜，在后缘与内横线相交；外横线为纤细黑线，弧形弯曲，在 Cu_2 脉处内凹；亚缘线烟褐色，外侧亮黄色，与外横线略平行；外缘线黑色；顶角尖锐；翅脉褐色；环状纹圆形；肾状纹元宝形。后翅黄白色，翅脉黄绿色；新月纹不显；外缘区色较深。

分布：黑龙江；朝鲜、韩国、俄罗斯、日本。

（43）　苏峦冬夜蛾 *Conistra grisescens* Draudt, 1950 （图版 XXXIX：7）

形态特征：翅展 34～37 mm。本种个体变异很大。本种与绯纤峦冬夜蛾非常相似，区别在于本种体多为黑褐色；前翅底色多为黑褐色；各横线模糊；内横线和外横线棕灰色，弯曲，略可见；翅脉可见赭色至棕灰色。后翅烟褐色至淡黑褐色；新月纹隐约可见；饰毛淡灰黄色。

分布：黑龙江、江苏；朝鲜、韩国、俄罗斯、日本。

寄主：壳斗科、榆科、蔷薇科、山茱萸科植物。

（44）　日峦冬夜蛾 *Conistra ardescens* (Butler, 1879) （图版 XXXIX：8）

形态特征：翅展 40～44 mm。头部和胸部棕灰色。腹部多扁宽，背部棕灰色至棕褐色。前翅淡棕灰色，略有金属光泽；各横线模糊；内横线为淡褐色双线，内侧线较明显；中横线略明显；外横线棕色，与中横线平行；翅脉多呈灰色至灰白色；环状纹不显；肾状纹后端较明显，呈黑色斑。后翅黑褐色至灰褐色，具有淡金属光泽；新月纹呈暗褐色弧形线段，前缘色淡。

分布：黑龙江；朝鲜、韩国、俄罗斯、日本。

寄主：壳斗科、蔷薇科、山茱萸科植物。

（45）绯纤峦冬夜蛾 *Conistra fletcheri* Sugi, 1958（图版 XL：1）

形态特征：翅展 34～36 mm。本种个体变异较大。头部和腹部淡棕褐色；胸部暗棕褐色。前翅暗棕褐色，大部分翅脉呈灰色至棕灰色；基线棕灰色；内横线为棕灰色连续线，前缘和后缘区具有明显的弯折；中横线深褐色至深棕褐色，在中室段后角弯折明显；外横线棕灰色，外侧伴衬烟黑色；亚缘线由翅脉间的黑色点斑列组成，底色为淡棕灰色；外缘线棕色，其内侧伴衬黑色点斑列；环状纹斜状椭圆形，具有棕黄色外框；肾状纹腰果形，具有棕黄色外框；亚缘线区和外缘区色较淡。后翅暗烟褐色；新月纹深褐色；外缘线深褐色；前缘和后缘色较淡。

分布：黑龙江；朝鲜、韩国、俄罗斯、日本。

（46）白峦冬夜蛾 *Conistra albipuncta* (Leech, 1889)（图版 XL：2）

形态特征：翅展 38～42 mm。头部至腹部棕黄色。前翅棕黄色；各横线较底色色淡，且多模糊；内、外横线为双线，内侧线较明显；中横线较底色略深，模糊；亚缘线由翅脉间褐色点斑列组成，底色为淡棕黄色；环状纹模糊；肾状纹后端为黑色点斑，其余部分模糊。后翅暗烟褐色，金属光泽强烈；新月纹为深褐色弧形线段；饰毛黄色。

分布：黑龙江；朝鲜、韩国、俄罗斯、日本。

寄主：桦木科、壳斗科、槭树科植物。

（47）褐锈峦冬夜蛾 *Conistra castaneofasciata* (Motschulsky, 1860)（图版 XL：3）

形态特征：翅展 30～34 mm。本种与远东峦冬夜蛾非常相似，区别在于本种翅展较小；前翅底色为深红色至暗红色，散布暗褐色烟雾状点斑；中横线暗褐色，明显；肾状纹和环状纹较清晰，前者分裂成 2 个圆形斑；外缘区多为淡赭色。后翅深灰褐色；外横线赭色，后半部可见；前缘和外缘区深赭色。

分布：黑龙江、陕西、云南；韩国、俄罗斯、日本。

寄主：壳斗科植物。

（48）北锈峦冬夜蛾 *Conistra filipjevi* Kononenko, 1978（图版 XL：4）

形态特征：翅展 36～39 mm。头部棕黄色；触角丝状。胸部棕红色，密布长鳞毛；腹部较胸部色淡。前翅棕红色至橙色；基线为黑色至深褐色双线，波浪形；内横线为黑色双线，多不连续，波浪形；中横线为黑色单线，中室端外凸弧形明显；外横线为黑色至褐色双线，多不连续，与中横线近乎平行；

亚缘线黑色，多由小点斑组成；环状纹隐约可见内侧黑框；肾状纹多显后半部黑色点斑。后翅较前翅色淡，具金属光泽，翅脉深褐色，可见；饰毛灰黄色。

分布：黑龙江；韩国、俄罗斯、日本。

（49）白斑兜夜蛾 *Cosmia restituta* Walker, 1857（图版 XL：5）

形态特征：翅展 32～36 mm。头部棕绿色；触角丝状。腹部棕绿色；腹部黑褐色。前翅棕褐色至棕绿色，泛红色；基线为外斜白色条斑；内横线黑色，在其内侧中室后缘前伴衬黑色不规则白色条斑；中横线黑色，中段外向弧形弯曲明显；外横线为纤细黑线，前缘区内侧伴衬白色角状条斑；亚缘线黑色，较模糊，外侧在前缘区伴衬小白斑；外缘线前半部由黑的点斑组成；外缘在 M_1 脉至 M_3 脉突出明显；环状纹棕红色圆斑；肾状纹深棕红色椭圆形；前缘区散布棕红色。后翅基半部烟黑色，外半部深黑色；饰毛橙色。

分布：黑龙江、吉林、辽宁、甘肃、台湾；朝鲜、韩国、俄罗斯、日本、印度、尼泊尔。

（50）毛眼夜蛾 *Blepharita amica* (Treitschke, 1825)（图版 XL：6）

形态特征：翅展 51～53 mm。头部棕灰色；雄性触角双栉齿状，雌性触角丝状。胸部深棕褐色；腹部棕灰色。前翅棕褐色；基部棕色；内横线淡灰色，外侧伴衬黑色；中横线烟黑色，较模糊；外横线淡灰色，中室端外侧弧形弯曲较大；亚缘线棕灰色，在 Cu_1 脉呈尖角至外缘；环状纹外斜的棕灰色至棕黄色；肾状纹内斜的棕灰至棕黄色腰果形斑；外缘区、中横线区、外横线区色深。后翅棕灰色，翅脉褐色，可见；中横线纤细，烟灰色；外横线为宽的烟灰色带。

分布：黑龙江、吉林、辽宁；俄罗斯、朝鲜、韩国。

寄主：稠李。

（51）旋歧夜蛾 *Anarta trifolli* (Hufnagel, 1766)（图版 XL：7）

形态特征：翅展 31～38 mm。头部至胸部黑褐色至深褐色；触角丝状。腹部棕灰色。前翅褐绿色至灰褐色，不同个体颜色变异较大；基线为黑色双线，内侧线明显；内横线为黑色双线，内侧线较明显；中横线仅在前缘区可见烟黑色至黑色；外横线烟黑色，在后缘近内横线；亚缘线棕黄色，在 M_3 脉、Cu_1 脉、Cu_2 脉间弯折大而明显；外缘线黑色，内侧伴衬小三角形斑；环状纹圆形，具黑色外框；肾状纹近方形，具黑色外框。后翅基半部淡棕灰色，外半部黑色，翅脉黑色可见；饰毛黄色；新月纹为褐色小点斑。

分布：黑龙江、吉林、河北、新疆、青海、宁夏、甘肃、西藏；朝鲜、韩国、蒙古、日本、印度、中亚、欧洲、北非。

寄主：洋葱及多种草本植物。

（52）灰夜蛾 *Polia nebulosa* (Hufnagel, 1766)（图版 XL：8）

　　形态特征：翅展约 50 mm。头部黑褐色；触角丝状。胸部青黑色；腹部灰褐色。前翅黑灰色，散布白色；基线为黑色双线；内横线为黑色双线，内侧线较淡；中横线模糊，仅在前缘区略可见；外横线为纤细的黑色双线，波浪形弯曲；亚缘线为黑色双线，不连续，仅在翅脉上可见；外横线灰白色，内侧伴衬黑色月牙斑；环状纹为青灰色大圆斑，具有黑框；肾状纹肾形，青灰色，具有黑色外框，中央略暗褐色；臀角具有黑色斜斑。后翅烟灰色，至基部色渐淡。

　　分布：黑龙江、吉林、新疆、青海、甘肃、山西；韩国、日本、蒙古，欧洲。

　　寄主：桦树、柳树、榆属植物。

（53）乌夜蛾 *Melanchra persicariae* (Linnaeus, 1761)（图版 XLI：1）

　　形态特征：翅展 38～42 mm。头部褐色；触角丝状。胸部黑色，散布褐色；腹部褐色。前翅黑褐色至深黑色；基线黑色，短粗；内横线为黑色双线，波浪形，双线间棕褐色；中横线黑色，与内横线近似平行；外横线为黑色双线，在翅脉上呈尖突，双线间棕褐色；亚缘线黄白色至烟色，内侧伴衬黑色；外缘线黄白色，内侧伴衬黑色月牙斑；环状纹圆形，烟黑色，具有黑色外框；肾状纹黄白色至白色，中央具有棕黄色条纹；中室后缘具有黑色条纹；楔状纹拇指形，具有黑色外框。后翅灰白色，基半部色淡，外半部烟灰色；中横线烟黑色，纤细；新月纹为烟灰色点斑。

　　分布：黑龙江、吉林、内蒙古、河北、山西、山东、河南、四川、云南；韩国、日本，欧洲。

　　寄主：多食性，取食多种低矮草本植物，秋季危害柳、桦、楸树等木本植物。

（54）甘蓝夜蛾 *Mamestra brassicae* (Linnaeus, 1758)（图版 XLI：2）

　　形态特征：翅展 40～47 mm。头部黑褐色；触角褐色。胸部暗褐色带灰色，领片褐色。腹部褐色。前翅底色黑褐色；基线黑色略可见，于翅基部圆弧形外曲；内横线黑色，略明显，由前缘斜向外向后缘延伸；中横线不明显；外横线黑色，明显，由前缘向外呈圆弧形外曲；亚缘线灰色，不明显；外缘线为一条黑色细线；饰毛黑褐色；环状纹略可见，为一近圆形褐色斑；肾状纹为一褐色近肾形斑。后翅底色为淡褐色；新月纹隐约可见；外缘区部分颜色较深；饰毛褐色。

　　分布：东北、内蒙古、北京、河北、河南、青海、宁夏、甘肃、陕西、山西、山东、浙江、湖北、湖南、江西、四川、西藏；朝鲜、韩国、日本、印度，欧洲。

　　寄主：十字花科、伞形科、蔷薇科植物等。

（55）唤盗夜蛾 *Sideridis honeyi* (Yoshimoto, 1989)（图版 XLI：3）

　　形态特征：翅展 31～33 mm。头部黑褐色；触角黄褐色。胸部褐色带灰色，领片褐色。腹部褐色。前翅底色黑褐色；基线黑色，略可见，于翅基部圆弧形外曲；内横线黑色，明显，由前缘斜向外向后缘延伸；中横线不明显；外横线黑色，明显，由前缘向外呈圆弧形外曲；亚缘线灰色，呈不规则波浪形，由前缘紧贴外缘线延伸至后缘；外缘线为 1 条黑色细线；饰毛黑褐色；环状纹明显，为一近椭圆形斑，边缘白色；肾状纹为一不规则长条形斑，边缘白色。后翅底色为褐色；新月纹隐约可见；外缘区部分颜色较深；饰毛黑褐色。

分布：黑龙江、北京、河北、山东、台湾；俄罗斯、朝鲜、韩国、日本。

寄主：须苞石竹、坚硬女娄菜、康乃馨及繁缕属植物等。

（56） 齿斑盗夜蛾 *Hadena variolata* (Smith, 1888)（图版 XLI：4）

形态特征：翅展 34~36 mm。头部棕褐色；触角丝状。胸部黑白相间；腹部棕绿色。前翅黑褐色；基线黑色，波浪状；内横线为黑色双线；中横线为黑色双线，与内横线略平行；外横线为黑色双线，在后缘区与内横线靠近；亚缘线白色，内侧伴衬黑色斑；外缘线黑色，内侧伴衬白色；环状纹白色，方形；肾状纹白色，肾形，内有褐色条斑，基部白色；内横线区内侧及后缘区白色；中横线区在 2A 脉前可见白色斜斑；外缘区在后缘散布白色；顶角区可见暗白色。后翅烟黑色，基半部色淡，多散布棕黄色；外半部烟黑色渐深；饰毛棕黄色。

分布：黑龙江、吉林、四川、云南；朝鲜、韩国、蒙古、俄罗斯、日本，中亚，北美。

（57） 角线研夜蛾 *Mythimna conigera* ([Denis & Schiffermuller], 1775)（图版 XLI：5）

形态特征：翅展 31 ~ 33 mm。头棕黄色；触角丝状。胸部棕色，领片微黄；腹部淡棕红色至棕色。前翅棕色至淡棕红色；基线为隐约可见的内斜线；内横线深褐色，大"L"形弯折；中横线、外横线模糊；亚缘线深褐色内向弧形弯曲；外缘线深褐色；肾状纹模糊可见；中室后缘顶端可见卵形白斑；前缘区色深。后翅基半部灰黄色，外半部黑色，烟雾状；外横线黑色，弧形弯曲；翅脉黑色，可见。

分布：黑龙江、吉林、内蒙古、河北、山西；韩国，欧洲。

（58） 黏虫 *Mythimna separata* (Walker, 1865)（图版 XLI：6）

形态特征：翅展 36 ~ 40 mm。头部黄褐色；触角褐色。胸部褐色，领片灰褐色。腹部灰褐色。前翅狭长，底色为黄褐色；基线不明显；内横线不明显；中横线不明显；外横线黑色点状，隐约可见，由前缘斜向外呈圆弧形弯曲，与外缘近平行延伸至后缘；亚缘线隐约可见；外缘线由翅脉间黑色小点组成；饰毛黑褐色；环状纹褐色，明显，为一近圆形斑；肾状纹褐色，明显，为一近椭圆形斑；翅顶角与外缘线间具一黑色暗色带。后翅底色为黄褐色；新月纹隐约可见；外缘区部分黑色；饰毛褐色。

分布：除新疆外全国广泛分布；韩国、日本、俄罗斯远东地区，东南亚等。

寄主：麦、玉米、高粱等。

（59） 白松黏夜蛾 *Mythimna monticola* Sugi, 1958（图版 XLI：7）

形态特征：翅展 45 ~ 48 mm。头部棕褐色；触角褐色。胸部暗褐色带棕色，领片褐色。腹部褐色。前翅底色为棕褐色；基线黑色，不明显，仅在翅前缘基部可见一小点；内横线黑色，明显，由前缘斜向外延伸后内折，至 3A 脉处再内折；中横线不明显；外横线黑色，明显，由前缘与外缘平行向后缘延伸；亚缘线不明显；外缘线由翅脉间黑色小点组成；饰毛棕褐色；环状纹不显；肾状纹不明显，中室下角可见一黄色"，"形斑，斑外侧常具黑色暗影区。后翅底色为黄褐色；新月纹隐约可见；外缘区部分颜色较深；饰毛黄褐色。

分布：黑龙江、吉林、辽宁、北京、山东；俄罗斯、朝鲜、韩国、日本。

（60）翠色狼夜蛾 *Actebia praecox* (Linnaeus, 1758)（图版 XLI：8）

形态特征：翅展 40～43 mm。本种个体间颜色差异较大，褐绿色至灰绿色。头棕灰色；触角丝状。胸部褐色。腹部为灰褐色。前翅狭长，基线也黑色双线，双线间灰白色；内横线为双线，内侧白色外侧黑色，波浪形弯曲；中横线淡黑色，较模糊，与外横线平行；外横线为黑色双线，内侧线较外侧线明显，双线间较底色略淡；亚缘线灰白色至淡灰色；外缘线黑色；顶角灰白色明显；肾状纹和环状纹黄白色，中间可见棕色条纹或斑；楔状纹乳突状，具有黑色外框。后翅扇形，较前翅色深，基半部色略浅。

分布：黑龙江、吉林、辽宁、河北；朝鲜、韩国、蒙古、日本、俄罗斯。

寄主：桃、梨、柳、蒿属植物。

（61）小地老虎 *Agrotis ipsilon* (Hufnagel, 1766)（图版 XLII：1）

形态特征：翅展 37～40 mm。头部黄褐色至黑褐色，额区黄褐色；下唇须黑褐色；触角栉形。胸部黄褐色至赭黄色。腹部黄色。前翅黄色至黑褐色，基线黑色双线不明显；内横线为深褐色双线，波浪状弯折；中横线深褐色，向内弧形弯曲；外横线深褐色，水波纹状；亚缘线黄色；顶角具一黄斑；外缘线由一列小黑点组成；饰毛黄色；环状纹黑色，不明显，为一小圆斑，内部黄色；肾状纹黄色，外侧具黑色阴影区。后翅浅黄色，翅脉深褐色，明显；新月纹黄色；臀角着生淡黄色鳞毛；外缘线黑色，近臀角变浅；饰毛淡黄色。

分布：全国广泛分布；世界性分布。

寄主：棉、玉米、小麦、高粱、烟草、马铃薯、麻、豆类。

（62）大地老虎 *Agrotis tokionis* Butler, 1881（图版 XLII：2）

形态特征：翅展 45～50 mm。头部灰色。胸部褐色杂灰色。腹部灰色。前翅褐色杂红色，基线、内横线均为褐色双线；中横线褐色，雾状分布；外横线褐色，较细；亚缘线灰色；环状纹圆形，褐色，伴有黑色边框；肾状纹黑褐色，伴有黑色边框，外侧有一黑色斑块；楔状纹指形。后翅前缘和外缘区褐色，明显；新月纹不明显；外缘 M_2 脉处稍凹陷。

分布：全国广泛分布；朝鲜、韩国、日本、俄罗斯远东地区。

寄主：棉花、玉米、高粱、烟草等。

（63）黄地老虎 *Agrotis segetum* ([Denis & Schiffermuller], 1775)（图版 XLII：3）

形态特征：翅展 39～42 mm。头部黄褐色至黑褐色，额区黄褐色；下唇黄褐色；触角栉齿状。胸部黄褐色至赭黄色；足黑褐色。腹部黄色。前翅黄色至黄褐色，基线黑色双线至中部消失；内横线为黑色双线，波曲，内部的1条模糊；中横线不可见，外横线深褐色，波曲，模糊；亚缘线为黑褐色双线，水波纹状弯曲；外缘线由许多小黑点组成；饰毛黄色；环状纹较小，黑色，内部深黄色；肾状纹黑色，内侧有黑褐色阴影；基线至内横线区域深黑褐色。后翅淡黄色，翅脉黄褐色，明显；新月纹不明显；臀角着生黄色鳞毛；外缘线黑色；饰毛浅黄色。

分布：东北、西北、华北、华中、华东、西南；朝鲜、韩国、日本、印度，欧洲、非洲等。

寄主：棉、玉米、小麦、高粱、烟草、甜菜、马铃薯、栎、山杨、云杉、松、栢等。

（64）矛夜蛾 *Spaelotis ravida* ([Denis & Schiffermuller], 1775)（图版 XLII：4）

形态特征：翅展 39 ~ 42 mm。头部褐色至黑褐色，额区褐色；下唇须黄褐色；触角线状。胸部褐色至黑褐色。腹部黄褐色。前翅褐色至黑褐色，前缘硬化；基线为黑色双线，波曲至后半部渐模糊；内横线为黑色双线，波曲，在前缘硬化部分末端波纹略消失；中横线不明显；外横线为黑色双线，略模糊，波曲状向内弧形弯曲；亚缘线黑色，波曲；外缘线由许多小黑点组成；饰毛黄褐色；环状纹黑色；肾状纹黑色。后翅杏黄色；新月纹不明显；臀角着生黄色鳞毛；外缘线黑色于翅脉处断开；饰毛黄色。

分布：黑龙江、内蒙古、河北、新疆、青海、山东、江苏；朝鲜、韩国、日本、印度，西亚、欧洲。

（65）朽木夜蛾 *Axylia putris* (Linnaeus, 1761)（图版 XLII：4）

形态特征：翅展 28 ~ 30 mm。头部黄褐色；触角黑褐色。胸部黄褐色带黑色，领片深褐色。腹部黄褐色。前翅底色为淡黄褐色，翅前缘暗黑色；基线略明显，于前翅基部可见两黑点；内横线为双线，明显，波浪状；中横线不明显；外横线为黑色双线，明显，呈圆弧形弯曲，与外缘近平行延伸至后缘；亚缘线不明显；外缘线由翅脉间黑色小点组成；饰毛黄褐色；环状纹隐约可见，为一黑色近圆形斑；肾状纹黑色明显；外缘具一近三角形暗影区。后翅底色为灰色；新月纹隐约可见；外缘区部分黑色明显；饰毛黑褐色。

分布：黑龙江、吉林、北京、河北、新疆、甘肃、青海、宁夏、山西、山东、安徽、江苏、上海、浙江、福建、四川；朝鲜、韩国、日本、印度尼西亚、印度，欧洲。

寄主：繁缕属、滨藜属、车钱属植物等。

（66）歹夜蛾 *Diarsia dahlii* (Hübner, [1813])（图版 XLII：5）

形态特征：翅展 28 ~ 32 mm。头部黄色至黄褐色，额区黄色；下唇须浅黄色；触角线状。胸部浅黄色至黄褐色。腹部杏黄色。前翅黄色至黄褐色；基线为黑色双线，波曲至中部略消失；内横线为黑色双线，水波纹状；中横线黄褐色，波曲；外横线为黄褐色双线，水波纹状波曲或向内弧曲；亚缘线浅黄色，外侧具向外扩散的阴影；外缘线由1列小黑点组成；饰毛黄褐色；环状纹深褐色；肾状纹深褐色，明显。后翅黄褐色，近外缘处发黑；新月纹灰褐色隐约可见；外缘线黑褐色；饰毛淡黄色。

分布：黑龙江、吉林、新疆、青海、山西、山东、四川、云南；朝鲜、韩国、日本，欧洲。

寄主：柳、山楂等。

（67）灰夃夜蛾 *Diarsia canescens* **(Butler, 1878)**（图版 XLII：6）

形态特征：翅展 32～35 mm。头部黄褐色，额区杏黄色；下唇须杏黄色；触角线状。胸部红棕色至黄褐色。腹部黄褐色。前翅底色为褐色至赭红色；基线褐色，波曲，不清晰，延伸至中部略消失；内横线为褐色双线，波曲至后缘间距渐宽；中横线褐色，波曲，不明显；外横线为褐色双线，呈水波纹状；亚缘线浅黄色，具黑色向外扩散的阴影；外缘线由 1 列小黑点组成；饰毛黄褐色；环状纹大型，黄褐色，肾状纹黄褐色，明显。后翅灰褐色，近顶角处颜色略深；新月纹灰色，不明显；外缘线黄褐色；饰毛淡黄褐色。

分布：黑龙江、内蒙古、河北、河南、青海、新疆、山东、湖北、湖南、江西、四川；朝鲜、韩国、日本、印度、缅甸，欧洲。

寄主：紫云英、茶。

（68）八字地老虎 *Xestia c-nigrum* **(Linnaeus, 1758)**（图版 XLII：8）

形态特征：翅展 28～37 mm。头部褐色。胸部灰褐色，中前胸稍暗，领片前缘赭灰色。腹部赭灰色，各节相交处鳞毛较长。前翅灰褐色，基线和内横线为黑褐色双线，中横线不显，外横线黑褐色，在外侧锯齿端有黑色点斑；亚缘线在前缘处黑斑明显，其余纤细；外缘线黑色伴有赭灰色；中室基部后侧有黑色斑块，前缘在内横线和外横线间灰黄色，与环状纹和肾状纹相接；环状纹和肾状纹内外侧黑斑明显。后翅灰黄色，近外缘颜色较暗；新月纹不显；翅脉灰绿色可见，外缘在 M_2 脉处稍凹陷。

分布：全国各地；朝鲜，韩国，日本，斯里兰卡，印度，巴基斯坦，尼泊尔，阿富汗，俄罗斯远东地区、西伯利亚、乌拉尔地区，蒙古，以及欧洲、西亚、北非、北美洲。

寄主：禾谷类、柳、葡萄等。

（69）褐纹鲁夜蛾 *Xestia fuscostigma* **(Bremer, 1861)**（图版 XLIII：1）

形态特征：翅展约 35 mm。头部棕灰色。胸部黑褐色，后端棕灰色。腹部棕灰色。前翅棕灰色杂有褐色，基线、内横线、外横线均为双线，外横线内侧线由向内弯曲的小曲线相连；中横线隐约可见，褐色，雾状分布；亚缘线在前缘有小三角形深褐色斑，其余浅棕色；外缘区深褐色明显；环状纹和肾状纹深褐色，同时二者相连呈长形斑块。后翅较前翅颜色浅，新月纹小而不明显；外缘区和内缘区均褐色；外缘褐色，在 M_2 脉处稍凹陷；饰毛棕色。

分布：黑龙江、吉林、内蒙古、新疆、台湾；俄罗斯远东地区、日本、朝鲜、韩国。

（70）东风夜蛾 *Eurois occulta* **(Linnaeus, 1758)**（图版 XLIII：2）

形态特征：翅展 53～57 mm。头、胸部暗褐色，杂有灰白色。腹部褐色。前翅暗褐色，内外横线区杂绿色；基线、内横线、外横线、亚缘线均为褐色双线；中横线褐色，雾状；环状纹灰色伴有褐色边框，较大；肾状纹较环状纹不明显，灰色；内横线外侧和外横线内侧杂有绿色，外横线锯齿端部有白色点斑分布；外缘锯齿形，浅绿色。后翅褐色，新月纹和翅脉隐约可见；外缘具白色饰毛，Rs 脉和 Cu_1 脉处略突出，M_2 脉处略凹陷。

分布：黑龙江、吉林、辽宁；朝鲜，韩国，日本，俄罗斯远东地区、西伯利亚、乌拉尔地区、欧洲部分，蒙古，欧洲芬诺斯坎底亚和冰岛到西班牙北部、意大利北部、巴尔干北部，格陵兰岛，加拿大，美国北部。

寄主：报春、蒲公英等属植物。

蝶类 Butterfly

7.22　弄蝶科 Hesperiidae

（1）深山珠弄蝶 *Erynnis montana* (Bremer, 1861)（图版 XLIII：3）

形态特征：小型。翅黑褐色，雄性具紫色光泽；前翅外半部有深灰色云状斑纹，其前缘有 1 列模糊的白点；后翅具 2 列黄色斑纹，内侧斑纹较大，排列不规则；中室端斑 1 个。雌性前翅中域有一宽黄白色波状带纹；后翅外缘散布明显的黄色斑点。

分布：黑龙江、吉林、辽宁、北京、天津、河北、青海、陕西、山西、河南、山东、浙江、四川、云南；朝鲜、俄罗斯、日本。

寄主：壳斗科栎属植物。

（2）花弄蝶 *Pyrgus maculatus* (Bremer et Grey, 1853)（图版 XLIII：4）

形态特征：小型。翅褐色，外缘有黑白相间的斑纹；前翅中室有 1 块白斑，周边白斑散布。后翅中域有一大一小两个白斑。

分布：黑龙江、吉林、辽宁、河北、甘肃、陕西、山西、山东、河南、浙江、湖北、江西、广东、福建；朝鲜、蒙古、日本、俄罗斯。

寄主：蔷薇科。

（3）白斑赭弄蝶 *Ochlodes subhyalina* (Bremer et Grey, 1853)（图版 XLIII：5）

形态特征：雄蝶翅正面赭色，前翅外缘脉间有黑褐色斑纹；性标黑色纺锤形；Cu_2 室斑狭长；后翅缘区呈黑褐色，中域有模糊的黑色斑 3~4 个。翅反面颜色较翅正面颜色淡，前翅后半部黑褐色，后翅基部多黄绿色毛，斑纹不明显。雌蝶翅正面褐色，除前翅 Cu_2 室和后翅的 3 个斑纹为橙黄色外，余下斑纹皆为白色，前翅有中室端斑 2 个、亚顶端斑 3 个、外横斑 2 个，以 Cu_1 脉斑纹最大，近方形。翅反面黄褐色，前翅后半部色暗，后翅基部深褐色，其斑纹与翅面相同。

分布：黑龙江、吉林、河南、陕西、山东、湖北、浙江、福建、江西、四川、贵州、西藏、云南、台湾；朝鲜、韩国、日本、缅甸、印度。

寄主：禾本科。

（4）黑豹弄蝶 *Thymelicus sylvaticus* (Bremer, 1861)（图版 XLIII：6）

形态特征：翅正反面橙黄色或红褐色，脉纹黑色，雄蝶翅色较淡无性标，雌蝶两翅正面外缘具黑褐色色带，翅基部有明显黑色区域，中室端外的黑斑发达，M_2 室的黄斑较 M_3 室的长或等长。

分布：黑龙江、辽宁、山西、河南、陕西、甘肃、山东、湖北、湖南、江西、福建；朝鲜、韩国、日本。

寄主：禾本科。

7.23　凤蝶科 Papilionidae

（1）金凤蝶 *Papilio machaon* Linnaeus, 1758（图版 XLIII：7）

形态特征：翅黄色前翅外缘具黑色宽带，宽带内嵌有 8 个黄色椭圆斑，中室端部有 2 个黑斑，翅基部黑色，宽带及基部黑色区域上散生着黄色鳞粉；后翅外缘黑色宽带内嵌有 6 个黄色新月斑，其内有略呈新月形的蓝斑，臀角有 1 个赭黄色斑。翅反面斑纹同正面斑纹，但颜色较浅。

分布：黑龙江、吉林、河北、河南、新疆、陕西、甘肃、山东、浙江、福建、江西、云南、西藏、广东、台湾，欧洲、北非、北美等。

寄主：伞形科。

（2）柑橘凤蝶 *Papilio xuthus* Linnaeus, 1767（图版 XLIII：8）

形态特征：翅黄绿色，沿脉纹有黑色带；A 脉上的黑带分叉；外缘有黑色宽带。前翅黑色宽带中嵌有 8 个黄绿色的新月斑，中室端有 2 个黑斑，基部有 1~5 条黑色纵纹。后翅黑带中嵌有 6 个黄绿色新月斑，其内有蓝色斑列，中室黄绿色，无斑纹，臀角处有一橙色圆斑，其中具一黑点。

分布：黑龙江、吉林、辽宁、河北、甘肃、山西、陕西、山东、江苏、河南、浙江、四川、福建、广东、广西、江西、台湾、云南等；缅甸、朝鲜、韩国、日本、越南。

寄主：楝叶吴茱萸、臭檀吴茱萸、花椒、柑橘属植物。

（3）绿带翠凤蝶 *Papilio maackii* Ménétriès, 1858（图版 XLIV：1）

形态特征：大型种类。分春夏两型，其体形差别较大，春型较小。体、翅黑色，满布金绿色鳞片。前翅亚外缘有金绿色鳞片横带，并与后翅的带状纹相连接。后翅外缘有 6 个红色或翠蓝色的弯月形斑纹；臀角有 1 个环形或半环形斑纹，周围有蓝边。尾突中有 1 条蓝绿色线。翅反面色淡。后翅反面外缘红斑特别清晰、明显。雄性前翅中室外侧有黑色天鹅绒状性标。

分布：黑龙江、吉林、辽宁、北京、天津、河北、浙江、江西、湖北、四川、贵州、云南、台湾；

朝鲜、俄罗斯、日本。

寄主：芸香科植物。

（4）碧凤蝶 *Papilio bianor* Cramer, [1777]（图版 XLIV：2）

形态特征： 体色黑色，翅面黑色。前翅端半部色淡，翅脉间多散布黄色和蓝色鳞片。后翅亚外缘有 6 个粉红色和蓝色飞鸟形斑，臀角有 1 个半圆形粉红色斑，翅中域特别是近前缘形成大片蓝色区域。翅反面色淡，斑纹十分明显。

分布： 黑龙江、辽宁、吉林、河北、山西、陕西、甘肃、青海、山东、江苏、河南、湖南、湖北、四川、云南、海南、福建、江西、广西、广东、西藏、台湾等；朝鲜、韩国、日本、越南北部、印度、缅甸。

寄主： 楝叶吴茱萸、臭檀吴茱萸。

（5）丝带凤蝶 *Sericinus montelus* Gray, 1852（图版 XLIV：3）

形态特性： 翅淡黄色。雄蝶前翅前缘黑色，外缘具狭窄黑带，翅中域具间断黑横带，中室端、中部和基部各具 1 条黑色斑；后翅外缘脉端具黑点，臀角具横向不规则黑斑，内有 3~4 个小蓝斑和 1 个横红斑。雌蝶前翅外缘、亚外缘各具 1 条黑色横带，中域黑色横带间断，中室具 3 个大黑斑和 2 个小黑斑，后缘有 2 个大黑斑；后翅外缘和亚缘各具 1 条黑色横带，外缘横带嵌有蓝色斑，亚外缘横带前有红色横带，翅基部具 2 条斜行不规则暗带纹，尾突细长。

分布： 黑龙江、吉林、河北、宁夏、甘肃、陕西、河南、山东、江苏；朝鲜、韩国等。

寄主： 马兜铃科植物。

（6）麝凤蝶 *Byasa alcinous* (Klug, 1836)（图版 XLIV：4）

形态特征： 翅灰褐色，翅脉黑褐色。前翅中室具 4 条黑褐色纵条纹，翅脉间亦具黑褐色纵条纹；后翅沿前后缘有 7 个略呈新月形的红斑，部分雄蝶后翅红斑弱，明显或不明显。

分布： 黑龙江、吉林、辽宁、河南、陕西、甘肃、山东、湖南、湖北、江西、四川、云南；日本、老挝、越南。

寄主： 北马兜铃。

7.24 粉蝶科 Pieridae

（1）斑缘豆粉蝶 *Colias erate* (Esper, [1805])（图版 XLIV：5）

形态特征： 中型种类。雌雄异型，雄性黄色，雌性白色。前翅外缘宽黑色区具有几个黄色斑，中室端有 1 个黑点。后翅外缘有断续的黑斑纹，中室内有 1 个橙黄色点斑。

分布： 东北、华北、华中、新疆、江苏、浙江、福建、云南、西藏；朝鲜，东欧。

寄主：大豆、苜蓿等。

（2）尖钩粉蝶 *Gonepteryx mahaguru* **Gistel, 1857**（图版 XLV：1）

形态特征：中型种类。雌雄异型，雄性淡黄色，雌性淡绿色或黄白色。前翅顶角突出，呈尖锐的钩状。前后翅的中室有 1 个橙色的小圆斑。后翅内缘呈波浪状。

分布：黑龙江、吉林、辽宁、河南、陕西、浙江、西藏、台湾，华北；朝鲜、俄罗斯、日本。

寄主：东北鼠李、金刚鼠李等鼠李属植物。

（3）小襞绢粉蝶 *Aporia hippia* **(Bremer, 1861)**（图版 XLV：2）

形态特征：中型种类。本种与绢粉蝶相似，主要区别在于本种翅反面基部有 1 个橙黄色斑点；翅脉较同类宽和黑；翅缘色浅，黑斑大。

分布：东北、西北、河南、云南、西藏、台湾；朝鲜、俄罗斯、日本。

寄主：小襞科植物。

（4）绢粉蝶 *Aporia crataegi* **(Linnaeus, 1758)**（图版 XLV：3）

形态特征：中型种类。翅白色至黄白色，翅脉黑褐色，明显；翅反面脉纹较正面脉纹更为明显。后翅反面的区域常散布一些淡白色鳞片。

分布：东北、华北、西北、华东、华中、西南；朝鲜、俄罗斯、日本，西欧、北非。

寄主：多种蔷薇科果树。

（5）菜粉蝶 *Pieris rapae* **(Linnaeus, 1758)**（图版 XLV：4）

形态特征：翅面和脉纹白色，翅基部和前翅前缘较暗；雌性的特别明显，前翅顶角和中央有 2 个黑色斑纹，后翅前缘有 1 个黑斑。

分布：黑龙江、吉林、辽宁、山西、河北、陕西、山东、甘肃、江苏、湖北、湖南、江西、福建、四川、云南等；俄罗斯、日本、朝鲜、韩国，北美洲。

寄主：十字花科植物。

（6）黑纹粉蝶 *Pieris melete* **Ménétriès, 1857**（图版 XLV：5）

形态特征：雄蝶翅白色，脉纹黑色；前翅脉纹、顶角及后缘均为黑色，近外缘的 2 个黑斑较大，且下面的 1 个黑斑与后缘的黑带相连；后翅前缘外有 1 个黑色圆斑；翅的反面、前翅顶角及后翅具黄色鳞粉，后翅基角处有 1 橙黄色斑点。雌蝶翅基部淡黑褐色，色斑及后边末端条纹扩大，其余同雄蝶。本种有春、夏两型；春型体较小，翅型稍长，黑色部分较深；夏型体较大，体色较春型淡而斑纹明显。

分布：黑龙江、辽宁、河南、陕西、山东、湖北、福建、江西、广西；朝鲜、韩国、日本、俄罗斯。

寄主：十字花科植物。

（7）云粉蝶 *Pontia daplidice* **(Linnaeus, 1758)** （图版 XLV：6）

形态特征：雄蝶前翅正面白色，顶角至外缘 Cu_2 脉有浅褐色斑，亚顶端部有 2 个褐色斑，中室端黑斑中有浅色线；后翅斑纹三角形或圆形；反面前翅顶角和亚顶端的斑相连呈黄褐色，后翅斑纹黄褐色约占翅面 3/4，中室外各脉纹两侧条斑在亚外缘处相连成带。雌蝶翅正面亚端部斑纹较雄蝶的明显。

分布：黑龙江、辽宁、河北、陕西、山西、河南、山东、甘肃、宁夏、西藏、新疆、青海、江西、浙江、广东、广西等；俄罗斯，北非、西亚、中亚等。

寄主：十字花科植物。

（8）黄尖襟粉蝶 *Anthocharis scolymus* **Butler, 1866** （图版 XLV：7）

形态特征：小型种类。体黑色，掺杂白色鳞毛。翅白色，前翅中室端有 1 黑斑；顶角突出明显，由 3 个黑斑组成 1 个三角形。雄蝶在顶角处有 1 个橙黄色斑。后翅反面有一些深绿色斑纹。

分布：黑龙江、吉林、辽宁、河北、青海、陕西、山西、河南、湖北、福建；朝鲜、俄罗斯、日本。

寄主：十字花科植物。

（9）突角小粉蝶 *Leotidea amurensis* **Ménétriès, 1859** （图版 XLV：8）

形态特征：小型。本种有春、夏两型，春型小，夏型大。体纤细且长；翅白色，前缘外观近直线形，顶角突出明显，其上有明显的大卵圆形黑色斑。

分布：黑龙江、吉林、辽宁、河北、新疆、宁夏、甘肃、陕西、山西、山东；朝鲜、日本，中亚。

寄主：碎米荠属、野豌豆属植物。

7.25　蛱蝶科 Nymphalidae

（1）斗毛眼蝶 *Lasiommata deidamia* **(Eversmann, 1851)** （图版 XLVI：1）

形态特征：翅面黑褐色，前翅近端部有白色斜带，近顶角有 1 个黑色眼状斑，斑周围具暗黄色环，内有白点；后翅反面色淡，外缘有 2 条淡色细线纹和 6 个眼状斑，其外侧有淡黄色的弧形线，其内侧亚外缘有白色宽带。

分布：黑龙江、吉林、辽宁、北京、河北、山西、河南、宁夏、甘肃、青海、陕西、山东、四川、湖北、福建；朝鲜、韩国、日本。

寄主：莎草科植物。

（2）白眼蝶 *Melanargia halimede* **(Ménétriès, 1859)** （图版 XLVI：2）

形态特征：中型。翅白色，前翅前缘、外缘和后缘大部分区域黑色；顶角和中部区域有 2 条黑色不规则的斜带。后翅外缘呈弱波纹状，反面亚外缘有二大四小 6 个眼斑。

分布：黑龙江、吉林、辽宁、河北、青海、宁夏、甘肃、陕西、山西、河南、山东、湖北、四川；朝鲜、蒙古。

寄主：禾本科植物。

（3）蛇眼蝶 *Minois dryas* (Scopoli, 1763)（图版 XLVI：3）

形态特征：翅脉和脉纹黑褐色，前翅亚外缘有 2 个眼状斑，斑周围有淡黄色环，有紫蓝色瞳点；后翅近臀角也有一个较小的眼状斑，翅外缘呈齿状。翅反面，两翅亚外缘各有 1 条深色条带，后翅有 1 条宽的灰白色中横带，后翅眼状斑同前翅的。

分布：黑龙江、河北、陕西、山西、新疆、河南、山东、浙江、江西、福建；朝鲜、韩国、日本、俄罗斯，西欧。

（4）牧女珍眼蝶 *Coenonympha amaryllis* (Stoll, 1782)（图版 XLVI：4）

形态特征：翅黄褐色，前翅亚外缘有 3～4 个模糊的黑斑，前缘和外缘棕褐色；后翅周缘棕褐色，亚外缘有 6 个黑色眼斑，前翅反面亚外缘有 4～5 个眼斑，其两侧有橙红色条纹，后翅基部半灰色显黄绿色，眼斑列内侧有波曲的白带。

分布：黑龙江、河南、山东、浙江、新疆；朝鲜、韩国等。

（5）阿芬眼蝶 *Aphantopus hyperanthus* (Linnaeus, 1758)（图版 XLVI：5）

形态特征：中小型种类。翅深褐色，反面眼斑比正面眼斑清楚；前翅中室外端有 2～3 个眼斑；后翅前缘中部有 2 个眼斑，亚外缘有 3 个眼斑；眼斑中的瞳点白色。

分布：黑龙江、吉林、辽宁、河南；朝鲜。

寄主：禾本科、莎草科植物。

（6）柳紫闪蛱蝶 *Apatura ilia* ([Denis et Schiffermuller], 1775)（图版 XLVI：6）

形态特征：翅黑褐色，雄蝶有紫色闪光。前翅顶角、中室外和下方分别有 2 个、5 个和 3 个白斑；中室有 4 个黑点，此点在反面很清楚；反面 Cu_1 室有 1 个黑色蓝色眼斑，反面白色带上端很宽。后翅有 1 白色横带，正反面的相同；中室端部尖出显著。

分布：黑龙江、吉林、辽宁、河北、河南、新疆、甘肃、青海、陕西、山西、山东、浙江、江苏、福建、四川、云南；朝鲜、韩国，欧洲等地。

寄主：杨柳科。

（7）白斑迷蛱蝶 *Mimathyma schrenckii* (Ménétriès, 1859)（图版 XLVI：7）

形态特征：大型种类。翅面黑褐色，前翅顶角有 2 个小白斑，中室外有 1 条白色宽横带自前缘外斜向臀角，臀域有橙色斑。后翅亚外缘前端有 2～3 个小白斑，中室外有一卵圆形大白斑自前缘达中部，白斑边缘饰有蓝色闪光。前翅反面基部青白色，顶角银白色，外缘赭褐色，自前缘外斜向臀角的白色横带两侧饰蓝黑色。后翅反面银白色，前缘和外缘赭褐色，前缘 2/3 处有 1 条赭褐色横带斜至臀角，横带两侧均饰有黑边；中室外侧有 1 个很大的白斑。

分布：黑龙江、吉林、辽宁、北京、天津、河北、甘肃、陕西、山西、河南、浙江、福建、湖北、四川、云南；朝鲜、俄罗斯。

寄主：榆科植物。

(8) 黑脉蛱蝶 *Hestina assimilis* (Linnaeus, 1758)（图版 XLVI：8）

形态特征：本种有两类。一类翅正面淡蓝绿色，脉纹黑色，脉纹旁黑色阴影明显，前翅有多条纵向黑纹，留出淡蓝绿的底色，似斑纹；后翅亚外缘后半有 4～5 个红色斑，斑内有黑点，正反面的相同。另一类翅面淡蓝绿色，脉纹黑色，较清晰，前翅亚外缘有 8 个黑点，后翅亚外缘有 7 个黑点，正反面的相同。两类之间有过渡型。

分布：山东、黑龙江、吉林、辽宁、河北、河南、山西、陕西、甘肃、浙江、福建、湖南、湖北、江西、广东、广西、四川、贵州、云南、西藏、台湾等；朝鲜、韩国、日本。

寄主：榆科植物。

(9) 老豹蛱蝶 *Argyronome laodice* (Pallas, 1771)（图版 XLVII：1）

形态特征：中大型种类。翅橙黄色，斑纹黑色，外缘波状。前翅外缘有 1 列三角形黑斑，内侧有 2 列黑色斑点，斑点近圆形，大小不一；中室外侧有 1 列内斜的黑斑，中室内和端部有 4 条横纹，雄蝶在 Cu_2 脉和 1A+2A 脉上有黑褐色性标。后翅外缘区 3 列斑纹与前翅的相同，中部有一不规则的短横带，其内侧有 1 个横斑。雌蝶前翅正面顶角黑色。前翅反面淡黄褐色，顶角及外缘斑纹色淡，中带外侧有 3～4 个模糊的白斑。后翅反面基半部黄绿色，近中部有 1 条边界不清的褐色宽横线，交界处有一银色带纹；端半部褐色。

分布：黑龙江、吉林、辽宁、北京、天津、河北、新疆、青海、甘肃、宁夏、陕西、山西、河南、江苏、浙江、福建、湖北、湖南、云南、四川、西藏、台湾；朝鲜，中亚、欧洲。

寄主：松科、堇菜科、蔷薇科植物。

(10) 绿豹蛱蝶 *Argynnis paphia* (Linnaeus, 1758)（图版 XLVII：2）

形态特征：中大型种类。雌雄异型，雄蝶橙黄色，雌蝶暗灰色至灰橙色，黑斑较雄性发达。雄蝶前翅有 4 条粗长的黑褐色性标，分布在 M_3 脉、Cu_1 脉、Cu_2 脉、2A 脉上，中室内有 4 条短纹，翅端部有 3 列黑色圆斑；后翅基部灰色，有 1 条不规则波状中横线及 3 列圆斑。前翅反面顶端灰绿色，具波状中横线和 3 列圆斑，黑斑较正面的大；后翅反面灰绿色，具金属光泽，中部至基部有 3 条白色斜带。

分布：黑龙江、吉林、辽宁、河北、新疆、宁夏、甘肃、陕西、山西、河南、浙江、湖北、江西、福建、广东、广西、云南、四川、西藏、台湾；朝鲜、日本，欧洲、非洲。

寄主：堇菜科、莎草科、蔷薇科植物。

(11) 北冷珍蛱蝶 *Clossiana selene* ([Denis et Schiffermüller], 1775)（图版 XLVII：3）

形态特征：小型中略大的种类，翅橘红色。前翅中室有 4 个黑斑，亚外缘有 1 列三角形黑斑，中域内有 1 列圆形黑斑。后翅基部黑色，反面中域有块状白斑形成的曲带。

分布：黑龙江、吉林、河北。

(12) 断眉线蛱蝶 *Limenitis doerriesi* Staudinger, 1892（图版 XLVII：4）

形态特征：前翅黑褐色，中室内有 1 条纵的眉状白斑，斑近端部中段后向前尖出，呈三角状，中横白斑列在前翅弧形弯曲，在后翅带状，边缘不整齐；前翅的亚缘线有中断或白斑列，边缘不整齐。翅反面红褐色，后翅基部及臀区蓝灰色，翅面除白斑外各翅室有黑色斑或点，外缘线及亚缘线清晰。

分布：黑龙江、吉林、辽宁、山东、云南；朝鲜、韩国、俄罗斯。

寄主：忍冬科植物。

(13) 扬眉线蛱蝶 *Limenitis helmanni* (Lederer, 1853)（图版 XLVII：5）

形态特征：中型种类。翅黑褐色，前翅中室内有一纵向眉状白斑，近端部中断，端部向前尖出；中横带白斑列在前翅呈弧形弯曲，在后翅呈带状，边缘不整齐；前、后翅的亚缘线在雄蝶上不明显。

分布：黑龙江、吉林、辽宁、新疆、青海、甘肃、陕西、河南、湖北、江西、浙江、福建、四川；朝鲜、俄罗斯。

寄主：忍冬科植物。

(14) 小环蛱蝶 *Neptis sappho* (Pallas, 1771)（图版 XLVII：6）

形态特征：翅正面黑色，斑纹白色。前翅中室条状斑近端部被暗色线切断，外线处有白色带状斑；后翅中带弧形约等宽，内线处白色带状斑与前翅外线处白色带状斑几近相连，外侧带被深色翅脉隔开，亚外缘白斑带与前翅几近相连，靠近臀角变宽；触角基部颜色淡。翅反面棕红色，白色斑纹外缘无黑色外围线。

分布：黑龙江、吉林、辽宁、陕西、河南、山东、四川、台湾、云南；朝鲜、韩国、日本、印度、巴基斯坦等，欧洲。

寄主：豆科、榆科植物。

(15) 提环蛱蝶 *Neptis thisbe* Ménétriès, 1859（图版 XLVII：7）

形态特征：中大型种类，翅黑褐色。前翅中室有 1 纵向黄色棒状纹，中室斜后方有 2 个黄斑，近顶角处有 3 个浅黄色斑；后翅中间近臀角有 2 个浅黄色斑，中域有 1 条浅黄色宽带，亚外缘有 1 条浅黄色细带。

分布：黑龙江、吉林、辽宁、陕西、河南、四川；朝鲜、俄罗斯。

（16）单环蛱蝶 *Neptis rivularis* (Scopoli, 1763)（图版 XLVII：8）

形态特征：中小型种类。翅黑色。前翅中室内白色条纹被分成 4～5 段，中室后下方具有 2 个大白斑，后缘中央稍靠臀角处有 2 个小白斑，顶角具 3 个小白斑。后翅中域具有 1 白色宽带纹。

分布：黑龙江、吉林、辽宁、陕西、河南、四川、台湾；朝鲜、蒙古、俄罗斯、日本，中欧。

寄主：蔷薇科绣线菊属植物。

（17）黑条伞蛱蝶 *Aldania raddei* Bremer, 1861（图版 XLVIII：1）

形态特征：翅展 67～71mm，翅白色，脉纹和前后缘黑色，脉纹宽。前翅亚缘有 1 列白圆斑，后翅亚缘有 2 列白圆斑。本种与拟缕蛱蝶 *Litinga mimica* 相似，主要区别是本种前翅中室有 2 条纵纹，前后翅亚外缘线波浪状。

分布：黑龙江、吉林、辽宁、陕西、河南；朝鲜、俄罗斯。

（18）大红蛱蝶 *Vanessa indica* (Herbst, 1794)（图版 XLVIII：2）

形态特征：翅黑褐色，外缘波状。前翅 M_1 脉外伸成角状，翅顶角有几个白色小点，亚顶角有 4 个白斑，中央有 1 条宽的红色不规则斜带。后翅暗褐色，外缘红色，内有 1 列黑色斑，内侧还有 1 列黑色斑列。前翅反面除顶角茶褐色外，前缘中部有蓝色细横带。后翅反面有茶色云状斑纹，外缘有 4 枚模糊的眼斑。

分布：黑龙江、吉林、辽宁、河北、山东、山西、陕西、甘肃、河南等；朝鲜、韩国、日本、蒙古，欧洲、非洲西北部等。

寄主：荨麻科、榆科、菊科植物。

（19）小红蛱蝶 *Vanessa cardui* (Linnaeus, 1758)（图版 XLVIII：3）

形态特征：翅黑褐色，外缘波状。前翅 M_1 脉外伸成角状，翅顶角有几个白色小点，亚顶角有 4 个白斑，中央有 1 条宽的红色不规则斜带，中域有 3 个相连的黑斑。后翅基部暗褐色，端半部橘红色，内有 1 列黑色斑，内侧还有 1 列黑色斑列。前翅反面除顶角茶褐色外，前缘中部有蓝色细横带；后翅反面有茶色云状斑纹，外缘有 4 枚模糊的眼斑。

分布：全国广泛分布；除南美洲外世界广布。

寄主：荨麻科、锦葵科、菊科、紫草科、豆科植物。

（20）孔雀蛱蝶 *Inachis io* (Linnaeus, 1758)（图版 XLVIII：4）

形态特征：中型种类，体棕黑色，密布棕褐色绒毛，翅外缘具黑褐色宽边。前翅为鲜艳的朱红色，顶角处有一椭圆形大眼状斑。后翅大部分被大椭圆形眼斑占据。冬型个体翅外缘具尖角突出，且翅面不具眼纹，拟态为枯叶状。

分布：黑龙江、吉林、辽宁、新疆、陕西、山西、甘肃、宁夏、青海、云南；朝鲜、日本，地中海地区、西欧。

寄主：荨麻科植物、车前等。

（21）琉璃蛱蝶 *Kaniska canace* (Linnaeus, 1763)（图版 XLVIII：5）

形态特征：前翅外缘自顶角至 M_1 脉端突出，Cu_2 脉端至后角突出，两者之间凹陷，呈波状圆弧状。翅正面黑褐色，亚顶端部有 1 白斑；两翅外中区贯穿 1 条蓝色宽带，宽带在前翅分开呈"Y"字形。后翅有 1 列黑点，后翅外缘 M_3 脉端突出呈齿状。前翅反面基部黑褐色，端半部褐色，后翅反面中室有 1 白点。

分布：黑龙江、吉林、辽宁、河北、山东、山西、陕西、甘肃、河南等；朝鲜、韩国、日本、印度、阿富汗、缅甸、泰国、越南、马来西亚、印度尼西亚、菲律宾。

寄主：菝葜科、百合科植物。

（22）黄缘蛱蝶 *Nymphalis antiopa* (Linnaeus, 1758)（图版 XLVIII：6）

形态特征：中型种类。虫体黑色。翅深紫褐色，外缘有灰黄色宽边或白色宽边，亚外缘有 7～8 个蓝紫色的椭圆形斑点，外缘有一突起，翅反面黑褐色，前翅前缘外半部有 2 个淡黄色或白色斜斑。

分布：黑龙江、吉林、辽宁、北京、新疆、陕西；朝鲜、日本，欧洲中部。

寄主：杨柳科、榆科植物。

（23）朱蛱蝶 *Nymphalis xanthomelas* ([Denis et Schiffermüller], 1775)（图版 XLVIII：7）

形态特征：中型种类，翅橘红色。外缘锯齿状。前翅外缘有 2 条暗褐色线，翅前缘近顶角有一大黑斑，中室内有 2 个黑色圆斑，中室端有一宽大黑横斑，翅中部有 3 个小圆黑斑。后翅前缘中央有 1 块大黑斑。

分布：黑龙江、吉林、辽宁、新疆、陕西、山西、河北、河南、甘肃、宁夏、青海、湖北、台湾；朝鲜、日本，中欧。

寄主：杨柳科柳属、榆科榆属等植物。

（24）白矩朱蛱蝶 *Nymphalis vau-album* (Schiffermüller, 1775)（图版 XLVIII：8）

形态特征：虫体黑色。翅红褐色，外缘锯齿状。前翅有大小黑斑 7 个，外缘具宽黑带。后翅背面中部有十分明显的白色"C"字形纹 1 个。

分布：黑龙江、吉林、辽宁、新疆、山西、云南；朝鲜、日本，亚洲北部、欧洲东部。

寄主：榆树、杨、柳、桦等。

（25）白钩蛱蝶 *Polygonia c-album* (Linnaeus, 1758)（图版 XLIX：1）

形态特征：分为春型和秋型。春型翅黄褐色，秋型翅多红色；前翅基部无黑色点斑，外缘中部凹陷；后翅 M_2 脉延伸成角，反面有"L"形银色纹。

分布：全国广大地区；朝鲜、日本、尼泊尔、印度，欧洲。

寄主：榆科、杨柳科、桦木科、忍冬科、大麻科植物等。

（26）黄钩蛱蝶 *Polygonia c-aureum* (Linnaeus, 1758)（图版 XLIX：2）

形态特征：不同季节型个体间翅面颜色有较大差异，前翅中室有 3 个黑褐斑，后翅中室基部有一黑点；前翅后角和后翅 M_2 脉、Cu_1 脉、Cu_2 脉翅室外端的黑斑上有蓝色的鳞片；翅外缘有一尖锐的角突，秋型极其明显。

分布：黑龙江、吉林、辽宁、河北、河南、山东、山西、陕西、甘肃、青海、江苏、浙江、湖北、湖南、江西、广西、广东、四川、云南、台湾；俄罗斯、蒙古、朝鲜、韩国、日本、越南。

寄主：桑科、亚麻科、榆科、大麻科、蔷薇科、松科、芸香科植物等。

7.26　灰蝶科 Lycaenidae

（1）乌燕灰蝶 *Rapala arata* Bremer, 1861（图版 XLIX：3）

形态特征：小型种类，翅展 30～33 mm，翅深蓝色，有金属光泽，尾突细长。后翅臀区有 1～3 个橙红色斑，点上有 2 或 4 个黑色斑点。翅反面中室端有褐色横斑。

分布：黑龙江、吉林；朝鲜、日本。

寄主：食性广泛，取食多种植物的花蕾、花序及幼果等。

（2）蓝燕灰蝶 *Rapala caerulea* (Bremer et Grey, [1851])（图版 XLIX：4）

形态特征：翅棕褐色，前、后翅基半部均有紫色闪光。前翅中室外有 1 个三角形橙红色斑；中横线褐色两侧有白线，上宽下窄；亚缘线有 1 条褐色线；后翅有中室端部 1 条褐色短纹；外缘线白色，近臀角有橙色斑，其上有 2 个黑点。后翅臀角附近橙色，臀角圆形突出，尾突细长；翅反面青白色，中室端部有 2 条褐色短纹。雌蝶无橙红色斑。

分布：黑龙江、吉林、辽宁、河北、甘肃、山东、浙江、江苏、台湾；朝鲜、韩国。

寄主：鼠李科、豆科、蔷薇科植物。

（3）优秀洒灰蝶 *Satyrium eximium* (Fixsen, 1887)（图版 XLIX：5）

形态特征：翅黑褐色，有暗紫色闪光。前翅中室上方有椭圆形性标，沿外缘有不完整的浅色细线，近后角的一段较明显，其内侧有 2～3 个极不明显的斑纹，亚缘有 1 条青白色横线，末端曲折。后翅臀角圆形突出，内有橙红色斑，有 2 个尾状突，Cu_1 脉端的一条极短，反面暗灰色；后翅沿外缘有一条青白色细线，亚缘另有 1 条平行的同色线纹，两线中间各室有橙红色斑，但自臀角至顶角依次减小，斑纹内侧各有黑色弧状纹；中部横线前段直，后端呈"W"形，臀角黑色；Cu_2 室有 1 个大黑圆点。

分布：黑龙江、吉林、辽宁、河南、陕西、甘肃、山东、浙江、福建、广东、四川、云南、台湾。

寄主：鼠李科植物。

（4）红灰蝶 *Lycaena phlaeas* (Linnaeus, 1761)（图版 XLIX：6）

形态特征：翅正面橙红色。前翅周缘有黑色带，中室的中部和端部各具 1 个黑点，中室外自前到后分别有 3，2，2 三组黑点；前翅反面橙红色，外缘带灰褐色，其内侧有黑点，其中黑点呈不规则弧形排列；基半部散布几个黑点；尾突微小，端部黑色。后翅亚缘自 M_2 室至臀角有 1 条橙红色带，其外侧有黑点，其余部分均为黑色。

分布：黑龙江、吉林、辽宁、河北、北京、河南、山东、浙江、福建、西藏；日本，北非、欧洲。

寄主：蓼科植物。

（5）橙灰蝶 *Lycaena dispar* (Haworth, 1803)（图版 XLIX：7）

形态特征：雌雄异型，小至中小型种类；雄蝶除外缘有黑带、黑点外，基本均为橘红色；雌蝶翅缘、亚缘及中域黑斑排列整齐，中室域有 2 个黑圆斑。翅反面雌雄基本相同，但是中域黑斑排列不整齐。

分布：黑龙江、吉林、辽宁、宁夏、甘肃、陕西、西藏；朝鲜、俄罗斯。

寄主：苜蓿及酸模等蓼科植物。

（6）琉璃灰蝶 *Celastrina argiolus* (Linnaeus, 1758)（图版 XLIX：8）

形态特征：翅粉蓝色微紫，外缘具黑带。前翅较宽，雌蝶的比雄蝶的宽 2 倍，中室端脉有黑纹，缘毛白色，亚外缘圆点列排成直线；翅反面斑纹灰褐色。后翅外线点列也近直线状。前、后翅外缘小圆斑大小均匀。雄蝶翅正面，尤其后翅具有特殊构造的发香鳞片掺于普通鳞片之中。

分布：黑龙江、辽宁、河北、河南、陕西、山西、山东、甘肃、青海、浙江、福建、湖南、江西、四川、云南。

寄主：豆科、唇形科、蔷薇科植物。

（7）蓝灰蝶 *Everes argiades* (Pallas, 1771)（图版 L：1）

形态特征：雄蝶翅青紫色，前翅外缘、后翅前缘与外缘褐色；雌蝶翅暗褐色，低温期前翅基部与后翅外部会出现青紫色。翅反面灰白色，黑斑纹退化。前翅反面中室端纹淡褐色，近亚外缘有 1 列黑斑，外缘有 2 列淡褐色斑。后翅反面近基部有 2 个黑斑，后中部黑斑排列不规则，外缘有 2 列淡褐色斑；臀角有橙黄色斑；尾突白色中间有黑色。

分布：黑龙江、吉林、辽宁、河南、陕西、山东、浙江、福建、江西、海南、四川、云南、西藏、台湾；日本、朝鲜、韩国，欧洲、北美洲。

寄主：豆科植物。

（8）红珠灰蝶 *Lycaeides argyrognomon* (Bergstrasser, 1779)（图版 L：2）

形态特征：前翅长 13 ~ 17 mm。雄性深蓝色，黑缘边较窄，前后翅反面亚缘有橘红色，后翅尾部有 2 个闪蓝色斑。雌性正面翅亚缘有橘红色圆斑列，由后至前减淡，各翅反面橘红色内有辐射状白带区域。

分布：黑龙江、吉林、辽宁、河北、新疆、宁夏、甘肃、陕西、山西、河南、山东、四川、西藏；朝鲜、日本。

寄主：锦鸡儿及豆科牧草。

8 膜翅目 Hymenoptera

膜翅目是昆虫纲第三大目，包括蜂和蚂蚁，分为广腰亚目和细腰亚目，前者形态原始，幼虫活动力强，植食性，少数寄生性；后者幼虫缺乏活动能力，出现松散、原始的社会性至发达的社会性种类（小蜂、胡蜂、蚁、姬蜂、蜜蜂）。

成虫微小至中型，少有大型；咀嚼式口器，少数嚼吸式口器；复眼发达；单眼 3 个，少数退化或无；触角形状、节数、着生位置变化较大。前胸背板形状、是否与肩板接触是重要分类特征；中胸盾片有或无纵沟，有些中部下陷成槽或隆起。足转节节数、胫节距数量和形状、跗节形状等因种类会有差异。腹部通常 10 节，个别见 3~4 节，部分种类第一腹节呈腹柄状。翅 2 对，膜质，少数种类翅退化或变短，翅的连锁靠后翅前缘的翅钩列；多数种类翅脉复杂，少数种类翅极度退化。

膜翅目昆虫为全变态昆虫，生殖方式通常为有性生殖，部分营孤雌生殖或多胚生殖；成虫为独居性、寄生性、社会性，绝大部分种类具有传粉或寄生功能。

8.1 泥蜂科 Sphecidae

耙掌泥蜂红腹亚种 *Palmodes occitanicus perplexus* (Smith, 1856)（图版 L：3）

形态特征：雌性体长 19~28 mm。体黑色，密布黑色长毛；唇基和前额密被白色微毛；上颚暗红色，具有 2 齿；唇基中叶端缘直，中央具有三角形凹，两侧角微突；前额凹，具一中沟；触角第一节具鬃。前胸背板和中胸盾片具分散的刻点，中胸侧板具横皱，小盾片中央微凹；后胸背板具横皱。并胸腹节背区密被横皱和白色微毛，中央具一弱脊，侧区斜皱粗，端区具横皱和一中凹。翅褐色，端部深褐色。腹部第一至三节红色，末节具长鬃。雄性体长 19~25 mm，上颚具一尖齿，唇基两侧角圆；中胸盾片侧板具网状皱；腹部仅第一节基部红色，各节端缘褐色，其余特征同雌性。

分布：古北区广布种。

寄主：捕食直翅目昆虫。

8.2 熊蜂科 Bombidae

（1）柯氏熊蜂 *Bombus czerskii* Skorikov, 1910（图版 L：4）

形态特征：体长 13~16 mm。体色多橙黄色。头部黑色，额中央具有橙黄色鳞毛；复眼大而光滑。

前胸和后胸具有橙黄色，中胸背板密布黑色长毛。腹部中央具有黑色长毛，呈一宽带。前翅革质，透明；基部狭窄；端区色深。后翅短小，长为前翅的 2/3。足的胫节外侧具有橙黄色毛列，主要为黑色。

分布：黑龙江、内蒙古、河北、甘肃、山西、山东；朝鲜、韩国。

（2）红光熊蜂 *Bombus ignitus* Smith, 1869（图版 L：5）

形态特征：体长雌性 20~22 mm、雄性 14~16 mm。雌性体毛短且致密。头顶、颜面、胸部、腹部第一至三节背板和足被黑色毛，腹部第四至六节背板被橘红色毛；唇基横宽，表面具致密且很明显的刻点；颚眼距宽于长；后足具花粉篮，表面光滑；腹部第 6 节背板稍凹陷。

分布：黑龙江、辽宁、河北、北京、甘肃、陕西、山西、山东、安徽、江苏、浙江、江西、湖北、广东、四川、贵州、云南；朝鲜、日本。

（3）朝鲜熊蜂 *Bombus koreanus* (Skorikov, 1933)（图版 L：6）

形态特征：体长 17~18 mm。体色黑色。头部黑色，复眼黑色略淡。胸部密布黑色长毛。腹部端呈橙黄色，其余部分多黑色，掺杂少量橙黄色长毛。足多黑色，各节端可见橙黄色，跗节和爪均为橙黄色。前翅前缘在基半部内凹强烈；翅端区表面近似密布刻点，较粗糙，其余部分光滑，且具金属光泽。

分布：黑龙江、辽宁、北京、河北、甘肃、陕西、山西、山东；朝鲜、韩国。

8.3 胡蜂科 Vespidae

黄边胡蜂 *Vespa crabro flavofasciata* Cameron, 1903（图版 L：7）

形态特征：雌性体长约 25 mm。头部略窄于胸部，头部除额部色较深外，全为橘黄色；触角支角突棕色，柄节背面棕色较浅，鞭节腹面锈黄色；唇基橘黄色，基部边缘略呈黑色；上颚粗壮，橘色，密布刻点，具短毛，端部齿黑色；胸部棕色，中胸背板黑色，但自前部中央伸向端部有 1 条棕色宽带，止于近端部；翅棕色，前翅前缘色略深；前足基节前缘棕色，后缘及转节深棕色，腿节及胫节棕色，跗节色稍深；中足及后足的基节、转节、腿节均为深棕色，膝部及胫节、跗节色略浅。腹部 7 节。腹部第一节背板前半部棕色，后半部深棕色；第一腹节腹板短宽，深棕色。第二节背板较光滑，棕色较深，端部沿边缘有棕色横带，横带中央有小凹陷，凹陷两侧略突起。第二腹节腹板深棕色，端部有黄色横带，布有细浅刻点。第三至五腹节背板基半部深棕色，端半部各有 1 条棕黄色横带；腹板深棕色，沿端部边缘有 1 条棕黄色横带。第六腹节背、腹板均棕黄色。本种胸部色斑常有变化。雄性近似雌性。唇基端部无齿，呈弧形。

分布：黑龙江、辽宁、河北、河南、甘肃、陕西、山西、山东、四川、云南、江苏、浙江、江西、福建、广西、云南；朝鲜、韩国、日本。

寄主：松毛虫等多种昆虫。

8.4　蜜蜂科 Apidae

西方蜜蜂 *Apis mellifera* Linnaeus, 1758（图版 L：8）

形态特征：个体比欧洲黑蜂略小。腹部细长，腹板几丁质为黄色。工蜂腹部第二至四节背板的前缘有黄色环带，在原产地，黄色环带的宽窄及色调的深浅变化很大；体色较浅的工蜂常具有黄色小盾片，特浅色型的工蜂仅在腹部末端有一棕色斑，称为黄金种蜜蜂，绒毛为淡黄色。工蜂的喙较长，平均为 6.5 mm；腹部第四节背板上绒毛带宽度中等，平均为 0.9 mm；腹部第五背板上覆毛短，其长度平均为 0.3 mm。

分布：全国广泛分布；欧洲。

图　版

图版 I：1. 中华寰螽 *Altanticus sinensis* (Uvarov, 1923)；2. 乌苏里蝈螽 *Gampsocleis ussuriensis* Adelung, 1910；3. 笨蝗 *Haplotropis brunneriana* Saussure, 1888；4. 短星翅蝗 *Calliptamus abbreviatus* Ikonnikov, 1913；5. 轮纹异痂蝗 *Bryodemella tuberculatum dilutum* (Stoll, 1813)；6. 黄胫小车蝗 *Oedaleus infernalis* Saussure, 1884；7. 疣蝗 *Trilophidia annulata* (Thunberg, 1815)；8. 隆额网翅蝗 *Arcyptera coreana* Shiraki, 1930；9. 宽翅曲背蝗 *Pararcyptera microptera meridionalis* (Ikonnikov, 1911)；10. 华北雏蝗 *Chorthippus brunneus huabeiensis* Xia et Jin, 1982

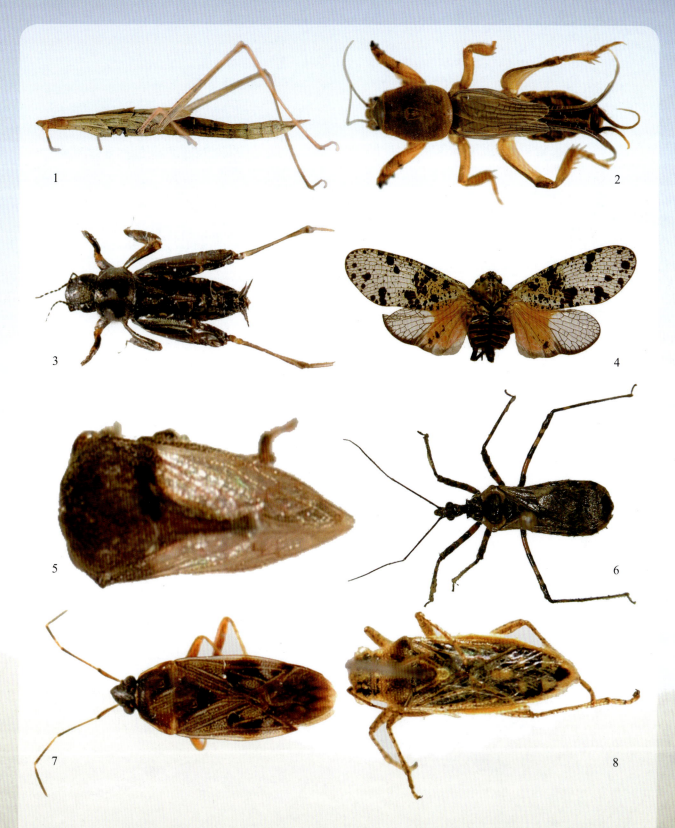

图版 II：1. 中华剑角蝗 *Acrida cinerea* (Thunberg, 1815)；2. 东方蝼蛄 *Gryllotalpa orientali*s Burmeister, 1839；3. 日本蚤蝼 *Tridactylus japonicus* (Haan, 1988)；4. 东北丽蜡蝉 *Limois kikuchi* (Kato, 1932)；5. 黑圆角蝉 *Gargara genistae* Fabricius, 1775；6. 环斑猛猎蝽 *Sphedanolestes impressicollis* (Stal, 1861)；7. 中黑苜蓿盲蝽 *Adelphocoris suturalis* (Jakovlev, 1882)；8. 东亚小花蝽 *Orius sauteri* (Poppius, 1909)

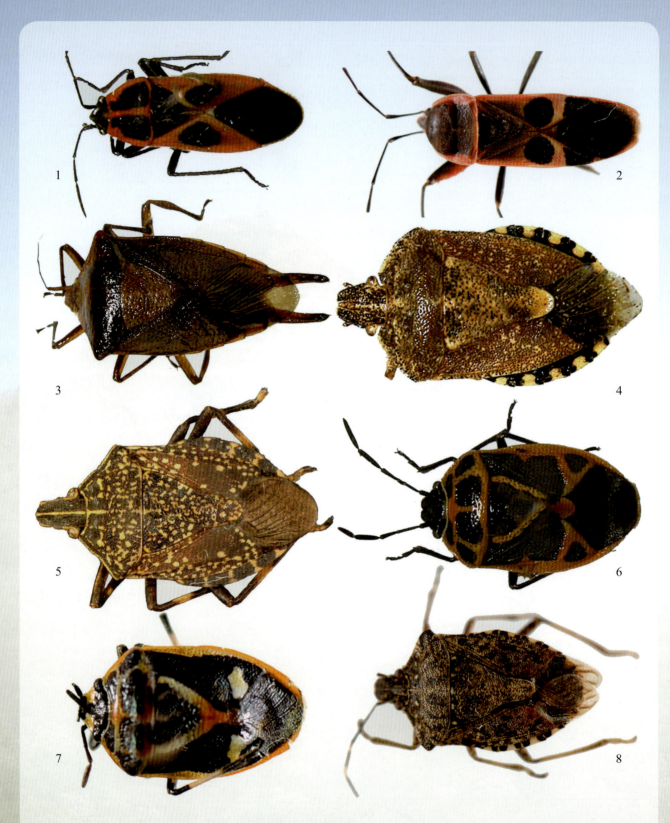

图版 III：1. 红脊长蝽 *Tropidothorax elegans* (Distant, 1883)；2. 角红长蝽 *Lygaeus hanseni* Jakovlev, 1883；3. 细铗同蝽 *Acanthosoma forficula* Jakovlev, 1880；4. 斑须蝽 *Dolycoris baccarum* (Linnaeus, 1758)；5. 麻皮蝽 *Erthesina fullo* (Thunberg, 1783)；6. 菜蝽 *Eurydema dominulus* (Scopoli, 1763)；7. 横纹菜蝽 *Eurydema gebleri* (Kolenati, 1856)；8. 茶翅蝽 *Halyomorpha halys* (Stal, 1855)

图 版 147

图版 IV：1. 珠蝽 *Rubiconia intermedia* (Wolff, 1811)；2. 弯角蝽 *Lelia decempunctata* (Motschulsky, 1859)；3. 褐真蝽 *Pentatoma semiannulata* (Motschulsky, 1859)；4. 金绿真蝽 *Pentatoma metallifera* (Motschulsky, 1859)；5. 日本真蝽 *Pentatoma japonica* (Distant, 1882)；6. 碧蝽 *Palomena angulosa* (Motschulsky, 1861)；7. 华麦蝽 *Aelia fieberi* Scott, 1874；8. 赤条蝽 *Graphosoma rubrolineata* (Westwood, 1837)

图版 V：1. 金绿宽盾蝽 *Poecilocoris lewisi* (Distant, 1883)；2. 东方原缘蝽 *Coreus marginatus orientalis* (Kiritshenko, 1916)；3. 黑色蟌 *Calopteryx atrata* Selys, 1853；4. 日本黄条色蟌 *Calopteryx virgo japonica* Selys, 1869；5. 矛斑蟌 *Coenagrion lanceolatum* (Selys, 1872)；6. 白齿日春蜓 *Nihonogomphus ruptus* (Selys, 1857)

图版 VI：1. 碧伟蜓 *Anax parthenope julius* (Brauer, 1865)；2. 白尾灰蜻 *Orthetrum albistylum* (Selys, 1848)；3. 虾黄赤蜻 *Sympetrum flaveolum* (Linnaeus, 1758)；4. 褐带赤蜻 *Sympetrum pedemontanum* (Allioni, 1776)；5. 褐顶赤蜻 *Sympetrum infuscatum* (Selys, 1883)；6. 大黄赤蜻 *Sympetrum uniforme* (Selys, 1883)；7. 黄蜻 *Pantala flavescens* (Fabricius, 1798)；8. 黄花蝶角蛉 *Ascalaphus sibiricus* Eversmann, 1852

图版Ⅶ：1. 黄脊蝶角蛉 *Ascalohybris subjacena* (Walker, 1853)；2. 大草蛉 *Chrysopa septempunctata* Wesmael, 1841；3. 多斑草蛉 *Chrysopa intima* McLachlan, 1893；4. 黑斑距蚁蛉 *Distoleon nigricans* (Matsumura, 1905)；5. 云纹虎甲 *Cicindela elisae* (Motschulsky, 1859)；6. 芽斑虎甲 *Cicindela gemmata* Faldermann, 1835；7. 赤条棘步甲 *Leptocarabus kurilensis* (Lapoug, 1913)；8. 中华金星步甲 *Calosoma chinense* Kirby, 1818

图版 VIII：1. 黄边青步甲 *Chlaenius circumdatus* Brulle, 1835；2. 淡足青步甲 *Chlaenius pallipes* Gebler, 1823；3. 耶屁步甲 *Pheropsophus jessoensis* Morawitz, 1862；4. 双斑平步甲 *Planetes punticeps* Andrewes, 1919；5. 黄龙虱 *Rhantus suturalis* (MacLeay, 1825)；6. 尖突水龟虫 *Hydrophilus acuminatus* (Motschulsky, 1853)；7. 四星负葬甲 *Nicrophorus quadripunctatus* Kraatz, 1897；8. 黑负葬甲 *Necrophorus concolor* Kraatz, 1887；9. 赤胸皱葬甲 *Oiceoptoma thoracicum* (Linnaeus, 1758)；10. 红斑负葬甲 *Nicrophorus vespilloides* (Herbst, 1783)；11. 六脊树葬甲 *Xylodrepa sexcarinata* Motschulsky, 1862；12. 斑股锹甲 *Lucanus maculifemoratus* Motschulsky, 1861；13. 齿棱颚锹甲 *Prismognathus dauricus* (Motschulsky, 1860)；14. 红腹刀锹甲 *Dorcus rubrofemoratus* (Vollenhoven, 1865)

图版 IX：1. 大云斑鳃金龟 *Polyphylla laticollis* Lewis, 1887；2. 东北大黑鳃金龟 *Holotrichia diomphalia* (Bates, 1888)；3. 小黑鳃金龟 *Holotrichia picea* Waterhouse, 1875；4. 黑齿爪鳃金龟 *Holotrichia kiotoensis* Brenske, 1894；5. 阔胫玛绢金龟 *Maladera verticalis* (Fairmaire, 1888)；6. 棉花弧丽金龟 *Popillia mutans* Newman, 1838；7. 蒙古异丽金龟 *Anomala mongolica* Faldermann, 1835；8. 黄褐异丽金龟 *Anomala exoleta* Faldermann, 1835；9. 粗绿彩丽金龟 *Mimela holosericea* Fabricius, 1801；10. 墨绿彩丽金龟 *Mimela splendens* (Gyllenhal, 1817)；11. 褐锈花金龟 *Poecilophilides rusticola* (Burmeister, 1842)；12. 白星花金龟 *Postosia brevitarsis* (Lewis, 1879)；13. 黄斑短突花金龟 *Glycyphana fulvistemma* Motschulsky, 1858；14. 短毛斑金龟 *Lasiotrichius succinctus* Pallas, 1781；15. 褐翅格斑金龟 *Gnorimus subopacus* Motschulsky, 1860；16. 细胸叩甲 *Agriotes subvittatus* (Motschulsky, 1859)；17. 中华食蜂郭公虫 *Trichodes sinae* Chevrolat, 1874；18. 四斑露尾甲 *Librodor japonicus* (Motschulsky, 1857)；19. 六斑异瓢虫 *Aiolocaria hexaspilota* (Hope, 1831)

图版 X：1a-1d. 异色瓢虫 *Harmonia axyridis* (Pallas, 1773)；2. 多异瓢虫 *Coccinella variegata* Goeze, 1777；3. 七星瓢虫 *Coccinella septempunctata* Linnaeus, 1758；4. 马铃薯瓢虫 *Henosepilachna vigintioctomaculata* (Motschulsky, 1857)；5. 十三星瓢虫 *Hippodamia tredecimpunctata* (Linnaeus, 1758)；6. 十二斑褐菌瓢虫 *Vibidia duodecimguttata* (Poda, 1761)；7. 中华垫甲 *Lyprops sinensis* Marseul, 1876；8. 黑粉虫 *Tenebrio obscurus* Fabricius, 1792；9. 绿芫菁 *Lytta caraganae* Pallas, 1781；10. 曲角短翅芫菁 *Meloe proscarabaeus* Linnaeus, 1758；11. 中华薄翅锯天牛 *Megopis sinica* (White, 1853)；12. 栗山天牛 *Massicus raddei* (Blessig, 1872)；13. 锯天牛 *Prionus insularis* Motschulsky, 1857；14. 色角斑花天牛 *Stictoleptura variicornis* (Dalman, 1817)；15. 云杉花墨天牛 *Monochamus saltuarius* (Gebler, 1830)

图版 XI：1. 桃红颈天牛 *Aromia bungii* (Faldermann, 1853)；2. 黄带蓝天牛 *Polyzonus fasciatus* (Fabricius, 1781)；3. 家茸天牛 *Trichoferus campestris* (Faldermann, 1853)；4. 黄纹曲虎天牛 *Cyrtoclytus capra* (Germar, 1824)；5. 槐绿虎天牛 *Chlorophorus diadema* (Motschulsky, 1854)；6. 六斑绿虎天牛 *Chlorophorus sexmaculatus* (Motschulsky, 1859)；7. 双簇污天牛 *Moechotypa diphysis* (Pascoe, 1871)；8. 苜蓿多节天牛 *Agapanthia amurensis* Kraatz, 1879；9. 帽斑天牛 *Purpuricenus petasifer* Fairmaire, 1888；10. 光肩星天牛 *Anoplophora glabripennis* Breuning, 1944；11. 麻天牛 *Thyestilla gebleri* (Faldermann, 1835)；12. 十四点负泥虫 *Crioceris quatuordecimpunctata* (Scopoli, 1763)；13. 斑鞘隐头叶甲 *Cryptocephalus regalis* Gebler, 1830；14. 艾蒿隐头叶甲 *Cryptocephalus koltzei* Weise, 1877；15. 褐足角胸叶甲 *Basilepta fulvipes* (Motschulsky, 1860)；16. 中华萝藦叶甲 *Chrysochus chinensis* Baly, 1859

图版 XII：1. 杨叶甲 *Chrysomela populi* (Linnaeus, 1758)；2. 柳二十斑叶甲 *Chrysomela vigintipunctata* (Scopoli, 1763)；3. 蒿金叶甲 *Chrysolina aurichalcea* (Mannerheim, 1825)；4. 等节臀萤叶甲 *Agelastica coerulea* Baly, 1874；5. 二点钳叶甲 *Labidostomis bipunctata* (Mannerheim, 1825)；6. 北锯龟甲 *Basiprionota bisignata* (Boheman, 1862)；7. 蒿龟甲 *Cassida fuscorufa* (Motschulsky, 1866)；8. 甜菜龟甲 *Cassida nebulosa* Linnaeus, 1758；9. 臭椿沟眶象 *Eucryptorrhynchus brandti* (Harold, 1881)；10. 榛象 *Curculio dieckmanni* (Faust, 1887)；11. 松树皮象 *Hylobius haroldi* Faust, 1882；12. 十二齿小蠹 *Ips sexdentatus* (Boerner, 1767)；13. 金色虻 *Tabanus chrysurus* Loew, 1858；14. 弓斑长角蚜蝇 *Chrysotoxum arcuatum* (Linneaus ,1758)；15. 丽纹长角蚜蝇 *Chrysotoxum elegans* Loew, 1841

图版 XIII：1. 黑带食蚜蝇 *Episyrphus balteata* (De Geer, 1776)；2. 凹带优蚜蝇 *Eupeodes nitens* (Zetterstedt, 1843)；3. 暗颊美蓝蚜蝇 *Melangyna lasiophthalma* (Zetterstedt, 1843)；4. 斜斑鼓额蚜蝇 *Scaeva pyrastri* (Linnnaeus, 1758)；5. 月斑鼓额蚜蝇 *Scaeva selenitica* (Meigen, 1822)；6. 黑足食蚜蝇 *Syrphus vitripennis* Meigen, 1822；7. 铜色丽角蚜蝇 *Callicera aenea* (Fabricius, 1781)；8. 亮黑鼻颜蚜蝇 *Rhingia laevigata* Loew, 1858

图版 XIV: 1. 钝黑斑眼蚜蝇 *Eristalinus sepulchralis* (Linnaeus, 1758)；2. 短腹管蚜蝇 *Eristalis arbustorum* (Linnaeus, 1758)；3. 褐翅斑胸食蚜蝇 *Spilomyia maxima* Sack, 1910；4. 淡斑拟木蚜蝇 *Temnostoma apiforme* (Fabricius, 1794)；5. 芳香木蠹蛾东方亚种 *Cossus cossus orientalis* Gtaede, 1929；6. 榆木蠹蛾 *Holcocerus vicarious* (Walker, 1865)；7. 芦苇蠹蛾 *Phragmataecia castanea* (Hübner, 1790)；8. 白带新锦斑蛾 *Neochalcosia remota* (Walker, 1854)

图版 XV：1. 白杨透翅蛾 *Paranthrene tabaniformis* (Rottenberg, 1775)；2. 背刺蛾 *Belippa horrida* Walker, 1865；3. 梨娜刺蛾 *Narosoideus flavidorsalis* (Staudinger, 1887)；4. 黄刺蛾 *Monema flavescens* (Walker, 1855)；5. 窄黄缘绿刺蛾 *Parasa consocia* Walker, 1865；6. 中国绿刺蛾 *Parasa sinica* Moore, 1877；7. 锯纹岐刺蛾 *Austrapoda seres* Solovyev, 2009；8. 枣奕刺蛾 *Phlossa conjuncta* (Walker, 1855)

图版 XVI：1. 稻黄缘白草螟 *Pseudocatharylla inclaralis* (Walker, 1863)；2. 桃蛀野螟 *Conogethes punctiferalis* (Guenee, 1854)；3. 黄杨绢野螟 *Cydalima perspectalis* (Walker, 1859)；4. 四斑绢野螟 *Glyphodes quadrimaculalis* (Bremer & Grey, 1853)；5. 杨芦伸喙野螟 *Mecyna tricolor* (Butler, 1879)；6. 白蜡绢须野螟 *Palpita nigropunctalis* (Bremer, 1864)；7. 细条纹野螟 *Tabidia strigiferalis* Hampson, 1900；8. 金黄螟 *Pyralis regalis* ([Denis & Schiffermuller] , 1775)

图版 XVII：1. 灰直纹螟 *Orthopygia glaucinalis* (Linnaeus, 1758)；2. 微红梢斑螟 *Dioryctria rubella* Hampson, 1901；3. 一点斜线网蛾 *Striglina cancellata* (Christoph, 1881)；4. 榆凤蛾 *Epicopeia mencia* Moore, [1875]；5. 三线钩蛾 *Pseudalbara parvula* (Leech, 1890)；6. 波纹蛾 *Thyatira batis* (Linnaeus, 1758)；7. 小太波纹蛾东北亚种 *Tethea or terrosa* (Graeser, 1888)；8. 太波纹蛾 阿穆尔亚种 *Tethea ocularis amurensis* Warren, 1912

图版 XVIII: 1. 宽太波纹蛾指名亚种 *Tethea ampliata ampliata* (Butler, 1878); 2. 白太波纹蛾 *Tethea albicostata* (Bremer, 1861); 3. 三叉太波纹蛾 *Tethea trifolium* (Alphéraky, 1895); 4. 粉太波纹蛾 指名亚种 *Tethea consimilis consimilis* (Warren, 1912); 5. 丽波纹蛾 *Tetheella fluctuosa* (Hübner, [1803]); 6. 带宽花波纹蛾 *Nemacerota tancrei* (Graeser, 1888); 7. 双华波纹蛾 *Habrosyne dieckmanni* (Graeser, 1888); 8. 华异波纹蛾 东北亚种 *Parapsestis cinerea pacifica* László, Ronkay, Ronkay & Witt, 2007

图版 XIX：1. 申氏波纹蛾 *Shinploca shini* Kim, 1995；2. 日雾波纹蛾 *Achlya jezoensis* (Matsumura, 1927)；3. 长雾波纹蛾 *Achlya longipennis* Inoue, 1972；4. 点狭新波纹蛾 *Neoploca arctipennis* (Butler, 1878)；5. 秋黄尺蛾 *Ennomos autumnaria* (Werneburg, 1859)；6. 青辐射尺蛾 *Iotaphora admirahilis* (Oberthür, 1883)；7. 四点波翅青尺蛾 *Thalera lacerataria* Graeser, 1889；8. 菊四目绿尺蛾 *Thetidia albocostaria* (Bremer, 1864)

图版 XX: 1. 蝶青尺蛾 *Geometra papilionaria* (Linnaeus, 1758); 2. 白脉青尺蛾 *Geometra albovenaria* Bremer, 1864; 3. 榛金星尺蛾 *Abraxas sylvata* (Scopoli, 1763); 4. 日金星尺蛾 *Abraxas niphonibia* Wehrli, 1935; 5. 雪尾尺蛾 *Ourapteryx nivea* Butler, 1883; 6. 绣纹折线尺蛾 *Ecliptopera umbrosaria* (Motschulsky, 1861); 7. 李尺蛾 *Angerona prunaria* (Linnaeus, 1758); 8. 朝鲜线尺蛾 *Polymixinia appositaria* (Leech, 1891)

图版 XXI：1. 金盅尺蛾 *Calicha nooraria* (Bremer, 1864)；2. 刺槐外斑尺蛾 *Ectropis excellens* (Butler, 1884)；3. 尘尺蛾 *Hypomecis punctinalis* (Scopoli, 1763)；4. 掌尺蛾 *Amraica superans* (Butler, 1878)；5. 焦边尺蛾 *Bizia aexaria* Walker, 1860；6. 野蚕蛾 *Bombyx mandarina* (Moore, 1872)；7. 绿尾大蚕蛾 *Actias ningpoana* C. Felder et R. Felder, 1862

图版 XXII：1. 黄波花蚕蛾 *Oberthueria caeca* Oberthür, 1880；2. 银杏大蚕蛾 *Caligula japonica* (Moore, 1862)；3. 曲线透目大蚕蛾 *Rhodinia jankowskii* (Oberthür, 1880)；4. 杨褐枯叶蛾 *Gastropacha populifolia angustipennis* (Walker, 1855)；5. 北李褐枯叶蛾 *Gastropacha quercifolia cerridifolia* Felder et Felder, 1862；6. 落叶松毛虫 *Dendrolimus superans* (Butler, 1877)；7. 黄褐幕枯叶蛾 *Malacosoma neustria testacea* (Motschulsky, [1861])

图版 XXIII：1. 黄褐幕枯叶蛾 *Malacosoma neustria testacea* (Motschulsky,〔1861〕)；2. 松天蛾 *Hyloicus morio* (Rothschild & Jordan, 1903)；3. 红节天蛾 *Sphinx ligustri amurensis* Oberthur, 1886；4. 绒星天蛾 *Dolbina tancrei* Staudinger, 1887；5. 核桃鹰翅天蛾 *Ambulyx schauffelbergeri* (Bremer & Grey, 1853)；6. 豆天蛾 *Clanis bilineata* (Walker, 1866)；7. 栗六点天蛾 *Marumba sperchius* (Ménétriés, 1857)；8. 枣桃六点天蛾 *Marumba gaschkewitschi* (Bremer & Grey, [1852])

图版 XXIV：1. 榆绿天蛾 *Callambulyx tatarinovi* (Bremer & Grey, 1853)；2. 蓝目天蛾 *Smerinthus planus* Walker, 1856；3. 盾天蛾 *Phyllosphingia dissimilis* (Bremer, 1861)；4. 黄脉天蛾 *Laothoe amurensis* (Staudinger, 1892)；5. 葡萄昼天蛾 *Sphecodina caudata* (Bremer & Grey, 1853)；6. 葡萄天蛾 *Ampelophaga rubiginosa* Bremer & Grey, 1853；7. 红天蛾 *Deilephila elpenor* (Linnaeus, 1758)；8. 雀纹天蛾 *Theretra japonica* (Boisduval, 1869)

图版 XXV：1. 白肩天蛾 *Rhagastis mongoliana* (Butler, 1875)；2. 深色白眉天蛾 *Hyles gallii* (Rottemburg, 1775)；3. 黄二星舟蛾 *Euhampsonia cristata* (Butler, 1877)；4. 碧燕尾舟蛾 *Furcula bicuspis* (Borkhausen, 1790)；5. 栎枝背舟蛾 *Harpyia umbrosa* (Staudinger, 1872)；6. 栎纷舟蛾 *Fentonia ocypete* (Bremer, 1816)；7. 梨威舟蛾 指名亚种 *Wilemanus bidentatus bidentatus* (Wileman, 1911)；8. 锈玫舟蛾 *Rosama ornata* (Oberthür, 1884)

图版 XXVI：1. 苹掌舟蛾 *Phalera flavescens* (Bremer & Grey, 1852)；2. 榆白边舟蛾 *Nerice davidi* Oberthür, 1881；3. 角翅舟蛾 *Gonoclostera timoniorum* (Bremer, 1861)；4. 杨扇舟蛾 *Clostera anachoreta* (Fabricius,1787)；5. 杨小舟蛾 *Micromelalopha troglodyta* (Graeser, 1890)；6. 丽毒蛾 *Calliteara pudibunda* (Linnaeus, 1758)；7. 角斑台毒蛾 *Orgyia recens* (Hübner, 1819)；8. 肾毒蛾 *Cifuna locuples* Walker, 1855

1a   雄性   1b   雌性

2   3

4   5

6   7

图版 XXVII：1a,1b. 舞毒蛾 *Lymantria dispar* (Linnaeus, 1758)；2. 栎毒蛾 *Lymantria mathura* Moore, 1865；3. 茶白毒蛾 *Arctornis album* (Bremer, 1861)；4. 豆盗毒蛾 *Euproctis piperita* Oberthür, 1880；5. 盗毒蛾 *Euproctis similis* (Fuessly, 1775)；6. 美苔蛾 *Miltochrista miniata* (Forster, 1771)；7. 优美苔蛾 *Miltochrista striata* (Bremer et Grey, 1852)

图 版 XXVIII：1. 明痣苔蛾 *Stigmatophora micans* (Bremer et Grey, 1852)；2. 白雪灯蛾 *Chionarctia niveus* (Ménétriès,1859)；3. 肖浑黄灯蛾 *Rhyparioides amurensis* (Bremer, 1861)；4. 红星雪灯蛾 *Spilosoma punctaria* Stoll, 1782；5. 黄臀灯蛾 *Epatolmis caesarea* Goeze, 1781；6. 斑洛瘤蛾 *Meganola gigas* (Butler, 1884)；7. 褐白洛瘤蛾 *Meganola albula* ([Denis & Schiffermüller], 1775)；8. 美杂瘤蛾 *Casminola pulchella* (Leech, 1889)

图版 XXIX：1. 栎点瘤蛾 *Nola confusalis* (Herrich-Schäffer, [1851])；2. 锈点瘤蛾 *Nola aerugula* (Hübner, 1793)；3. 稻螟蛉 *Naranga aenescens* Moore, 1881；4. 粉缘钻夜蛾 *Earias pudicana* Staudinger, 1887；5. 玫缘钻夜蛾 *Earias roseifera* Butler, 1881；6. 胡桃豹夜蛾 *Sinna extrema* (Walker, 1854)；7. 姬夜蛾 *Phyllophila obliterata* (Rambur, 1833)；8. 旋夜蛾 *Eligma narcissus* (Cramer, [1775])

图版 XXX：1. 桃红猎夜蛾 *Eublemma amasina* (Eversmann, 1842)；2. 残夜蛾 *Colobochyla salicalis* ([Denis & Schiffermüller], 1775)；3. 白斑孔夜蛾 *Corgatha costimacula* (Staudinger, 1892)；4. 土孔夜蛾 *Corgatha argillacea* (Butler, 1879)；5. 奇巧夜蛾 *Oruza mira* (Butler, 1879)；6. 燕夜蛾 *Aventiola pusilla* (Butler, 1879)；7. 熏夜蛾 *Hypostrotia cinerea* (Butler, 1878)；8. 红尺夜蛾 *Naganoella timandra* (Alphéraky, 1897)

图版 XXXI：1. 星狄夜蛾 *Diomea cremata* (Butler, 1878)；2. 点眉夜蛾 *Pangrapta vasava* (Butler, 1881)；3. 纱眉夜蛾 *Pangrapta textilis* (Leech, 1889)；4. 苹眉夜蛾 *Pangrapta obscurata* (Butler, 1879)；5. 隐眉夜蛾 *Pangrapta suaveola* Staudinger, 1888；6. 黑点贫夜蛾 *Simplicia rectails* (Eversmann, [1842])；7. 镰须夜蛾 *Zanclognatha lunalis* (Scopoli, 1763)；8. 洁口夜蛾 *Rhynchina cramboides* (Butler, 1879)

图版 XXXII：1. 豆髯须夜蛾 *Hypena tristalis* Lederer, 1853；2. 中桥夜蛾 *Anomis mesogona* (Walker, [1858])；3. 棘翅夜蛾 *Scoliopteryx libatrix* (Linnaeus, 1758)；4. 壶夜蛾 *Calyptra thalictri* (Borkhausen, 1790)；5. 平嘴壶夜蛾 *Calyptra lata* (Butler, 1881)；6. 纯肖金夜蛾 *Plusiodonta casta* (Butler, 1878)；7. 客来夜蛾 *Chrysorithrum amatum* (Bremer & Grey, 1853)；8. 庸肖毛翅夜蛾 *Thyas juno* (Dalman, 1823)

图版 XXXIV： 1．兴光裳夜蛾 *Catocala eminens* Staudinger, 1892；2．柞光裳夜蛾 *Catocala streckeri* Staudinger, 1888；3．珀光裳夜蛾 *Catocala helena* Eversmann, 1856；4．栎光裳夜蛾 *Catocala dissimilis* Bremer, 1861；5．白条夜蛾 *Ctenoplusia albostriata* (Bremer & Grey, 1853)；6．碧金翅夜蛾 *Diachrysia nadeja* (Oberthür, 1880)；7．银纹夜蛾 *Ctenoplusia agnata* (Staudinger, 1892)；8．银锭夜蛾 *Macdunnoughia crassisigna* (Warren, 1913)

图版 XXXV：1. 稻金翅夜蛾 Plusia putnami Grote, 1873；2. 木俚夜蛾 Deltote nemorum (Oberthür, 1880)；3. 大斑蕊夜蛾 Cymatophoropsis unca (Houlbert, 1921)；4. 缤夜蛾 Moma alpium (Osbeck, 1778)；5. 绿孔雀夜蛾 Nacna malachitis (Oberthür, 1881)；6. 天目东夜蛾 Euromoia mixta Staudinger, 1892；7. 白斑剑纹夜蛾 Acronicta catocaloida (Graeser, 1889)；8. 光剑纹夜蛾 Acronicta adaucta (Warren, 1909)

图版 XXXVI：1. 榆剑纹夜蛾 *Acronicta hercules* (Felder & Rogenhofer, 1874)；2. 梨剑纹夜蛾 *Acronicta rumicis* (Linnaeus, 1758)；3. 桑剑纹夜蛾 *Acronicta major* (Bremer, 1861)；4. 暗钝夜蛾 *Anacronicta caliginea* (Butler, 1881)；5. 污后夜蛾 *Xanthomantis contaminate* (Draudt, 1937)；6. 毛夜蛾 *Panthea coenobita* (Esper, 1785)；7. 葡萄修虎蛾 *Sarbanissa subflava* (Moore, 1877)；8. 蒿冬夜蛾 *Cucullia fraudatrix* Eversmann, 1837

图版 XXXVII：1.冶冬夜蛾 *Callierges ramosula* (Staudinger, 1888)；2.紫黑杂夜蛾 *Amphipyra livida* ([Denis & Schiffermuller], 1775)；3.桦杂夜蛾 *Amphipyra schrenckii* Menetries, 1859；4.窄毛夜蛾 *Brachionycha nubeculosa* (Esper, 1785)；5.远东巨冬夜蛾 *Meganephria kononenkoi* Poole, 1989；6.摊巨冬夜蛾 *Meganephria tancrei* (Graeser, 1888)；7.日巨冬夜蛾 *Meganephria cinerea* (Butler, 1881)；8.展巨冬夜蛾 *Meganephria extensa* (Butler, 1879)

图版 XXXVIII: 1. 焰夜蛾 *Pyrrhia umbra* (Hufnagel, 1766); 2. 宽胫夜蛾 *Schinia scutosa* (Goeze, 1781); 3. 棉铃虫 *Helicoverpa armigera* (Hübner, [1805]); 4. 中赫夜蛾 *Acosmetia chinensis* (Wallengren, 1860); 5. 乏夜蛾 *Niphonyx segregata* (Butler, 1878); 6. 希夜蛾 *Eucarta amethystina* (Hübner, [1803]); 7. 散纹夜蛾 *Callopistria juventina* (Stoll, [1782]); 8. 白线散纹夜蛾 *Callopistria albolineola* (Graeser, [1889])

图版 XXXIX：1. 白斑委夜蛾 *Athetis albisignata* (Oberthür, 1879)；2. 委夜蛾 *Athetis furvula* (Hübner, [1808])；3. 陌夜蛾 *Trachea atriplicis* (Linnaeus, 1758)；4. 基点构夜蛾 *Gortyna basalipunctata* Graeser, 1888；5. 毁秀夜蛾 *Apamea aquila* Donzel, 1837；6. 日美冬夜蛾 *Tiliacea japonago* (Wileman et West, 1929)；7. 苏峦冬夜蛾 *Conistra grisescens* Draudt, 1950；8. 日峦冬夜蛾 *Conistra ardescens* (Butler, [1879])

图版 XL：1. 绯纤峦冬夜蛾 *Conistra fletcheri* Sugi, 1958；2. 白峦冬夜蛾 *Conistra albipuncta* (Leech, 1889)；3. 褐锈峦冬夜蛾 *Conistra castaneofasciata* (Motschulsky, 1860)；4. 北锈峦冬夜蛾 *Conistra filipjevi* Kononenko, 1978；5. 白斑兜夜蛾 *Cosmia restituta* Walker, 1857；6. 毛眼夜蛾 *Blepharita amica* (Treitschke, 1825)；7. 旋歧夜蛾 *Anarta trifolli* (Hufnagel, 1766)；8. 灰夜蛾 *Polia nebulosa* (Hufnagel, 1766)

图版 XLII：1. 小地老虎 *Agrotis ipsilon* (Hufnagel, 1766)；2. 大地老虎 *Agrotis tokionis* Butler, 1881；3. 黄地老虎 *Agrotis segetum* ([Denis & Schiffermuller], 1775)；4. 矛夜蛾 *Spaelotis ravida* ([Denis & Schiffermuller], 1775)；5. 朽木夜蛾 *Axylia putris* (Linnaeus, 1761)；6. 歹夜蛾 *Diarsia dahlii* (Hübner,[1813])；7. 灰歹夜蛾 *Diarsia canescens* (Butler, 1878)；8. 八字地老虎 *Xestia c-nigrum* (Linnaeus, 1758)

图版 XLIII：1. 褐纹鲁夜蛾 *Xestia fuscostigma* (Bremer, 1861)；2. 东风夜蛾 *Eurois occulta* (Linnaeus, 1758)；3. 深山珠弄蝶 *Erynnis montana* (Bremer, 1861)；4. 花弄蝶 *Pyrgus maculatus* (Bremer et Grey, 1853)；5. 白斑赭弄蝶 *Ochlodes subhyalina* (Bremer et Grey, 1853)；6. 黑豹弄蝶 *Thymelicus sylvaticus* (Bremer, 1861)；7. 金凤蝶 *Papilio machaon* Linnaeus, 1758；8. 柑橘凤蝶 *Papilio xuthus* Linnaeus, 1767

图版 XLIV：1. 绿带翠凤蝶 *Papilio maackii* Ménétriès, 1858；2. 碧凤蝶 *Papilio bianor* Cramer, [1777]；3a, 3b. 丝带凤蝶 *Sericinus montelus* Gray, 1852；4. 麝凤蝶 *Byasa alcinous* (Klug, 1836)；5. 斑缘豆粉蝶 *Colias erate* (Esper, [1805])

图版 XLV：1. 尖钩粉蝶 *Gonepteryx mahaguru* Gistel, 1857；2. 小檗绢粉蝶 *Aporia hippia* (Bremer, 1861)；3. 绢粉蝶 *Aporia crataegi* (Linnaeus, 1758)；4. 菜粉蝶 *Pieris rapae* (Linnaeus, 1758)；5. 黑纹粉蝶 *Pieris melete* Ménétriès, 1857；6. 云粉蝶 *Pontia daplidice* (Linnaeus, 1758)；7. 黄尖襟粉蝶 *Anthocharis scolymus* Butler, 1866；8. 突角小粉蝶 *Leotidea amurensis* Ménétriès, 1859

图版 XLVI: 1. 斗毛眼蝶 *Lasiommata deidamia* (Eversmann, 1851); 2. 白眼蝶 *Melanargia halimede* (Ménétriès, 1859); 3. 蛇眼蝶 *Minois dryas* (Scopoli, 1763); 4. 牧女珍眼蝶 *Coenonympha amaryllis* (Stoll, 1782); 5. 阿芬眼蝶 *Aphantopus hyperanthus* (Linnaeus, 1758); 6. 柳紫闪蛱蝶 *Apatura ilia* ([Denis et Schiffermuller], 1775); 7. 白斑迷蛱蝶 *Mimathyma schrenckii* (Ménétriès, 1859); 8. 黑脉蛱蝶 *Hestina assimilis* (Linnaeus, 1758)

图版XLVII：1. 老豹蛱蝶 *Argyronome laodice* (Pallas, 1771)；2. 绿豹蛱蝶 *Argynnis paphia* (Linnaeus, 1758)；3. 北冷珍蛱蝶 *Clossiana selene* ([Denis et Schiffermüller], 1775)；4. 断眉线蛱蝶 *Limenitis doerriesi* Staudinger, 1892；5. 扬眉线蛱蝶 *Limenitis helmanni* (Lederer, 1853)；6. 小环蛱蝶 *Neptis sappho* (Pallas, 1771)；7. 提环蛱蝶 *Neptis thisbe* Ménétriès, 1859；8. 单环蛱蝶 *Neptis rivularis* (Scopoli, 1763)

图版 XLVIII：1. 黑条伞蛱蝶 *Aldania raddei* Bremer, 1861；2. 大红蛱蝶 *Vanessa indica* (Herbst, 1794)；3. 小红蛱蝶 *Vanessa cardui* (Linnaeus, 1758)；4. 孔雀蛱蝶 *Inachis io* (Linnaeus, 1758)；5. 琉璃蛱蝶 *Kaniska canace* (Linnaeus, 1763)；6. 黄缘蛱蝶 *Nymphalis antiopa* (Linnaeus, 1758)；7. 朱蛱蝶 *Nymphalis xanthomelas* ([Denis et Schiffermüller], 1775)；8. 白矩朱蛱蝶 *Nymphalis vau-album* (Schiffermüller, 1775)

图版 XLIX: 1. 白钩蛱蝶 *Polygonia c-album* (Linnaeus, 1758); 2. 黄钩蛱蝶 *Polygonia c-aureum* (Linnaeus, 1758); 3. 乌燕灰蝶 *Rapala arata* Bremer, 1861; 4. 蓝燕灰蝶 *Rapala caerulea* (Bremer et Grey, [1851]); 5. 优秀洒灰蝶 *Satyrium eximium* (Fixsen, 1887); 6. 红灰蝶 *Lycaena phlaeas* (Linnaeus, 1761); 7. 橙灰蝶 *Lycaena dispar* (Haworth, 1803); 8. 琉璃灰蝶 *Celastrina argiolus* (Linnaeus, 1758)

图 版 193

图版 L: 1. 蓝灰蝶 *Everes argiades* (Pallas, 1771); 2. 红珠灰蝶 *Lycaeides argyrognomon* (Bergstrasser, 1779); 3. 耙掌泥蜂红腹亚种 *Palmodes occitanicus perplexus* (Smith, 1856); 4. 柯氏熊蜂 *Bombus czerskii* Skorikov, 1910; 5. 红光熊蜂 *Bombus ignitus* Smith, 1869; 6. 朝鲜熊蜂 *Bombus koreanus* (Skorikov, 1933); 7. 黄边胡蜂 *Vespa crabro flavofasciata* Cameron, 1903; 8. 西方蜜蜂 *Apis mellifera* Linnaeus, 1758

参考文献

[1] 鲍荣，2004．中国棘蚁蛉族和蚁蛉族的分类学研究（脉翅目：蚁蛉科）[D]．北京：中国农业大学．

[2] 卜文俊，郑乐怡，2001．中国动物志 昆虫纲 第二十四卷 半翅目 毛唇花蝽科 细角花蝽科 花蝽科 [M]．北京：科学出版社．

[3] 陈其瑚，1993．浙江植物病虫志昆虫篇（第二集）[M]．上海：上海科学技术出版社．

[4] 陈一心，1999．中国动物志 昆虫纲 第十六卷 鳞翅目 夜蛾科 [M]．北京：科学出版社．

[5] 陈一心，马文珍．2004．中国动物志 昆虫纲 第三十五卷 革翅目 [M]．北京：科学出版社．

[6] 丁方美，2008．短额负蝗、日本蚤蝼和中华寰螽线粒体基因组序列测定与分析 [D]．西安：陕西师范大学．

[7] 《山东林木昆虫志》编委会，1993．山东林木昆虫志 [M]．北京：中国林业出版社．

[8] 范滋德，邓耀华，2008．中国动物志 昆虫纲 第四十九卷 双翅目 蝇科（一）[M]．北京：科学出版社．

[9] 方承莱，2000．中国动物志 昆虫纲 第十九卷 鳞翅目 灯蛾科 [M]．北京：科学出版社．

[10] 高翠青，2010．长蝽总科十个科中国种类修订及形态学和系统发育研究（半翅目：异翅亚目）[D]．天津：南开大学．

[11] 郭建，2010．斑衣蜡蝉的形态特征与防治方法 [J]．科学种养（10）：31．

[12] 郝德君，2003．东北地区姬蜂科（Ichneumonidae）分类研究 [D]．哈尔滨：东北林业大学．

[13] 郝昕，罗成龙，周润发，等，2015．山东省青岛市尺蛾科昆虫名录（鳞翅目）[J]．林业科技情报，47（1）：1-5．

[14] 韩红香，薛大勇，2011．中国动物志 昆虫纲 第五十四卷 鳞翅目 尺蛾科 尺蛾亚科 [M]．北京：科学出版社．

[15] 韩辉林，2015．东北林业大学馆藏鳞翅目昆虫图鉴 I 波纹蛾科 [M]．哈尔滨：黑龙江科学技术出版社．

[16] 韩辉林，高文韬，孟庆繁，2010．中国夜蛾科三新记录种（鳞翅目 夜蛾科）[J]．昆虫分类学报，32（1）：77-80．

[17] 何俊华，2004．浙江蜂类志 [M]．北京：科学出版社．

[18] 河南省林业厅，1988．河南森林昆虫志 [M]．郑州：河南科学技术出版社．

[19] 黄春梅，成新跃，2012．中国动物志 昆虫纲 第五十卷 双翅目 食蚜蝇科 [M]．北京：科学出版社．

[20] 黄霞，2007．广西猎蝽科昆虫分类研究 [D]．桂林：广西师范大学．

[21] 霍科科，2004. 秦巴山及邻近地区食蚜蝇科昆虫的研究 [D]. 西安：陕西师范大学.

[22] 康乐，刘春香，刘宪伟，2014. 中国动物志 昆虫纲 第五十七卷 直翅目 螽斯科 露螽亚科 [M]. 北京：科学出版社.

[23] 李成德，2004. 森林昆虫学 [M]. 北京：中国林业出版社.

[24] 李鸿昌，夏凯龄，2006. 中国动物志 昆虫纲 第四十三卷 直翅目 蝗总科 斑腿蝗科 [M]. 北京：科学出版社.

[25] 李后魂，任应党，2009. 河南昆虫志 鳞翅目：螟蛾总科 [M]. 北京：科学出版社.

[26] 李后魂，2012. 秦岭小蛾类（昆虫纲：鳞翅目）[M]. 北京：科学出版社.

[27] 李虎，王晓贝，2007. 金绿宽盾蝽的生物学特性 [J]. 昆虫知识，44（4）：571-574.

[28] 李娜，2008. 东北地区螽蟖总科昆虫分类学研究（直翅目：螽亚目）[D]. 长春：东北师范大学.

[29] 李天眷，陈文瑞，何树峰，1985. 弯刺黑蝽研究初报 [J]. 昆虫知识（6）：257-260.

[30] 梁络球，1998. 中国动物志 昆虫纲 第十二卷 直翅目 蚱总科 [M]. 北京：科学出版社.

[31] 刘春香，2005. 中国露螽亚科（直翅目：螽斯总科：螽斯科）的系统学研究 [D]. 武汉：武汉大学.

[32] 刘国卿，郑乐怡，2014. 中国动物志 昆虫纲 第六十二卷 半翅目 盲蝽科（二） 合垫盲蝽亚科 [M]. 北京：科学出版社.

[33] 刘经贤，2009. 中国瘤姬蜂亚科分类研究 [D]. 杭州：浙江大学.

[34] 刘强，郑乐怡，1994. 珀蝽属中国种类记述（半翅目：蝽科）[J]. 昆虫分类学报，16（4）：235-248.

[35] 刘友樵，武春生，2006. 中国动物志 昆虫纲 第四十七卷 鳞翅目 枯叶蛾科 [M]. 北京：科学出版社.

[36] 马丽滨，2011. 中国蟋蟀科系统学研究（直翅目：蟋蟀总科）[D]. 咸阳：西北农林科技大学.

[37] 曲爱军，朱承美，路丛山，等，1998. 硕蝽生物学特性初步研究 [J]. 植物保护，24（1）：33-35.

[38] 盛茂领，孙淑萍，2014. 辽宁姬蜂志 [M]. 北京：科学出版社.

[39] 隋敬之，孙洪国，1986. 中国习见蜻蜓 [M]. 北京：农业出版社.

[40] 孙晶，2009. 中国耳叶蝉属亚科分类学研究（半翅目：叶蝉科）[D]. 咸阳：西北农林科技大学.

[41] 佟灵芝，2007. 蒙新区花蝽类昆虫（Flower Bugs）分类学初步研究 [D]. 呼和浩特：内蒙古师范大学.

[42] 汪家社，宋士美，吴焰玉，等，2003. 武夷山自然保护区螟蛾科昆虫志 [M]. 北京：中国科学技术出版社.

[43] 汪荣灶，石和芹，2006. 斑喙丽金龟的生活习性与防治 [J]. 福建茶叶（1）：13.

[44] 王小奇，方红，张治良，2012. 辽宁甲虫原色图鉴 [M]. 沈阳：辽宁科学技术出版社.

[45] 王新谱，杨贵军，2010. 宁夏贺兰山昆虫 [M]. 银川：宁夏人民出版社.

[46] 王旭，2014．中国蝉族系统分类学研究（半翅目：蝉科）[D]．咸阳：西北农林科技大学．

[47] 王直诚，2003．东北天牛志 [M]．长春：吉林科学技术出版社．

[48] 王直诚，2013．中国天牛图志 [M]．北京：科学技术文献出版社．

[49] 乌恩，2009．蒙古高原鼋蝽科昆虫的分类学初步研究 [D]．呼和浩特：内蒙古师范大学．

[50] 吴杰，安建东，姚建，等，2009．河北省熊蜂属区系调查（膜翅目 蜜蜂科）[J]．动物分类学报，34（1）：87-97．

[51] 吴燕如，2000．中国动物志 昆虫纲 第二十卷 膜翅目 准蜂科 蜜蜂科 [M]．北京：科学出版社．

[52] 武春生，2010．中国动物志 昆虫纲 第五十二卷 鳞翅目 粉蝶科 [M]．北京：科学出版社．

[53] 武春生，方承莱，2003．中国动物志 昆虫纲 第三十一卷 鳞翅目 舟蛾科 [M]．北京：科学出版社．

[54] 武春生，方承莱，2010．河南昆虫志 鳞翅目：刺蛾科 枯叶蛾科 舟蛾科 灯蛾科 毒蛾科 鹿蛾科 [M]．北京：科学出版社．

[55] 徐志华，郭书彬，彭进友，2013．小五台山昆虫资源 第一卷 [M]．北京：中国林业出版社．

[56] 许荣满，孙毅，2013．中国动物志 昆虫纲 第五十九卷 双翅目 虻科 [M]．北京：科学出版社．

[57] 许晓娜，2012．中国球茎隐翅虫属、原迅隐翅虫属和迅隐翅虫属分类研究（鞘翅目：隐翅虫科：隐翅虫亚科）[D]．上海：上海师范大学．

[58] 薛大勇，朱弘复，1999．中国动物志 昆虫纲 第十五卷 鳞翅目 尺蛾科 花尺蛾亚科 [M]．北京：科学出版社．

[59] 杨定，刘星月，2010．中国动物志 昆虫纲 第五十一卷 广翅目 [M]．北京：科学出版社．

[60] 杨贵军，王新谱，仇智虎，2011．宁夏罗山昆虫 [M]．银川：阳光出版社．

[61] 杨星科，杨集昆，李文柱，2005．中国动物志 昆虫纲 第三十九卷 脉翅目 草蛉科 [M]．北京：科学出版社．

[62] 尹益寿，章士美，1981．华稻缘蝽和稻棘缘蝽的初步考察 [J]．江西植保（2）：5-8．

[63] 印象初，夏凯龄，2003．中国动物志 昆虫纲 第三十二卷 直翅目 蝗总科 槌角蝗科 剑角蝗科 [M]．北京：科学出版社．

[64] 于思勤，孙元峰，1993．河南农业昆虫志 [M]．北京：中国农业科技出版社．

[65] 虞国跃，2008．瓢虫 瓢虫 [M]．北京：化学工业出版社．

[66] 虞国跃，2010．中国瓢虫亚科图志 [M]．北京：化学工业出版社．

[67] 虞国跃，2014．北京蛾类图谱 [M]．北京：科学出版社．

[68] 虞佩玉，王书永，杨星科，1996．中国经济昆虫志 第五十四册 鞘翅目 叶甲总科（二）[M]．北京：科学出版社．

[69] 张丰，2010．中国芒灶螽属分类学研究（直翅目：驼螽科：灶螽亚科）[D]．上海：上海师范

大学.

[70] 张金平，张峰，钟永志，等，2015. 茶翅蝽及其生物防治研究进展 [J]. 中国生物防治学报，31（2）：166-175.

[71] 张巍巍，李元胜，2011. 中国昆虫生态大图鉴 [M]. 重庆：重庆大学出版社.

[72] 赵世文，董绪国，李喜升，等，2011. 柞蚕新的捕食性天敌：凹翅宽颚步甲 [J]. 安徽农业科学，39（6）：3613-3614.

[73] 赵仲苓，2003. 中国动物志 昆虫纲 第三十卷 鳞翅目 毒蛾科 [M]. 北京：科学出版社.

[74] 郑乐怡，2004. 中国动物志 昆虫纲 第三十三卷 半翅目 盲蝽科 盲蝽亚科 [M]. 北京：科学出版社.

[75] 郑哲民，夏凯龄，1998. 中国动物志 昆虫纲 第十卷 直翅目 蝗总科 斑翅蝗科 网翅蝗科 [M]. 北京：科学出版社.

[76] 周长发，2002. 中国大陆蜉蝣目分类研究 [D]. 天津：南开大学.

[77] 周尧，1994. 中国蝶类志 [M]. 郑州：河南科学技术出版社.

[78] 周尧，1999. 中国蝴蝶原色图鉴 [M]. 郑州：河南科学技术出版社.

[79] 朱弘复，王林瑶，1996. 中国动物志 昆虫纲 第五卷 鳞翅目 蚕蛾科 大蚕蛾科 网蛾科 [M]. 北京：科学出版社.

[80] 朱弘复，王林瑶，1997. 中国动物志 昆虫纲 第十一卷 鳞翅目 天蛾科 [M]. 北京：科学出版社.

[81] 祝长清，1999. 河南昆虫志 鞘翅目（一）[M]. 郑州：河南科学技术出版社.

[82] BAE Y S, 2001. Economic Insects of Korea 9, Insecta Koreana Suppl. 16: Lepidoptera (Pyraloidea: Pyraustinae & Pyralinae)[M]. Seoul: Junghaeng-Sa.

[83] BAE Y S, 2004. Economic Insects of Korea 22, Insecta Koreana Suppl. 29: Lepidoptera (Pyraloidea Ⅱ: Pyrcitinae & Crambinae stc.)[M]. Seoul: Junghaeng-Sa.

[84] BAE Y S, BYUN B K , PAEK M K, 2008. Pyralid Moths of Korea (Lepidoptera: Pyraloidae). Korea National Arboretum[M]. Seoul: SANSUNGAD. COM, 426.

[85] HAN H L, LI C D, 2008. Taxonomic study of the genus Meganephria Hübner (Lepidoptera: Noctuidae) from north-east China[J]. Entomological Research, 38: 131-134.

[86] HAN H L , LI C D, RONKAY L, 2007. Report on two species of noctuid moths (Lepidoptera, Noctuidae s. l.) new to China and one new record species in Continental fauna[J]. Journal of Forestry Research, 18(2): 144-146.

[87] HAN H L, LI C D, KONONENKO V, 2007. Three Species of the Family Noctuidae (Lepidoptera) New to China[J]. Journal Asia-Pacific Entomology, 10(1): 17-19.

[88] HAN H L, JIN D Y, PARK K T, 2005. Plusiinae in Mt. Changbai (Lepidoptera, Noctuidae), with Six New Records from China[J]. Korean Journal Applied Entomology, 44(1): 13-20.

[89] HAN H L, JIN D Y, CUONG N N, et al., 2006. Six species of the Subfamily Herminiinae (Lepidoptera, Noctuidae) New to China, with seven new records from Mt. Changbai[J]. Korean Journal Applied Entomology, 45(2): 131-137.

[90] HAN H L, JIN D Y, BAE Y S, et al., 2005. Faunistic Data Thyatiridae in the Mt. Changbai (Lepidoptera) of China[J]. Journal Asia-Pacific Entomology, 8(3): 227-232.

[91] HAN H L, JIANG J Q, DING Y, 2008. Three species of the Noctuidae moths new to China, and a newly recorded species from Northeast China (Lepidoptera, Noctuidae)[J]. Korean Journal Applied Entomology, 47(1): 5-8.

[92] HAN H L, KONONENKO V, BYUN B K, et al., 2006. Six species of the Family Noctuidae (Lepidoptera) New to China[J]. Korean Journal Systematic Zoology, 22(2): 139-143.

[93] HAN H L, DING Y, JIANG J Q, 2008. Taxonomic study of the genus Conistra (Lepidoptera, Noctuidae) from Northeast China[J]. Journal Asia-Pacific Entomology, 11(1): 21-24.

[94] HAN H Y, CHOI D S, 2001. Economic Insects of Korea 15, Insecta Koreana Suppl. 22: Diptera (Syrphidae)[M]. Seoul: Junghaeng-Sa.

[95] JIANG N, XUE D Y, HAN H X, 2011. A review of Biston Leach, 1815 (Lepidoptera, Geometridae, Ennominae) from China, with description of one new species[J]. ZooKeys, 139: 45-96.

[96] KIM J I, 2001. Economic Insects of Korea 10, Insecta Koreana Suppl. 17: Coleoptera (Scarabaeoidea II)[M]. Seoul: Junghaeng-Sa.

[97] KIM S S, BELKAEV E A, OH S H, 2001. Illustrated Catalogue of Geometridae in Korea (Lepidoptera: Geometrinae, Ennominae)[M]. Seoul: Junghaeng-Sa.

[98] KONONENKO V S, AHN S B, RONKAY L, 1998. Illustrated Catalogue of Noctuidae in Korea (Lepidoptera). Insects of Korea, Series, 3[M]. Seoul: Junghaeng-Sa.

[99] NAKANE T, OHBAYASHI K, NOMURA S, et al., 1963. Iconographia Insectorum Japonicorum Colore naturali edita, Vol. II (Coleoptera)[M]. Tokyo: Hokuryukan.

[100] PAN Z H, ZHOU Y Q, HAN H L, 2010. Note on the genus Achlya Billberg, 1820 from China (Lepidoptera, Thyatiridae)[J]. Entomological Research, 40(4): 242-243.

[101] PARK K T, 2000. Economic Insects of Korea 1, Ins. Koreana Suppl. 8: Lepidoptera (Arctiidae, Lymantridae, Lasiocampidae,Sphingidae)[M]. Seoul: Junghaeng-Sa.

[102] PARK K T, KIM S S, TSHISTJAKOV Y A, et al., 1999. Illustrated Catalogue of Moths in Korea (I) (Sphingidae, Bombicoidea, Notodontidae)[M]. Seoul: Junghaeng-Sa.

[103] PARK J K, PAIK J C, 2001. Economic Insects of Korea 12, Insecta Koreana Suppl. 19: Coleoptera (Carabidae)[M]. Seoul: Junghaeng-Sa.

[104] YANG Q Y, LI C D, HAN H L, 2007. Taxonomic revision of the genus Brachionycha from China (Lepidoptera: Noctuidae)[J]. Entomological Research, 37(4): 287-289.

[105] YASUMATSU K, ASAHINA S, ISHIHARA T, 1965. Iconographia Insectorum Japonicorum Colore naturali edita, Vol. Ⅲ [M]. Tokyo: Hokuryukan.

[106] ZHANG F B, HAN H L, 2010. New records of Horipsestis kisvaczak László, Ronkay, Ronkay & Witt, 2007 (Lepidoptera: Thyatiridae) from China[J]. Entomological Research, 40 (1): 82-84.